D1867123

PARADEIGMATA 8

PARADEIGMATA

Die Reihe Paradeigmata präsentiert historisch-systematisch fundierte Abhandlungen, Studien und Werke, die belegen, daß sich aus der strengen, geschichtsbewußten Anknüpfung an die philosophische Tradition innovative Modelle philosophischer Erkenntnis gewinnen lassen. Jede der in dieser Reihe veröffentlichten Arbeiten zeichnet sich dadurch aus, in inhaltlicher oder methodischer Hinsicht Modi philosophischen Denkens neu zu fassen, an neuen Thematiken zu erproben oder neu zu begründen.

Holm Tetens, Dr. phil. habil., geboren 1948, Studium der Philosophie, Mathematik und Soziologie an den Universitäten Bochum und Erlangen. Promotion 1977 an der Universität Erlangen. 1978/79 Assistenzprofessor an der Nationaluniversität Brasilia (Brasilien). 1980–1986 Hochschulassistent an der Universität Marburg. Habilitation 1986. Zur Zeit Privatdozent in Marburg.

Holm Tetens

Experimentelle Erfahrung

Eine wissenschaftstheoretische Studie
über die Rolle des Experiments
in der Begriffs- und Theoriebildung der Physik

Hans-Ulrich [illegible]
Juli 1998

FELIX MEINER VERLAG
HAMBURG

Gedruckt mit der finanziellen Unterstützung der Hugo-Dingler-Stiftung in Aschaffenburg.

CIP-Kurztitelaufnahme der Deutschen Bibliothek

Tetens, Holm:
Experimentelle Erfahrung : e. wissenschafts-
theoret. Studie über d. Rolle d. Experiments
in d. Begriffs- u. Theoriebildung d. Physik
/ Holm Tetens. – Hamburg : Meiner, 1987.
(Paradeigmata ; 8)
ISBN 3-7873-0725-7

NE: GT

© Felix Meiner Verlag GmbH, Hamburg 1987

Alle Rechte, auch die des auszugsweisen Nachdrucks, der fotomechanischen Wiedergabe und der Übersetzung, vorbehalten. Dies betrifft auch die Vervielfältigung und Übertragung einzelner Textabschnitte durch alle Verfahren wie Speicherung und Übertragung auf Papier, Transparente, Filme, Bänder, Platten und andere Medien, soweit es nicht §§ 53 und 54 URG ausdrücklich gestatten.
Satz: Satzstudio „Süd-West“, Planegg. Druck: WS-Druck, Mainz. Einband: Kränkl, Heppenheim. Printed in Germany.

Hugo Dingler zum Gedenken

INHALT

VORWORT

Die hier vorgelegte Studie ist eine wissenschaftstheoretische Untersuchung zur Physik. In meinem Verständnis hat die Wissenschaftstheorie die Aufgabe, *wissenschaftliche Theorien in erkenntniskritischer Absicht zu rekonstruieren.* In der wissenschaftstheoretischen Darstellung einer Theorie sollen Reichweite und Grenzen der Geltung der theoretischen Aussagen bestimmt werden. Insoweit greift die Wissenschaftstheorie die erkenntnistheoretische Grundfrage auf, wie sie Kant formuliert hat, und bezieht sie auf wissenschaftliche Theorien: „Was können wir durch wissenschaftliche Theorien wissen?". Die Wissenschaftstheorie ist ein gegenüber der einzelwissenschaftlichen Forschung *nachträgliches* Unternehmen der erkenntniskritischen Sichtung der Forschungsresultate. Die Wissenschaftstheorie sollte nicht verwechselt werden mit einem System von Normen, die die Forschung selber unmittelbar anleiten. Den Forschern an der „Forschungsfront" (Dingler) will und kann die Wissenschaftstheorie nicht vorschreiben, was sie zu tun und zu lassen haben.

Dieses Buch ist eine zum Teil stark überarbeitete Fassung meiner Habilitationsschrift, die vom Fachbereich Gesellschaftswissenschaften und Philosophie der Philipps-Universität Marburg im Oktober 1986 als schriftliche Habilitationsleistung angenommen wurde.

Ich möchte an dieser Stelle meinem langjährigen Freund Rüdiger Inhetveen dafür danken, daß er das Entstehen dieser Studie unermüdlich durch kritische und ermutigende Bemerkungen und Überlegungen begleitet und dadurch mehr, als er vielleicht selber weiß, tatkräftig gefördert hat. In gleicher Weise habe ich meinem Freund und Kollegen Peter Janich zu danken, der nicht nur Vorfassungen dieser Arbeit inhaltlich mit mir diskutiert hat, sondern meine Arbeit auch institutionell in jeder Hinsicht aktiv unterstützt hat. Inhaltliche Anregungen verdanke ich Prof. Günther Ludwig (Marburg), Prof. Lothar Schäfer (Hamburg) und Rudolf Kötter (Erlangen). Mit meinem Freund Gerd Hövelmann habe ich nicht nur immer wieder Passagen der Arbeit durchsprechen können, er hat mir auch unschätzbare Dienste bei der technischen Fertigstellung der Arbeit geleistet. Frau Sigrid Weber bin ich zu Dank verpflichtet für eine erste Reinschrift. Schließlich habe ich der Deutschen Forschungsgemeinschaft für die Gewährung eines Habilitationsstipendiums und der Hugo-Dingler-Stiftung (Aschaffenburg) für die Gewährung eines Druckkostenzuschusses zu danken. Ich danke dem Felix Meiner Verlag für sein freundliches Entgegenkommen und seine Bereitschaft, dieses Buch zu verlegen.

Marburg, im März 1987 Holm Tetens

EINLEITUNG: DAS EXPERIMENTELLE HANDELN – EIN STIEFKIND DER WISSENSCHAFTSPHILOSOPHIE

Die neuzeitliche Physik des Abendlandes ist im Unterschied zu ihren antiken und mittelalterlichen Vorläufern hauptsächlich durch drei Merkmale charakterisiert:

1) Die zu erforschenden Phänomene werden quantitativ beschrieben.
2) Die zu erforschenden Phänomene werden im Experiment technisch erzeugt oder doch zumindest simuliert.
3) Die Physiker stellen mathematische Theorien auf, die es gestatten, die reproduzierbaren Experimente zu berechnen und den Ausgang neuer, noch nicht durchgeführter Experimente quantitativ vorherzusagen.

Quantifizierung, experimentelle Reproduktion und *quantitative Prognose* sind hervorstechende methodologische Merkmale der Physik. Sie sind, jedenfalls in der Allgemeinheit, in der wir sie formuliert haben, in der Wissenschaftstheorie der Physik unbestritten. Um so auffälliger ist es daher, daß sich die Wissenschaftstheorie bisher unterschiedlich intensiv diesen drei methodologischen Charakteristika der Physik gewidmet hat. Die quantifizierende Begriffsbildung und die mathematisierende Theoriebildung in der Physik beschäftigen die Wissenschaftstheorie der letzten 60 Jahre eigentlich ohne Unterbrechung. Die experimentelle Erfahrungsbildung hat jedoch nie die Aufmerksamkeit der Wissenschaftsphilosophie auf sich gezogen, die sie ihrer Bedeutung nach eigentlich verdient.

Obwohl es natürlich geradezu ein Gemeinplatz aller wissenschaftstheoretischer Studien ist, daß physikalisches Wissen in Experimenten gebildet und durch Experimente getestet wird, mangelt es trotzdem an gründlichen wissenschaftstheoretischen Untersuchungen zum Experiment. Ein Indiz für seine etwas stiefmütterliche Behandlung ist der geringe Umfang von Artikeln zum Stichwort „Experiment" in den einschlägigen Lexika und Handbüchern der Philosophie und Wissenschaftstheorie im Vergleich zu Artikeln wie „Quantität" oder „physikalische Theorie"[1]. Ein noch bemerkenswerteres Indiz ist allerdings, daß es eigentlich keine wissenschaftstheoretische Monographie über das Experiment gibt, ganz im Gegensatz zu den ungezählten wissenschaftstheoretischen Veröffentlichungen über Begriffs- und Theoriebildung in der Physik. Die einzig bedeutende Ausnahme ist das Buch „Das Experiment" von Hugo Dingler, und schon allein das rechtfertigt es, bei Dinglers Analyse des Experiments von einer „Pioniertat" zu reden[2].

So weit das Experiment also überhaupt etwas gründlicher in der Wissenschaftstheorie thematisiert wird[3], herrscht zudem ein Verständnis des Experiments vor, für das sich in dem berühmten Buch „Ziel und Struktur der physikalischen Theorien" von Pierre Duhem eine repräsentative Formulierung findet. Nach Duhem ist das Experiment „die genaue Beobachtung einer Gruppe von Erscheinungen, die verbunden wird mit der *Interpretation* derselben"[4]. Man kann Duhems Deutung des Experiments in der Formel zusammenfassen: *Experiment = theoriegeleitete und theoretisch interpretierte Beobachtung.*

Inhaltlich ist Dinglers Buch „Das Experiment" eine Pioniertat, weil er konsequent das Experimentieren als *technisches Handeln* erkenntnistheoretisch würdigt, im Gegensatz zur Deutung des Experiments als theoriegeleiteter Beobachtung, die der konstitutiven Rolle des technischen Handelns für die experimentelle Erfahrung deshalb nicht gerecht werden kann, weil sie einem *passivisch-kontemplativen Modell* von Erkenntnis verpflichtet ist. Dieses passivisch-kontemplative Erkenntnismodell hat seinen Ursprung im neuzeitlichen Empirismus, der die zwei Thesen vertritt:

(A) Erfahrung ist Wahrnehmung (Beobachtung);

(B) Erfahrung ist die ausschließliche Basis aller theoretischen Erkenntnis.

Die Wahrnehmung analysiert der Empirismus exemplarisch vornehmlich am Sehen. Gerade das Sehen jedoch scheint von Leibbewegungen oder manuellen Verrichtungen nicht abzuhängen, im Gegenteil scheint es erforderlich, den Leib und die Hände ganz stillzustellen, damit die Objekte der „Außenwelt" die Sinne „ungetrübt" und „unverzerrt affizieren" können. Das Sehen ist ein passiver Sinn, der stellvertretend für die anderen Sinne erkenntnistheoretisch analysiert, geradezu provoziert, in der Erkenntnistheorie die epistemisch tragende Rolle physischer Handlungen zu übersehen.

Der Kreis schließt sich, wenn man zudem bedenkt, daß das Theorieideal der klassischen antiken Philosophie gleichfalls am Modell des Sehens orientiert ist: Der Theoretiker ist ein „Schauender", der sich möglichst weit entfernt halten soll von der Welt der Handwerker und Techniker. Theorie ist zweckfreie Schau einer an sich vorhandenen Welt. Weil der Empirismus die Erfahrung erkenntnistheoretisch am Modell des Sehens auslegt, ist es auch für ihn naheliegend, die Theorie weiterhin als „zweckfreie Schau" einer an sich vorhandenen Welt zu deuten. Indem der Empirismus wesentliche Momente des Ideals theoretischer Erkenntnis aus der klassischen antiken Philosophie beibehält, macht er sich vollends blind für die epistemologische Funktion des physischen Handelns im Experiment. Erkenntnistheoretisch kann der Empirismus im Experiment nicht mehr erblicken als eine nur technisch etwas aufwendigere Spielart der gewöhnlichen, noch gerätefreien Beobachtung des Alltags. Nach Dingler tut der Empirismus damit so, als ob wir uns dauernd in einer Welt befänden, „in der wir nur Zuschauer und Beobachter sind, nur Augen, Ohren, Tastorgane haben, aber keine Handwerker und Handarbeiter sind"[5].

Während uns nach dem klassischen Empirismus Erkenntnis der Welt über unsere Wahrnehmung passivisch zustößt und widerfährt, hält Kant in seiner „kopernikanischen Wende" dem entgegen, daß wir unsere Erfahrungen immer auch *machen*. Wie die Vorrede zur zweiten Auflage der „Kritik der reinen Vernunft" unmißverständlich klarmacht, hat Kant dabei das naturwissenschaftliche Experiment als ein Erkenntnisunternehmen vor Augen, in dem wesentlich gehandelt wird. Und doch verspielt Kant die Einsicht, daß Experimentieren Handeln ist, letztlich wieder, weil er dem mentalistischen Paradigma der Bewußtseinsphilosophie verhaftet bleibt: Kant versteht das Erkennen als mentalen Bewußtseinsakt, den er nur in einem metaphorischen Sinne als Handlung beschreibt, während er dagegen das physische Handeln der Experimentatoren – Handeln in der ursprünglichen Bedeutung des Wortes – eben nicht erkenntnistheoretisch in den Blick nimmt.

Seine Orientierung am mentalistischen Paradigma macht auch Kant letztlich blind für die spezifisch erkenntnistheoretische Rolle des technischen Handelns in den experimentellen Naturwissenschaften, und diese Blindheit bleibt nicht ohne Folgen für Kants theoretische Philosophie der Naturwissenschaften. Bekanntlich vertritt Kant ja die These, daß es synthetische Grundsätze a priori der Naturforschung gäbe. Trotz aller Interpretationsbemühungen sind Kants Argumente, diese These im begrifflichen Rahmen einer „Bewußtseinsphilosophie" der Erkenntnis zu begründen, schwer verständlich und kaum nachzuvollziehen. Ein plausibler Sinn läßt sich hingegen mit Kants These sofort verbinden, sobald man das physische Handeln in den experimentellen Naturwissenschaften ernst nimmt.

Man kann sich das schnell an der zweiten Analogie der Erfahrung klarmachen, die in der Formulierung Kants lautet: „Alle Veränderungen geschehen nach dem Gesetze der Verknüpfung der Ursache und Wirkung"[6]. Inwiefern beinhaltet dieser Satz eine „Bedingung der Möglichkeit" von Erfahrung, wie Kant behauptet? Und inwiefern ist es eine aktive Leistung der Erkenntnissubjekte, daß die Gegenstände der Erfahrung unter die Kategorie von Ursache und Wirkung fallen und daher der zweiten Analogie der Erfahrung genügen, wie Kant ebenfalls behauptet?

Experimente, die jederzeit von jedermann wiederholt werden können, gehören zu den „Bedingungen der Möglichkeit" physikalischer Erfahrung. Nur wenn die Experimente prinzipiell von jedem reproduziert werden können, lassen sie sich intersubjektiv überprüfen, und diese intersubjektive Überprüfbarkeit ist ein wesentlicher Bestandteil der „Objektivität" naturwissenschaftlicher Erkenntnis. Nun gelingt die Wiederholung eines Experiments keineswegs immer und auf Anhieb. Verläuft ein Experiment trotz scheinbar gleicher Rahmen- und Anfangsbedingungen anders als ein zweites Experiment, so werden die Wissenschaftler dies weder als unabänderlichen „Schiedsspruch der Natur" hinnehmen, noch werden sie das Prinzip, daß jede Veränderung eine als Regel formulierbare Ursache hat, für widerlegt halten. Die Wissenschaftler gehen vielmehr davon aus, daß der unterschiedliche Ausgang der beiden Experimente dadurch *verursacht* wurde, daß zwischen den beiden Experimenten ein für den Experimentverlauf kausal relevanter Faktor sich unkontrolliert geändert hat. Und sie werden ihre Bemühungen nun daran setzen, diesen Faktor zu identifizieren, durch kontrollierte Variation seine kausale Wirkung auf den Verlauf einschlägiger Experimente quantitativ zu bemessen und ihn bei künftigen Experimenten als weitere Rahmen- und Anfangsbedingung selber herzustellen und konstant zu halten. Je mehr kausal relevante Bedingungen die Experimentatoren kennen und zu manipulieren verstehen, desto zuverlässiger gelingt ihnen die Wiederholung der Experimente. Auf diese Weise präparieren die Experimentatoren allmählich die typischen *Laborphänomene* heraus, die sie in allen wichtigen Einzelheiten reproduzieren und manipulieren können. Auf diese Laborphänomene allein können naturwissenschaftliche Theorien direkt angewendet werden.

Die Laborphänomene sind in einem wörtlichen Sinne *gemachte* Phänomene, und da die *Herstellungshandlungen der Experimentatoren gerade unter der regulierenden Direktive des Kausalprinzips stehen*, sind sie außerdem so hergestellt, daß sie dem Kausalprinzip genügen. Beide zentralen Bestimmungen der zweiten Analogie der Erfahrung, wie sie sich bei Kant finden, sind erfüllt: Das Kausalprinzip orientiert die Wissenschaftler bei ihrem Versuch, die Wiederholbarkeit der Experimente zu gewährleisten, und insoweit beinhaltet es eine „Bedingung der Möglichkeit physikalischer Erfahrung"; die direkten Anwendungsfälle einer experimentellen Naturwissenschaft, die Laborphänomene, gehorchen dem Kausalprinzip deshalb unmittelbar, weil dies von den Wissenschaftlern so eingerichtet wird.

Kants Theorie der Erfahrung, die programmatisch dem passivisch-kontemplativen Erkenntnismodell des Empirismus unmißverständlich absagt, verfehlt also gleichwohl die Erfahrung stiftende Rolle des physischen Handelns in den Naturwissenschaften[7]. Die „kopernikanische Revolution" in der Erkenntnistheorie beruft sich auf das Beispiel des Handelns im naturwissenschaftlichen Experiment und ist im Ergebnis dann doch nur eine Revolution der mentalistisch begriffenen „Denkungsart".

Was Kant nur nicht gelungen ist, kam dem modernen Logischen Empirismus und der Analytischen Wissenschaftsphilosophie, die sich beide in die Tradition des neuzeitlichen Empirismus stellen, erst gar nicht in den Sinn, nämlich das passivisch-kontemplative Erkenntnismodell zu überwinden. Und doch haben seine selbstkritischen Wandlungen den modernen Empirismus zu Einsichten geführt, von denen aus es nur noch ein kleiner Schritt wäre, das Experiment *als Handeln* zum Dreh- und Angelpunkt einer erkenntniskritischen Erfahrungs- und Wissenschaftstheorie zu machen. Ich will dies in aller Kürze skizzieren.

In „Die Methode der Physik" veranschaulicht Dingler die nach seiner Meinung gängige Auffassung über das Verhältnis von physikalischer Theorie und experimenteller Empirie in dem folgenden Schema[8]:

a) Fabrik von Meßapparaten (z.B. Zeiss-Jena)	b) experimenteller Physiker	c) theoretischer Physiker
⟶ Fertige Meßapparate	⟶ Fertige Messungszahlen	

Das Schema ist folgendermaßen zu lesen: Die Meßgerätehersteller versorgen die Experimentatoren mit Meßapparaturen, wobei sich die Experimentatoren um die Herstellung dieser Apparaturen nicht weiter kümmern[9]. Die Experimentatoren übermitteln anschließend den theoretischen Physikern die Meßdaten, und zwar in Gestalt von Meßtabellen, in denen die Werte der „abhängigen" Meßgrößen jeweils den Werten der „unabhängigen" Meßgrößen zugeordnet sind. Um das Zustandekommen dieser Meßtabellen kümmern sich wiederum die theoretischen Physiker nicht. Ihnen obliegt allein die „rein arithmetische" (Dingler)[10] Aufgabe, diese Meßtabellen theoretisch aufzubereiten. Dabei handelt es sich um „die Aufgabe, eine große Menge von Zahlentabellen möglichst genau aus einem einzigen mathematischen System von Gleichungen heraus darzustellen"[11]. Dingler bezeichnet diese Auffassung über das Verhältnis von Theorie und experimenteller Erfahrung polemisch als die „arithmetische Form des empirischen Matrizenapriorismus"[12].

In der Perspektive des „empirischen Matrizenapriorismus" vollzieht sich der Aufbau einer physikalischen Theorie in folgenden Schritten[13].

1) Es wird zuerst gemessen und dann die Theorie nach Maßgabe der Meßdaten in folgender Weise aufgestellt:
   a) Die Experimente liefern Meßdaten. Die Meßdaten werden in Meßtabellen so eingetragen, daß die Werte der „abhängigen" Meßgröße m' bei den Werten der zugehörigen „unabhängigen" Meßgrößen $m_1,\ldots,m_n$ aufgeführt werden.
   b) Durch Interpolation und „Glättung" wird eine mathematische Funktion gesucht, so daß sich die Meßtabellen berechnen lassen durch eine Gleichung der Form

   $$m' = \Psi(m_1,\ldots,m_n).$$

   c) Es werden die verschiedenen Ableitungen, Ψ', Ψ'' usw. der Funktion Ψ gebildet und eine Differentialgleichung der Form

   $$\Phi(\Psi,\Psi',\Psi'',\ldots,m_1,\ldots,m_n) = 0$$

   aufgestellt, deren Lösungen die zu verschiedenen Meßtabellen gehörenden Funktionen Ψ sind.
   d) Es werden mathematisch formulierte Prinzipien aufgestellt, aus denen sich die verschiedenen Differentialgleichungen durch mathematische Ableitung und Spezialisierung ergeben.
2) Es werden nur Theorien *akzeptiert*, die durch die Meßergebnisse *bestätigt* werden.
3) *Falsifizieren* die Meßdaten eine Theorie, so wird sie *verworfen* und durch eine neue Theorie ersetzt, die wieder nach den Schritten 1a) bis 1d) aufzustellen ist.

Mit den Begriffen der Bestätigung (Verifikation) und Falsifikation sind die beiden Stichworte gefallen, die die Diskussion um das Verhältnis von Theorie und experimenteller Erfahrung beherrschen. Die gängige Standardformel für das Verhältnis von Theorie und Erfahrung besagt, daß die Experimente Meßdaten liefern, die eine Theorie *bestätigen* oder *falsifizieren*. So gängig diese Formel bis zum heutigen Tag auch geblieben ist, so kann sie doch kaum vergessen machen, daß gerade die Konzeptionen der Verifikation oder Falsifikation erfahrungswissenschaftlicher Theorien durch (experimentelle) (Beobachtungs-)Daten mehr oder weniger Schiffbruch erlitten haben: Geht man einmal von der ursprünglichen Konzeption des „Wiener Kreises"[14] aus, wonach eine Theorie nur dann (erfahrungs)wissenschaftlich ist, wenn sie durch Beobachtungen verifiziert werden kann, die in singulären, „empirischen Protokollsätzen" beschrieben werden, so ist festzuhalten, daß im Verlauf der wissenschaftstheoretischen Diskussion von dieser Auffassung so gut wie nichts mehr übrig geblieben ist. Aufgegeben werden mußten vor allem die beiden folgenden Thesen, die nach dem „linguistic turn" des modernen, sprachanalytischen Empirismus an die Stelle der Thesen (A) und (B) des neuzeitlichen Empirismus treten:

(A′) Die eigentlichen Erfahrungssätze sind die Beobachtungssätze und Meßprotokolle;

(B′) Die generellen Sätze der Theorie werden nach Maßgabe akzeptierter Beobachtungssätze aufgestellt, dann an weiteren Beobachtungen und Messungen geprüft, so daß die Theorien insgesamt mit den Beobachtungen und Messungen übereinstimmen.

Die wissenschaftstheoretische Kontroverse zwischen Verifikationismus und Falsifikationismus brachte zunächst die These (B′) zu Fall. Es ist nämlich ein Ergebnis der Diskussion, das Verhältnis von Theorie und Erfahrung verifikationistisch oder falsifikationistisch zu bestimmen, daß es gar kein unmittelbares Ziel der Forschung sein kann, Theorien nach Maßgabe unabhängiger Beobachtungsdaten aufzustellen. Man kann das u.a. auf folgende Weise begründen: Die in Dinglers Schema unter 1b) genannte Aufgabe, eine mathematische Funktion zu finden, durch die sich eine Meßtabelle berechnen läßt, ist, mathematisch betrachtet, trivialerweise leicht zu erfüllen, denn bei einem bestimmten Forschungsstand verfügt man nur über endlich viele Meßergebnisse, und es gibt immer eine mathematische Funktion, die die endlich vielen Paare korrespondierender Werte für die „abhängige" Größe und für die „unabhängigen" Meßgrößen richtig wiedergibt. Aber es gibt sogar unendlich viele Funktionen, mit denen sich die bei einem bestimmten Forschungsstand verfügbaren Meßdaten richtig „approximieren" lassen. Welche dieser unendlich vielen Funktionen beschreibt die „naturgesetzliche" Beziehung richtig? Zwar scheiden im Fortgang der Forschung einige mögliche Kandidaten aus, weil sie sich prognostisch nicht bewähren, aber es bleiben auch dann noch unendlich viele Kandidaten für das „wahre Naturgesetz" übrig. Da sich also das Ziel, die mathematisch formulierte Theorie in Einklang mit den Meßdaten zu halten, stets erfüllen läßt, ohne in der Auswahl des „wahren Naturgesetzes" dadurch irgendwie nennenswert weiterzukommen, kann die Wahl der mathematisierten theoretischen Darstellung der Meßdaten nicht allein von diesen Meßdaten selber abhängig gemacht werden.

Tatsächlich wählen die Physiker diejenigen Verlaufsfunktionen, die sich nach 1c) als *Lösungen von Differentialgleichungen* ergeben, die ihrerseits nach 1d) des Dinglerschen Schemas aus bestimmten *mathematisch formulierten Prinzipien* hergeleitet werden können. Diese Grundprinzipien jedoch werden ihrerseits, entgegen der Aussage des Schemas, gerade nicht nach Maßgabe von Meßdaten ausgewählt, *sondern liegen dem gesamten Forschungsprozeß als Prinzipien der theoretischen Auswertung von Meßdaten schon zugrunde*. Diesen Sachverhalt hat die moderne Wissenschaftsphilosophie um so weniger ableugnen können, je stärker Verifikationismus und Falsifikationismus gleichermaßen in Schwierigkeiten gerieten. Damit hat die Wissenschaftstheorie zur Kenntnis nehmen müssen, daß im Zentrum naturwissenschaftlicher Theorien Prinzipien stehen, die weder verifiziert noch falsifiziert werden, ja die nach der strukturalistischen Variante der Analytischen Wissenschaftsphilosophie noch nicht einmal mehr als Aussagen aufzufassen sind, sondern als mengentheoretisch definierte mathematische Strukturen.

Es ist bisher kaum bemerkt worden, daß sich die Analytische Wissenschaftsphilosophie damit in bemerkenswerter Weise einer These annähert, die Hugo Dingler gerade aus der Einsicht gewinnt, daß das Experimentieren ein physisch-technisches Handeln ist. Nach Dingler sind nämlich die „Fundamentalgesetze", die im Zentrum der theoretischen Physik stehen, keine Aussagen, die empirisch wahr oder falsch sind oder die zu verifizieren oder falsifizieren Sinn macht, sondern es sind Prinzipien, die im Verlauf der Forschung durch die von den Experimentatoren hergestellten Laborphänomene immer genauer „realisiert" werden, wie es bei Dingler heißt. Die „Fundamentalgesetze" Dinglers haben nun methodologisch sehr ähnliche Eigenschaften wie das, was in der Terminologie der modernen Wissenschaftstheorie der *„harte Kern eines Forschungsprogramms"* oder der *„Strukturkern einer Theorie"* genannt wird.

Vielleicht am klarsten hat sich Imre Lakatos zur „Methodologie wissenschaftlicher Forschungsprogramme" geäußert[15]. Nach Lakatos besteht ein wissenschaftliches Forschungsprogramm aus methodologischen Regeln: „Einige dieser Regeln beschreiben Forschungswege, die man vermeiden soll (*negative Heuristik*), andere geben Wege an, denen man folgen soll (*positive Heuristik*)."[16] „Man kann alle wissenschaftlichen Forschungsprogramme durch ihren *'harten Kern'* charakterisieren. Die negative Heuristik des Programms verbietet uns, den Modus tollens gegen diesen 'harten Kern' zu richten. Stattdessen müssen wir unseren Scharfsinn einsetzen, um 'Hilfshypothesen' zu artikulieren, ja selbst zu erfinden, die dann einen Schutzgürtel um den Kern bilden. Und wir müssen den Modus tollens auf sie umlenken. Es ist dieser Schutzgürtel von Hilfshypothesen, der dem Stoß der Überprüfung standhalten, der geordnet und wiedergeordnet, ja sogar völlig ersetzt werden muß, um den so gehärteten Kern zu verteidigen."[17]

Das erste Beispiel, das Lakatos für ein wissenschaftliches Forschungsprogramm nennt, ist die Newtonsche Mechanik, von der er schreibt: „Das klassische Beispiel für ein erfolgreiches Forschungsprogramm, vielleicht das erfolgreichste aller Zeiten, ist Newtons Gravitationstheorie. ... In Newtons Programm verlangt die negative Heuristik, daß wir den Modus tollens von Newtons drei Gesetzen der Dynamik und von seinem Gravitationsgesetz ablenken. Dieser Kern des Programms ist 'unwiderlegbar' aufgrund der methodologischen Entscheidungen seiner Protagonisten: Anomalien dürfen nur im 'Schutzgürtel' von Hilfshypothesen, 'Beobachtungshypothesen' und Anfangsbedingungen zu Veränderungen führen"[18].

Wenn Lakatos davon redet, daß vom „harten Kern" eines wissenschaftlichen Forschungsprogramms der Modus tollens abgelenkt werden müsse, so führt er der Sache nach und mit einer vortrefflichen Formulierung das bei Hugo Dingler „Exhaustion" genannte Verfahren in die „Methodologie wissenschaftlicher Forschungsprogramme" ein. Zudem zeigt sich, wie „raffiniert" die Abkehr von Poppers ursprünglichem Konzept des Falsifikationismus durch die „Methodologie wissenschaftlicher Forschungsprogramme" terminologisch verbrämt wird, wenn der Sache nach die Exhaustion als methodologisches Verfahren rehabilitiert wird, von dem sich Popper in der „Logik der Forschung" noch ausdrücklich mit dem Falsifikationskonzept abzugrenzen versucht hat[19].

Dingler definiert die Exhaustion folgendermaßen: „Unter Exhaustion verstehen wir das Verfahren, fundamentale Begriffe des eindeutigen Systems[20] und ihre Folgerungen, d.h. solche Begriffe, welche innerhalb des Systems primär sind gegenüber allen weiteren, in die Wirklichkeit einzuführen. Diese Einführung geschieht geistig, indem die Begriffe und Vorgänge, soweit sie einschlägig, in Ansatz gebracht werden und alles, was durch sie noch nicht gedeckt ist, als überlagerte Erscheinung definiert wird. Manuell geschieht sie, indem die Umstände solange variiert werden, bis die genaue Wirkung eintritt. Dadurch erscheint dieses „Variieren der Umstände" als ein „Fortschaffen der störenden Umstände"."[21]

Auf die Formulierung von Lakatos zurückgreifend wollen wir die Exhaustion folgendermaßen definieren: Eine theoretische Aussage T wird exhauriert, wenn aus empirisch widerlegten Implikaten F von T (und möglicherweise weiteren theoretischen Aussagen) trotzdem nicht nach dem Modus tollens auf die Aussage Non-T geschlossen wird, sondern F gerade unter Zugrundelegung von T aus Sätzen über gewisse kausal relevante *Störfaktoren* hergeleitet wird[22].

Sowohl Lakatos als auch Dingler[23] vertreten die These, daß die *Fundamentalgesetze eines Forschungsprogramms exhauriert* werden (sollen), wenn das Forschungsprogramm angewendet wird auf einen physikalischen Phänomenbereich: Abweichungen zwischen den Fundamentalgesetzen und den experimentellen Befunden werden durch Störhypothesen „weg“erklärt. Widersprechen experimentelle Befunde zunächst einem Fundamentalgesetz, so versuchen die Experimentatoren die in dem Exhaustionsargument hypothetisch unterstellten störenden Faktoren durch *Variieren* bis dahin noch nicht berücksichtigter Umstände zu identifizieren und durch ihre *Isolation* oder ihr *Konstanthalten*, also durch den technischen Umbau der apparativen Versuchsanordnung unwirksam zu machen, so daß der im Experiment schließlich herbeigeführte Verlauf immer vollkommener, störungsfreier nach den Fundamentalgesetzen des Forschungsprogramms abläuft. Dem Verfahren der Exhaustion auf der Seite der Theoretiker korrespondiert also auf der Seite der Experimentatoren das „manuelle Geschick“, die Fundamentalgesetze eines Forschungsprogramms immer besser, wie Dingler sagt, zu realisieren.

Die durch die Fundamentalaussagen eines Forschungsprogramms dargestellten Sachverhalte können in der Regel überhaupt nicht in der „unberührten Natur“ beobachtet werden. Es bedarf äußerst umfangreicher technisch-apparativer Vorkehrungen, und die führen meist nicht zu einer vollständigen, sondern nur zu einer angenäherten Realisierung der Fundamentalgesetze eines Forschungsprogramms. Von den Fundamentalgesetzen gilt, daß sie den „Stempel unserer Einwirkung unveräußerlich an sich“ tragen. „Sind sie doch erst durch die von uns geschaffenen Grundformen unserer Apparate aus der fließenden Natur herausisoliert und herausgeschnitten worden. Auch von diesen Gesetzen kann man nicht sagen, daß sie als solche in der unberührten Natur schon in abgesondertem und isoliertem Zustand vorhanden seien und darin säßen.“[24]

Mit der Kritik am Verifikationismus und Falsifikationismus gerät freilich nicht nur die These (B′), sondern auch die These (A′) in Bedrängnis. Quines berühmter Angriff auf das „Dogma“ der Verifikation endet ja u.a. mit der These, daß es „irreführend“ sei, „von dem empirischen Gehalt einer individuellen Aussage zu reden“, denn an jeder Aussage, sei sie nun ein singulärer Beobachtungssatz oder ein generelles theoretisches Gesetz, könne man selbst bei abweichenden empirischen Befunden festhalten, solange man nur bereit sei, dafür andere Aussagen in geeigneter Weise abzuändern[25]. Schon Wittgenstein hatte diese Einsicht, die er einmal so formulierte: „Jeder Erfahrungssatz kann als Regel dienen, wenn man ihn – wie ein Maschinenteil – feststellt, unbeweglich macht, so daß sich nun alle Darstellung um ihn dreht und er zu einem Teil des Koordinatensystems wird und unabhängig von den Tatsachen.“[26] Im Quineschen Holismus büßen die singulären Beobachtungssätze ihre epistemologische Sonderstellung ein, die unabhängigen Tatsachen zu beschreiben, an denen die (generellen) theoretischen Sätze zu überprüfen sind. Singuläre „Beobachtungssätze“ sind nicht mehr die eigentlichen Erfahrungssätze. Welche Sätze aber sind, wenn der Quinesche Holismus richtig ist, dann die eigentlichen Erfahrungssätze, die die empirischen Tatsachen beschreiben?

Kurt Hübner antwortet auf diese Frage mit einem Erfahrungsbegriff, der für ihn die endgültige Abkehr der Wissenschaftstheorie vom Verifikationismus und Falsifikationismus besiegelt. Nach Hübner werden die empirischen Tatsachen durch *metatheoretische Wenn-Dann-Aussagen* ausgedrückt. Hübner erläutert diese These so: „Wenn die und die Festsetzungen, Postulate, Theorien (dies alles sind metatheoretische Bezeichnungen), dann die und die Basissätze, Falsifikationen und Verifikationen (und auch dies sind metatheoretische Ausdrücke). Oder anders formuliert: Wenn wir die und die Sätze haben – die nichts über die Natur aussagen –, dann folgen empirisch die und die anderen Sätze – die gleichfalls nichts über die Natur aussagen. Nur in *diesen* metatheoretischen Wenn-Dann-Beziehungen zeigen sich empirische Tatsachen; nicht aber stellt der Inhalt der Sätze der Theorie selber einen empirischen Sachverhalt in irgendwelcher Weise dar: *nicht in der Theorie, sondern erst in der Metatheorie erscheint die Realität.*“[27]

Von dieser Formulierung Hübners ist es nur noch ein kleiner Schritt, um die konstitutive Rolle des physischen Handelns zu entdecken. Hübner unterläßt es nämlich zu explizieren, in welchem Sinne die Beobachtungs- und Meßdaten aus den theoretischen Grundsätzen eines Forschungsprogramms „empirisch folgen“, wie er sagt. Die Daten folgen ja nicht aus den Grundsätzen wie beim Gewitter der Donner empirisch aus dem Blitz „folgt“. Und es widerfährt den Wissenschaftlern ja nicht passivisch-kontemplativ, daß sie auf bestimmte Beobachtungs- und Meßdaten stoßen, wenn sie zugleich subjektiv an die Wahrheit bestimmter theoretischer Sätze glauben. *In Wirklichkeit ist es das physische Handeln der Experimentatoren, durch das die Verknüpfung der Meßdaten mit den theoretischen Prinzipien des Forschungsprogramms zustandegebracht wird.* Die theoretischen Grundsätze eines Forschungsprogramms lesen die Experimentatoren nämlich als *Handlungsanweisungen.* Indem die Experimentatoren diese Anweisungen befolgen und in die Tat umsetzen, produzieren sie Laborphänomene, und erst indem sie auf diese Laborphänomene die Meßvorschriften des Forschungsprogramms anwenden, erhalten sie überhaupt theorierelevante Beobachtungs- und Meßdaten.

Wie wir an den Überlegungen Hübners sehen können, trennt nur ein kleiner Explikationsschritt die moderne Wissenschaftstheorie von einer Einsicht, die Dinglers ganze Philosophie wie ein roter Faden durchzieht: *Es gibt gar keine theorierelevanten und unverrückbaren empirischen Daten an sich, an denen jede physikalische Theorie zu messen wäre.* Zu jeder Theorie gibt es jeweils andere Phänomene, an denen sie zu messen ist, weil die allmähliche mathematische Ausformulierung einer Theorie und die experimentelle Präparation der Phänomene, die theorierelevante Daten liefern, nur verschiedene Seiten ein und desselben Forschungsprozesses sind.

Würde die Wissenschaftstheorie des Empirismus wirklich das passivisch-kontemplative Erkenntnismodell zugunsten einer „pragmatischen Wende“[28]

verabschieden, so würden für sie die folgenden beiden Thesen zu Selbstverständlichkeiten:

(0-1) Experimentelle Erfahrung ist Wissensbildung durch technisch-intervenierendes Handeln. Die Konstituierung des Wissens durch technisches Handeln ist ein erkenntnistheoretisch relevanter Sachverhalt.

(0-2) Theorierelevante Daten werden erst an experimentellen Versuchsanordnungen gemessen, bei denen im Labor Abweichungen von den Fundamentalgesetzen eines Forschungsprogramms als Störungen nach dem Exhaustionsprinzip hinreichend genau technisch beseitigt sind.

Zu diesen beiden Ausgangsthesen gesellen sich zwei weitere Thesen, für die sich ebenfalls wichtige Argumente bereits in den Schriften Hugo Dinglers finden lassen. Nichts belegt für Dingler deutlicher die Verfehltheit der vorherrschenden Analysen des Experiments, die an der Formel Experiment = theoriegeleitete Beobachtung orientiert sind, als deren mangelndes Verständnis für den Status und die Rolle von Experimentierapparaturen und Meßinstrumenten. Wo experimentelle Messung und Beobachtung nichts anderes sein sollen als raffiniertere Formen der Beobachtung, ist es nur konsequent, in den Experimentierapparaturen und Meßinstrumenten lediglich Verlängerungen und Erweiterungen unserer natürlichen Sinnesorgane zu sehen, die ausschließlich dazu dienen, das der Beobachtung auch noch zugänglich zu machen, was, obwohl „objektiv vorhanden", mit dem „bloßen Auge" nicht mehr wahrgenommen werden kann. In dieser naturalistischen Sicht wird dann vor allem betont, daß die Apparaturen der Experimentatoren, ganz wie die natürlichen Sinnesorgane, den „Naturgesetzen" unterliegen, die mit Hilfe dieser Apparate allererst erforscht werden sollen.

Für Dingler hingegen ist in erster Linie die unbestreitbare Tatsache, daß die wissenschaftlichen Apparate *technische Artefakte* sind, erkenntnis- und wissenschaftstheoretisch relevant und nicht der Umstand, daß die Apparate nach Naturgesetzen funktionieren. Einschlägig nämlich ist die Unterscheidung zwischen *ungestörten* und *gestörten* Apparaten, eine Unterscheidung, die deshalb nicht anhand der „Naturgesetze" getroffen werden kann, weil gestörte ebenso wie ungestörte Apparate „Naturgesetzen" unterworfen sind. Eine wissenschaftstheoretische Analyse der Apparate ist keine naturalistische, sondern eine *teleologische* Untersuchung, nämlich auf die *Zwecke* bezogen, die bei der Herstellung der Apparate verfolgt werden. Diese Zwecke sind methodologische Zwecksetzungen, die sich letztlich aus den Zielen physikalischer Wissensbildung herleiten. Und nur relativ zu den Zwecken der Apparate lassen sich überhaupt gestörte von ungestörten Apparaten unterscheiden. Anhand ungestörter Apparate kann ein Wissen von den „Naturgesetzen“ gebildet werden, so daß erkenntnistheoretisch betrachtet ein zuverlässiges Wissen über die „Naturgesetze“ methodisch ein normativ-methodologisches Wissen über die Apparate und Meßinstrumente voraussetzt[29]. Das führt uns auf eine dritte These:

(0-3) Experimentelle Erfahrung ist ein an Apparaten gewonnenes Wissen über Naturverläufe. Eine normativ-methodologische Analyse der Zwecksetzungen, nach denen die Apparate hergestellt werden, muß Teil einer erkenntniskritischen Analyse der Geltungsbedingungen und Reichweite physikalischer Theorien sein.

Die Physik gilt als experimentelle Naturwissenschaft. Aber wenn experimentelle Erfahrung ein über technisches Handeln an Apparaten gewonnenes Wissen ist, so bleibt davon der Naturbegriff nicht unberührt. „Technik, die die Umformung der Natur zu etwas ist, das zwar noch nicht existiert, aber möglich ist, fällt direkt unter den Begriff der Natur selbst, wenn Natur nicht lediglich das ist, was objektiv gegeben ist, sondern auch das, was objektiv sein kann. Das Ziel der Naturerkenntnis ist daher nicht das Auffinden von Tatsachen..., sondern die Konstruktion von Tatsachen nach Regeln, die den Bereich des Möglichen abstecken. Regeln beziehen sich nicht auf Tatsachen, sondern auf mögliche Zustände. Sie sind ursprünglich – als Handwerksregeln – Herstellungsweisen ... Die Wissenschaft der Natur geht ... über den „Bereich des von Natur Möglichen“.“[30] Experimentelle Erfahrung ist also nicht Beobachtung des in der Natur schon von sich aus Vorhandenen, sondern ist die handelnd *gemachte* Erfahrung der Veränderbarkeit des Natürlichen. Natur wird in der experimentellen Erfahrung vor allem als unüberschreitbare Grenze technischer Manipulation sichtbar. In diesem Sinne sind vielleicht Möglichkeits- bzw. Unmöglichkeitsbehauptungen die eigentlichen Naturgesetze, die experimentelle Erfahrung zutage fördert, also Sätze vom Typus der thermodynamischen Hauptsätze („Es ist unmöglich, ein perpetuum mobile erster und zweiter Art zu bauen“). Damit sind wir bei der These:

(0-4) Experimentelle Erfahrung der Natur zielt auf ihre technische Beherrschung und Veränderbarkeit. „Natur“ im Sinne des unverrückbar „Gegebenen“ wird erst als unüberschreitbare Grenze, die jeder technischen Veränderung gesetzt ist, sichtbar.

Alle vier Thesen über die experimentelle Erfahrung verdanken sich ganz wesentlich den Analysen Hugo Dinglers zum Experiment. Aber Dingler will mit seiner Analyse eine viel weitreichendere These beweisen. Dingler behauptet nämlich, daß in der klassischen Mechanik Newtons unter Einschluß des klassischen Gravitationsgesetzes die unverzichtbaren Prinzipien des Experimentierens auf ihren theoretischen Begriff gebracht sind. Für Dingler ist die klassische Mechanik Newtons ein unverzichtbares Apriori jeder messenden und experimentierenden Physik. Nur die Mechanik Newtons ist nach Dingler „vollbegründet“, nur sie darf nach seiner Meinung den Titel einer strengen und exakten Wissenschaft beanspruchen. Ein physikalisches Phänomen ist nicht eher exakt-wissenschaftlich erklärt, so Dingler, als bis es beschrieben werden kann als die Wirkung von bewegten Partikeln, deren Bahnen aus superponierten Newtonschen Kräften hergeleitet werden, wobei als Grundkräfte nur die klassische Gravitationskraft und der bei Dingler daraus hergeleitete klassische Stoß zugelassen sind[31].

Diese kompromißlos strenge Physikbegründung hat entsprechend einschneidende Folgen. Die Spezielle und die Allgemeine Relativitätstheorie werden von Dingler gänzlich verworfen. Der „Relativismus“ in der Physik ist für Dingler gleichbedeutend mit dem „Zusammenbruch der Wissenschaft“. An der Relativitätstheorie prangert Dingler die Symptome eines allgemeinen Zeitgeistes an, der längst die Idee der exakten Naturforschung verabschiedet habe[32]. Die Quantenphysik wird von Dingler zwar an der „Forschungsfront“ der Physik als nützlicher Formalismus vorläufig geduldet, aber er verlangt, daß die Quantenphysik dereinst einmal einer Mikrophysik Platz machen müsse, die sich ausschließlich Newtonscher mechanischer Modelle bedient[33].

In diesen radikalen Thesen Dinglers zur modernen Physik mag auch der Grund liegen, warum seiner Philosophie des Experiments ein nachhaltigerer Einfluß auf die Wissenschaftsphilosophie versagt geblieben ist. Für die Physiker und Wissenschaftstheoretiker der Physik bleibt als letztes Ergebnis der Dinglerschen Physikrekonstruktion nur, daß die „revolutionärsten Errungenschaften“ der modernen Physik, Relativitätstheorie und Quantenphysik, den Prinzipien einer „methodischen Physikphilosophie“ geopfert werden sollen. Das jedoch scheint allein die Dinglersche Physiktheorie, nicht aber die Physik selber zu diskreditieren. Und es entsteht der Eindruck, als ob die rasante Entwicklung der modernen Physik Dinglers „methodische Philosophie“ längst hat zum Anachronismus werden lassen.

Weil viele Einzelresultate in Dinglers Werk für die meisten Physiker und Wissenschaftstheoretiker durchaus zu Recht nicht akzeptabel sind, werden leider auch die Fragestellungen Dinglers nicht mehr weiter verfolgt. In dieser Arbeit möchte ich dagegen den Versuch machen, Dinglers Fragestellungen nach dem „Wesen des Experiments“ und der Rolle, die das Experiment für die Begriffs- und Theoriebildung spielt, erneut aufzugreifen, ohne mich seinen Auffassungen über die Relativitätstheorie und Quantenmechanik anzuschließen. Es soll also untersucht werden, inwiefern spezifische Strategien der physikalischen Begriffsbildung und des methodischen Aufbaus mathematisierter physikalischer Theorien aus den Charakteristika experimenteller Erfahrung methodologisch hergeleitet[34] werden können, die in dieser Einleitung thesenartig skizziert worden sind.

1. DAS PHYSIKALISCHE EXPERIMENT UND DIE KONZEPTION DER EXPERIMENTALISTISCHEN KAUSALITÄT

1.1 Das Experiment: Wechselspiel zwischen Handlung und Verläufen[1]

Wir beginnen mit einem überaus trivialen Alltagsbeispiel, das wohl jedem Leser vertraut sein dürfte. Stellen wir uns vor, jemand will Kartoffeln kochen. Er legt die Kartoffeln, die er vorher geschält hat, in einen Topf. Anschließend dreht er den Wasserhahn auf und füllt den Topf mit Wasser so weit, daß die Kartoffeln bedeckt sind. Er dreht den Wasserhahn wieder zu, streut Salz in das Wasser, setzt den Topf auf eine Platte des Elektroherdes und schaltet diese Platte durch Drehung eines Knopfes an. Das Wasser wird langsam heiß. Schließlich kocht es. Da inzwischen zuviel Dampf im Raum steht, öffnet unser Koch das Fenster, damit der Wasserdampf abziehen kann. Derweil kochen die Kartoffeln weiter. Nachdem sie weich gekocht sind, schaltet der Koch die Herdplatte aus und schüttet das Wasser aus dem Topf in das Spülbecken, wo es von alleine abläuft usw.

Dieses triviale Beispiel habe ich deshalb an dieser Stelle so pedantisch beschrieben, um hervorzuheben, daß auch ein physikalisches Experiment nicht prinzipiell anders verläuft. Unser Beispiel weist auf einen charakteristischen Grundzug technischen Handelns hin, der für das Verständis des Experiments sich noch als besonders wichtig erweisen wird: Es findet ein ständiger Wechsel zwischen *Handlung* und *Verläufen*[2] statt. Ausgehend von einer schon bestehenden Situation S_0 handelt jemand auf die Weise h_1 und führt so unmittelbar den Sachverhalt S_1 herbei[3]. Sobald S_1 eingetreten ist, setzt von alleine, d.h. ohne daß nun noch gehandelt werden müßte, ein Verlauf oder Vorgang V_1 ein, der zu der Veränderung (neu eintretender Sachverhalt) S_2 führt. Unter der Bedingung S_2 bewirkt eine Ausführung der Handlung h_2 direkt den weiteren Sachverhalt S_3. Durch S_3 wird der Verlauf V_2 ausgelöst, der den Sachverhalt S_4 zur Folge hat. Das läßt sich beliebig fortsetzen. Ziele, die wir uns setzen, erreichen wir durch koordiniertes technisches Handeln, das immer unterbrochen wird durch Verläufe, die ohne unser Zutun ablaufen und die neue Sachverhalte herbeiführen, die dann erst wieder Eingriffe von unserer Seite erforderlich machen.

Dem Wechsel von Handlung und Verlauf begegnen wir auch im physikalischen Experiment: Der Experimentator *baut* mit Hilfe von *Apparaten* eine Versuchsanordnung auf, die dann nur noch eingeschaltet („Betätigung eines Schalters") werden muß, so daß meßbare Veränderungen an der Versuchsapparatur eintreten. Allerdings ist unter handlungstheoretischen Gesichtspunkten diese Darstellung des Experiments noch unvollständig, denn die Experimentatoren stellen die Apparate selten selber her, trotzdem „entstehen die Apparate ja nicht in der Natur, sie wachsen weder auf Bäumen, noch gräbt man sie irgendwo aus der Erde". „Diese Apparate stellen wir Menschen selber her, ..."[4]. Die *Herstellung der Apparate* gehört daher unbedingt zu den technischen Maßnahmen, die als „Bedingungen der Möglichkeit" physikalischer Experimente keineswegs aus einer wissenschaftstheoretischen Betrachtung der Experimente herausfallen dürfen. Unter Einbeziehung aller Handlungsanteile läßt sich ein physikalisches Experiment kurz folgendermaßen schematisch darstellen:

(1-1) Der Ablauf eines Experiments nach der Konzeption der experimentalistischen Kausalität

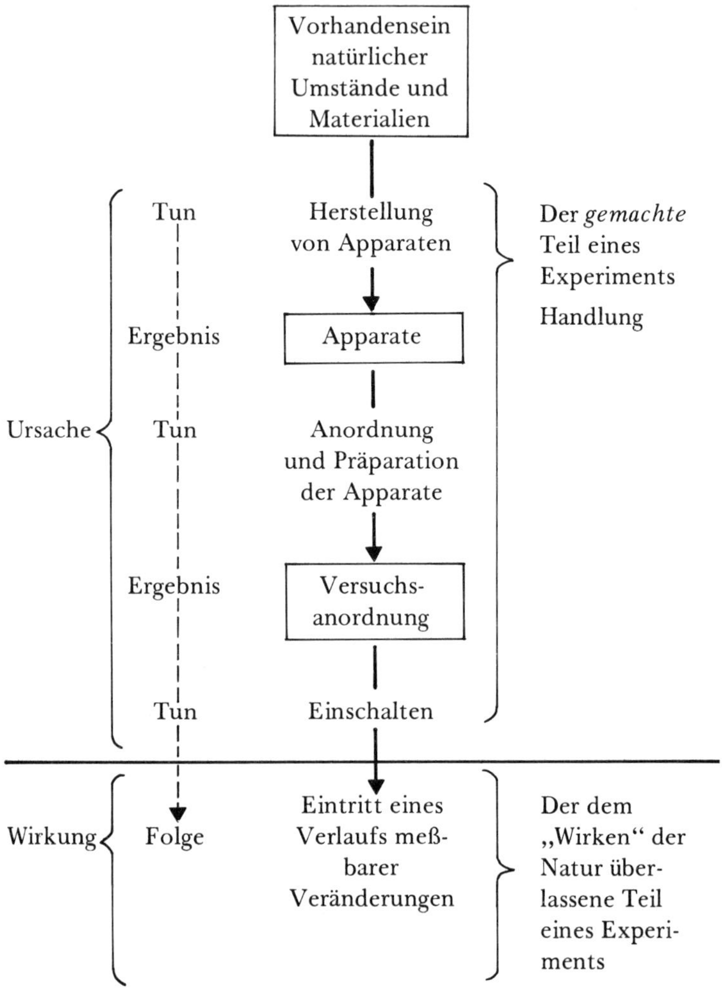

In der Formel „Experiment = theoriegeleitete Beobachtung“ finden weder der Status der Experimentierapparaturen als Artefakte noch die technischen Handlungen eine ausdrückliche Erwähnung. Von der oben schematisch angedeuteten expliziten und vollständigen Beschreibung der Versuchsanordnung und des Ablaufs des Experiments bleibt in der theoretischen Darstellung und Auswertung der Versuche nur noch die Beschreibung eines physikalischen Systems durch einige wenige Meßgrößen und die „gesetzmäßige“ Veränderung dieser Systemparameter während des Experiments übrig. Das hängt nun sicher damit zusammen, daß sich die Physik als *Natur*wissenschaft begreift. Als Naturwissenschaft ist die Physik eine Theorie der Verläufe von Veränderungen physikalischer Systeme, nicht eine Theorie der Handlungen, durch die die Verläufe im Experiment allererst ausgelöst werden. Aber es wird gerade das Thema dieser Arbeit sein zu zeigen, wie sich die Begriffs- und Theoriebildung in der Physik einem erkenntniskritischen Verständnis erst erschließt, wenn man auch das physisch-technische Handeln der Experimentatoren in die Untersuchung mit einbezieht.

1.2 Technisches Handeln und experimentalistische Kausalität

Eigentlich sind die Begriffe „Ursache“ und „Wirkung“ keine Begriffe der Physik. Sie gehören der Metatheorie der Physik an. Soweit in der Physik dann doch gelegentlich von „Ursache“ und „Wirkung“ die Rede ist, werden beide Begriffe für die Verknüpfung von Geschehnissen verwendet, für die menschliches Handeln nicht von Belang zu sein scheint. Hier muß man nur an die folgenreichen Erörterungen von Hume zur Kausalität denken, der die Probleme vornehmlich an Beispielen diskutiert, in denen menschliches Handeln keine Rolle spielt. Demgegenüber vertritt Georg Henrik von Wright die These, „daß wir weder die Kausalität selbst noch die Unterschiede zwischen gesetzmäßigen Verknüpfungen und akzidentiellen Gleichförmigkeiten der Natur verstehen können, ohne auf Vorstellungen über den Vollzug einer Handlung und über einen intendierten Eingriff in den Naturverlauf zu rekurrieren“[5]. Und weiter sagt von Wright: „Der Begriff von Ursache ... ist wesentlich mit der Idee von Handlungen und daher als ein wissenschaftlicher Begriff mit der Idee von Experimenten verknüpft. Er spielt m.E. in den „Darstellungen, die Naturwissenschaftler von ihren Laboratoriumsverfahren geben“, eine wichtige Rolle.“[6] Deshalb spricht von Wright ausdrücklich von „experimentalistischer Kausalität“. Da nach der Konzeption der experimentalistischen Kausalität zwischen Ursache und Wirkung nur unterschieden werden kann, indem in die Natur eingegriffen oder interveniert wird, bezeichnet Stegmüller (im Anschluß an Toumela) das von Wrightsche Konzept der Kausalität auch sehr treffend als „interventionistische Kausalität“[7].

Bei von Wright basiert das Konzept der experimentalistischen Kausalität auf der Unterscheidung von *Tun* und *Herbeiführen*, eine Unterscheidung, die die Wirkungen technischer Handlungen[8] betrifft. „Dadurch, daß wir gewisse Dinge *tun*, führen wir andere herbei. Ein Beispiel: Dadurch, daß wir ein Fenster öffnen, lassen wir frische Luft in das Zimmer ... oder senken die Temperatur oder führen einen Zustand herbei, indem sich eine im Zimmer befindliche Person unwohl fühlt, zu niesen anfängt und sich eventuell erkältet.“[9] Man handelt technisch, um bestimmte Wirkungen zu erreichen, die ohne das Handeln nicht zustande kommen würden. Die ausgezeichneten Wirkungen sind die *Zwecke* der technischen Handlungen. Viele Handlungsprädikatoren enthalten implizit oder explizit eine Beschreibung der unmittelbar bezweckten Wirkungen, die wir mit den so prädizierten Handlungen verfolgen. Beispiele dafür sind: das Licht anschalten, ein Fenster öffnen, etwas in Bewegung setzen. Wir lernen die entsprechenden Handlungsprädikatoren nur in Situationen, wo die betreffenden Handlungen auch erfolgreich vollendet werden können. Zusammen mit den Handlungen, das Licht anzuschalten, das Fenster zu öffnen, etwas in Bewegung zu setzen, und den darstellenden Handlungsprädikatoren lernen und wissen wir dann auch, daß hernach das Licht brennt, das Fenster offen steht, sich etwas bewegt. Ein Fenster zu öffnen *bewirkt unmittelbar*, daß es anschließend offensteht[10]. Es bedarf also außer der Einführungssituation zum Erlernen der Handlungen und der Handlungsprädikatoren keiner gesonderten Lernsituation, um die unmittelbaren Wirkungen der Handlungen kennenzulernen. Die Beschreibung der Handlungen (Handlunsprädikationen) und die Beschreibung der unmittelbaren Wirkungen sind terminologisch miteinander verknüpft[11]. Die unmittelbare Wirkung einer Handlung nennt von Wright ihr „Ergebnis“. „Das, was getan wurde, ist das Ergebnis einer Handlung; ...”[12]. „Das Ergebnis ist ein wesentlicher Teil der Handlung selbst“,[13] weil die direkte Wirkung oder das Ergebnis der Handlung zum Begriff dieser Handlung dazugehört; es ist aufgrund der terminologischen Einführung des Handlungsprädikats „ein Fenster öffnen“ analytisch wahr, daß die Handlung des Fensteröffnens zum Ergebnis hat, daß das Fenster geöffnet ist.

Neben den Ergebnissen technischer Handlungen unterscheidet von Wright die *Folgen*, die durch Handlungen *herbeigeführt* werden. Am schon zitierten Beispiel des Fensteröffnens können die Folgen dieser Handlung z.B. sein: die Luft im Zimmer wird besser, die Temperatur sinkt ab, Personen fühlen sich unwohl usw. Worauf von Wright mit der Unterscheidung Tun/Herbeiführen oder Ergebnis/Folge hinauswill, ist die Tatsache, daß, in unserer Terminologie geredet, Handlungen nicht nur direkte Wirkungen haben, die eingetreten sind, sobald die Handlung überhaupt als die so prädizierte Handlung geglückt ist, sondern daß Handlungen auch Wirkungen haben, die erst aufgrund der übrigen Umstände durch Verläufe eintreten. Wenn das Ergebnis der Handlung eintritt, können trotzdem manchmal die Folgen ausbleiben, weil andere Umstände sie verhindern. Ich öffne das Fenster, um Durchzug zu machen. Das Fenster steht offen, aber die Luft steht trotzdem weiterhin im Raum, weil kein Luftzug geht. Noch ein anderes Beispiel: Ich kann Samenkörner in den Boden legen und die Erde anfeuchten (Ergebnis oder direkte Wirkung der Handlungen, etwas zu säen und den Boden zu gießen). Wenn dann tatsächlich an der Stelle Pflanzen emporwachsen, ist das die über einen natürlichen Verlauf erreichte Folge meiner Handlung.

Betrachten wir das Schema (1-1), so läßt sich in der Terminologie von von Wright sagen: Der Experimentator *tut* folgendes: Er baut und präpariert eine Versuchsanordnung. Das *Ergebnis* dieses Tuns ist die dann zur Verfügung stehende Versuchsanordnung. Schaltet er die Versuchsanordnung daraufhin ein und löst einen Verlauf aus, so sind die dabei auftretenden Veränderungen die *Folge* seines voraufgegangenen Tuns.

Mit dieser Unterscheidung von Ergebnis und Folge von Handlungen schlägt von Wright folgende Definition der Begriffe „Ursache" und „Wirkung" vor: „Ich schlage nun vor, wie folgt zwischen Ursache und Wirkung mit Hilfe des Begriffs der Handlung zu unterscheiden: p ist eine Ursache relativ auf q und q ist eine Wirkung relativ auf p dann und nur dann, wenn wir dadurch, daß wir p tun, q herbeiführen könnten, oder dadurch, daß wir p unterdrücken, q beseitigen oder am Zustandekommen hindern könnten"[14].

1.3 Das Experiment: Das Variieren der Anfangsbedingungen und die Realisierung quantitativer Invarianzen

Nach dem eben zitierten Kriterium von von Wright ist die Präparation der Versuchsanordnung die Ursache für die Veränderungen, die nach dem Einschalten der Apparaturen auftreten. Das Definiens des Begriffs der experimentalistischen Kausalität enthält noch eine weitere Bedingung, soll von „Ursache" und „Wirkung" bei einem Experiment geredet werden können: Bei einer *Veränderung der Versuchsanordnung* muß das Experiment *anders* verlaufen. Genau das wird beim Experimentieren ebenfalls ausdrücklich nachgeprüft. Die Experimentatoren versuchen nämlich nicht nur, ein Experiment mit gleicher Versuchsanordnung zu wiederholen (siehe weiter unten), vielmehr *variieren* sie bestimmte Eigenschaften der anfänglichen Versuchsanordnung systematisch, um zu prüfen, ob das Experiment dann jeweils einen anderen Verlauf nimmt.

Solche Eigenschaften einer Versuchsanordnung, die bei Veränderung zu einem veränderten Ablauf des Experiments führen, sollen im folgenden *kausal relevante Umstände* (des Experiments) heißen. Die Eigenschaften einer apparativen Versuchsanordnung, die von den Experimentatoren mit dem Ziel verändert werden, sie auf ihre kausale Relevanz für den Ausgang der Experimente zu testen, unterscheide ich im folgenden als *Anfangsbedingungen* einer Versuchsanordnung. Ein elementares Beispiel einer solchen Anfangsbedingung ist bei Experimenten an der schiefen Ebene die Neigung der Ebene.

In seinem „System der Logik“[15] aus dem Jahre 1843 entwickelt John Stuart Mill vier „Methoden der experimentellen Forschung“, die sich verblüffend kohärent in das System der experimentalistischen Kausalität einfügen lassen, verblüffend deshalb, weil Mill insgesamt viel eher der Vertreter eines passivischen Induktionsempirismus ist, zu dem unsere bisherigen Überlegungen in offener Opposition stehen. Im folgenden stelle ich die vier Methoden jeweils zunächst in der Formulierung von Mill selbst vor, um sie anschließend durch ein Schema zu illustrieren, das ich einem Buch von John Losee[16] entnehme.

Ich fange mit der „Variationsmethode“ oder der „Methode der Begleitveränderungen“ an. Sie lautet bei Mill: „Jedes Phänomen, das sich in irgendeiner Weise ändert, so oft sich ein anderes Phänomen in einer besonderen Weise verändert, ist entweder eine Ursache oder Wirkung dieses Phänomens oder hängt mit ihm durch irgendein ursächliches Verhältnis zusammen“[17].

Variationsmethode

Fall	Vorangehende Umstände	Phänomene
1	A^{+} BC	a^{+} b
2	A° BC	a° b
3	A^{-} BC	a^{-} b

Daher sind A und a kausal verbunden.

Mit der Methode der begleitenden Veränderungen beschreibt Mill nichts anderes als die Variation der Anfangsbedingungen. Wenn sich a jedesmal mit einer Änderung von A ändert, so hängen A und a nach dem Konzept der experimentalistischen Kausalität ursächlich miteinander zusammen.

Die zweite Methode, die „Differenzmethode“, ist nur ein Spezialfall der Methode der Variation. „Wenn eine Instanz, in der das zu erforschende Phänomen eintritt und eine Instanz, in der es nicht eintritt, jeden Umstand bis auf einen gemeinsam haben, indem dieser eine nur in der ersten vorhanden ist, so ist der Umstand, in dem die beiden Instanzen voneinander abweichen, die Wirkung oder die Ursache oder ein unentbehrlicher Teil der Ursache des Phänomens.“[18]

Differenzmethode

Fall	Vorangehende Umstände	Phänomene
1	ABC	a
2	BC	—

Daher ist A ein unerläßlicher Teil der Ursache von a.

Die dritte Methode, die „Übereinstimmungsmethode“, besagt: „Wenn zwei oder mehr Instanzen des zu erforschenden Phänomens nur einen Umstand gemeinsam haben, so ist der Umstand, in dem allein alle Instanzen übereinstimmen, die Ursache (oder Wirkung) des gegebenen Phänomens“[19].

Übereinstimmungsmethode

Fall	Vorangehende Umstände	Phänomene
1	ABEF	abe
2	ACD	acd
3	ABCE	afg

Daher ist es wahrscheinlich, daß A die Ursache von a ist.

Wir können die „Übereinstimmungsmethode“ in unserer Terminologie auch so beschreiben: Der Experimentator zeigt, daß die Umstände BCDEF wahrscheinlich nicht kausal relevant sind für a, denn es gibt für jeden der genannten Umstände Fälle, wo der betreffende Umstand besteht, und mindestens einen Fall, wo der betreffende Umstand nicht besteht, und trotzdem verändert sich am Bestehen von a nichts. Natürlich muß A noch positiv als Ursache für a nachgewiesen werden, indem auch A einmal herbeigeführt, ein anderes Mal beseitigt und jedesmal geprüft wird, ob a im ersten Fall eintritt und im letzteren nicht. Daß BCDEF keine kausal relevanten Umstände für a sind, ist ebenfalls nur wahrscheinlich gemacht, denn man müßte die Umstände noch systematisch variieren, indem die verschiedenen Kombinationen durchgeprüft werden. Es könnte ja sein, daß die Umstände nur in gewissen Kombinationen kausal relevant für a sind.

Die vierte Methode heißt die „Methode der Rückstände“ oder „Restmethode“. „Man ziehe von irgendeinem Phänomen den Theil ab, den man durch frühere Inductionen als die Wirkung gewisser Antecedenzien kennt, und der Rest des Phänomens ist die Wirkung der übrigen Antecedenzien.“[20]

Methode der Rückstände

Fall	Vorangehende Umstände	Phänomene
1	ABC	abc
Es ist bereits festgestellt:	B ist die Ursache von	b
	C ist die Ursache von	c

Daher ist A die Ursache von a.

In Mills Formulierung der „Restmethode“ kommt allerdings sein Induktionismus zum Vorschein; er geht nämlich davon aus, man habe B als Ursache von b und C als Ursache von c aufgrund von „Inductionen" erkannt. Doch muß man schon den Umstand A variieren, um zu sehen, ob sich a selber ändert in Abhängigkeit von Veränderungen von A. Von Wright sagt: „Man könnte sagen, daß wir der Wahrheit von Kausalgesetzen genau so sicher sein können wie unserer Fähigkeit, etwas zu tun bzw. etwas herbeizuführen"[21].

Das passivische Erkenntnismodell des Millschen Induktionsempirismus macht sich noch an einer anderen Stelle bemerkbar. Es mag aufgefallen sein, daß Mill bei der Darstellung der Methoden oft unentschieden läßt, was Ursache und was Wirkung ist, und vorsichtiger nur von „ursächlichem Zusammenhang" redet. Auf der Basis passivischer Beobachtungen verschiedener Fälle ist eine Unterscheidung von „Ursache" und „Wirkung" auch tatsächlich kaum möglich. Aber es ist gerade die These von von Wright, daß die Unterscheidung von Ursache und Wirkung auf die Unterscheidung zwischen Dingen, die getan werden, und Dingen, die herbeigeführt werden, zurückführt werden muß. Wo, wie bei Mill, jeglicher expliziter Rekurs auf das Handeln fehlt und letztlich doch wieder das Modell passivischer Beobachtungen obsiegt, kann die Unterscheidung nicht wirklich konsequent und eindeutig getroffen werden. Der Mangel oder die Lücke in Mills Unterscheidung von Ursache und Wirkung bestätigt indirekt noch einmal die Konzeption der experimentalistischen Kausalität. Trotz dieser Einschränkungen darf man sagen, daß Mills vier „Methoden der experimentellen Forschung" naheliegende Operationalisierungen des Begriffs der experimentalistischen Kausalität sind.

Wir müssen an dieser Stelle berücksichtigen, daß sowohl die Versuchsanordnung mit den variierbaren Anfangsbedingungen als auch die daraufhin einsetzenden Veränderungen *metrisch*, also mit Hilfe *quantitativer Begriffe* beschrieben werden. Die durch die Experimentatoren veränderbare Anfangsbedingung wird durch eine Meßgröße u („u" soll an Ursache erinnern), die davon abhängigen Veränderungen werden durch eine Meßgröße w („w" soll an Wirkung erinnern) beschrieben. Indem die Experimentatoren die Anfangsbedingung variieren, verändert sich der Wert der Größe u. Falls die Anfangsbedingung kausal relevant ist, verändert sich auch der Wert der Größe w.

Wie sich w in Abhängigkeit von u ändert, läßt sich durch ein *Experimentalgesetz* der Art

(1-2) $$w = \Psi(u)$$

berechnen. Mit welcher Funktion Ψ das Experimentalgesetz formuliert werden muß, ist natürlich abhängig von der Definition der Größen w und u. Die ersten w-Größen lassen sich aus Gründen, die wir im dritten Kapitel kurz zur Sprache bringen werden, als *Beobachtungsgrößen* bezeichnen. Mindestens eine Beobachtungsgröße muß schon definiert und aufgrund der Definition meßbar sein, bevor überhaupt ein quantitatives Experiment durchgeführt werden kann. Anders ist es mit den u-Größen: Sie quantifizieren jeweils einen kausal relevanten Umstand U, indem den verschiedenen Zuständen U^i mit $i \epsilon I$ (I ist dabei eine geeignete Indexmenge), in die U durch Variation einer Anfangsbedingung versetzt werden kann, unterschiedliche Werte u^i der Größe u entsprechen. Nun interessiert U den Physiker nur insoweit, wie das Variieren von U unterschiedliche Werte der Größe w zur Folge hat. Könnte dann u nicht überhaupt dadurch definiert werden, daß (1-2) nach u aufgelöst wird, also durch $u = \Psi^{-1}(w)$? Nun bereitet eine solche Definition natürlich insoweit Schwierigkeiten, als ja Ψ solange nicht bekannt sein kann, wie u nicht bekannt ist. Wir scheinen also in einen Definitionszirkel zu geraten. Außerdem könnte doch, falls zu jeder bestimmten Variation U^i von U auch nur ein Wert w^i von w gehört, U gleich durch w quantifiziert werden.

Die Sachlage ändert sich jedoch schlagartig, wenn man berücksichtigt, daß im allgemeinen in einem Experiment verschiedene Anfangsbedingungen unabhängig voneinander variiert werden können, die alle für den Wertverlauf von w kausal relevant sind. Wir können eine der unabhängig variierbaren Anfangsbedingungen herausgreifen – wir bezeichnen sie im folgenden mit U –, und die anderen Anfangsbedingungen zu einer Anfangsbedingung R zusammenfassen. Dadurch wird nun eine Klasse $\{V\}$ von Experimenten gebildet, wobei alle Versuche aus $\{V\}$ unter denselben Rahmenbedingungen stattfinden, aber unter jeweils auf unterschiedliche Anfangszustände eingestellte Anfangsbedingungen U und R. Die verschiedenen Anfangszustände, in die U und R versetzt werden können, bezeichnen wir durch U^i mit $i \epsilon I$ und R^j mit $j \epsilon J$, wobei I und J geeignete Indexmengen sind. U und R werden durch die Größen u und r quantifiziert, und da der Wertverlauf von w kausal von U und R abhängt, gibt es für $\{V\}$ ein Gesetz (1) $w = \Psi(u,r)$. Auch wenn weder Ψ noch u und r definiert sind, läßt sich doch anhand eines Gedankenexperiments eine Strategie entwickeln, wie die Größe u so eingeführt werden kann, daß zugleich mit der Einführung von u das Verlaufsgesetz (1) für $\{V\}$ aufgestellt wird.

Man kann nämlich die folgende Betrachtung anstellen: Wenn es ein solches Gesetz (1) mit geeigneten Größen u und r für $\{V\}$ gibt, so denkt man sich (1) durch (2) $r = \Phi(w,u)$ zunächst nach r aufgelöst. Wird R auf einen festen Anfangszustand R^j bei jedem Experiment eingestellt, nimmt r den Wert r^j an. Variiert man unter konstantem R^j U durch U^s, U^p, U^q usw. mit $s,p,q \epsilon I$, so würde u die Werte u^s, u^p, u^q und in Abhängigkeit davon w die Werte w^{js}, w^{jp}, w^{jq} annehmen. Wegen (2) müßte dann gelten:

$$(3) \qquad \Phi(w^{js},u^s) = \Phi(w^{jp},u^p) = \Phi(w^{jq},u^q).$$

Entsprechend gilt für jedes $k \neq j$ mit $k \epsilon J$, also unter konstantem R^k:

$$(4) \qquad \Phi(w^{ks},u^s) = \Phi(w^{kp},u^p) = \Phi(w^{kq},u^q).$$

Daraus folgt:

$$(5) \qquad \bigwedge_{p,q\in I} \bigwedge_{j,k\in J} \frac{\Phi(w^{jp},u^p)}{\Phi(w^{kp},u^p)} = \frac{\Phi(w^{jq},u^q)}{\Phi(w^{kq},u^q)}.$$

Nun ist (5) eine Umformung des Verlaufsgesetzes (1) für $\{V\}$, so daß die Größe r eliminiert ist. Immer wieder wird in der Physik der „methodologische Trick" angewendet, (5) zur Grundlage einer Definition der Größe u zu machen. Mit einer Funktion

$$(6) \qquad \Theta(w)u = \Phi(w,u)$$

ist nämlich (5) erfüllt, falls für die Funktion $\Theta(w)$ gilt:

$$(7) \qquad \bigwedge_{k,j\in J} \bigvee_{c\in \mathbb{R}} \bigwedge_{p,q\in I} \frac{u^p}{u^q} = \frac{\Theta(w^{jq})}{\Theta(w^{jp})} = \frac{\Theta(w^{kq})}{\Theta(w^{kp})} = c.$$

Jetzt kann man u gerade durch

$$(8) \qquad u = \Theta^{-1}(w)$$

über eine Funktion Θ definitorisch einführen, für die man unabhängig von (8) prüfen kann und muß, ob für $\{V\}$ gilt:

$$(9) \qquad \bigwedge_{k,j\in J} \bigvee_{c\in \mathbb{R}} \bigwedge_{p,q\in I} \frac{\Theta(w^{jq})}{\Theta(w^{jp})} = \frac{\Theta(w^{kq})}{\Theta(w^{kp})} = c.$$

Erste Werte von u können dann in Versuchen aus $\{V\}$ nach (7) experimentell bestimmt werden.

Das Gesetz (9) läßt sich für den Fall verallgemeinern, daß neben w und u noch weitere Größen nach dem skizzierten Verfahren eingeführt werden. $\{V\}$ sei wieder eine Klasse von Versuchen, bei denen unter sonst gleichen Rahmenbedingungen (siehe weiter unten) variierbare Anfangsbedingungen U und R jeweils auf unterschiedliche Anfangszustände U^i und R^j mit $i\in I$ und $j\in J$ (I und J geeignete Indexmengen) eingestellt werden und geprüft wird, welche Werte $m_1^{ij},\ldots,m_n^{ij}$ die voneinander abhängigen Größen $m_1,\ldots,m_n$ jeweils annehmen. Wenn es nun eine Funktion $\Theta(m_1,\ldots,m_n)$ gibt mit

$$(1\text{-}3) \qquad \bigwedge_{i\in I} \bigvee_{c\in \mathbb{R}} \bigwedge_{k,j\in J} \Theta(m_1^{ik},\ldots,m_n^{ik}) = \Theta(m_1^{ij},\ldots,m_n^{ij}) = c,$$

so möge der Ausdruck $\Theta(m_1,\ldots,m_n)$ eine *experimentelle Invariante* von $\{V\}$ relativ zu U bei Variation der Anfangsbedingung R heißen. Etwa ist für Stöße das Verhältnis der Geschwindigkeiten relativ zu denselben Körpern bei Variation der Anfangsgeschwindigkeiten eine experimentelle Invariante

(„Impuls"); relativ zu einem Leiter mit wohlbestimmten geometrischen Abmessungen und aus einem vorgegebenen Material ist das Verhältnis der Spannung zur Stromstärke eine experimentelle Invariante („Widerstand"). Im dritten Kapitel werden wir weitere Beispiele kennenlernen und genauer untersuchen. Bei den Beispielen stehen in Klammern jeweils *theoretische Größen* der Physik. Von diesen Größen läßt sich folgendes behaupten:

(A) *Theoretische Größen sind Größen, die nur eingeführt werden, um mit ihnen die Verlaufsgesetze für die verschiedenen Versuchsklassen geeignet formulieren zu können.* Da es die eigentliche Aufgabe einer experimentellen Theorie ist, Verlaufsgesetze für die verschiedenen Experimentierklassen aufzustellen, rechtfertigt sich schon von daher die Bezeichnung „theoretische Größen".

(B) *Von der ihnen zugedachten methodischen Funktion her wird eine theoretische Größe so definiert, daß das Definiens eine experimentelle Invariante für mindestens eine Versuchsklasse ist.* In der Physik werden alle theoretischen Größen methodisch aufeinander folgend explizit definiert, beginnend mit experimentellen Invarianten, die nur mit „Beobachtungsgrößen" gebildet sind (vgl. drittes Kapitel).

(C) *In Versuchen aus einer Versuchsklasse, für die das Definiens der theoretischen Größe eine experimentelle Invariante ist, können erste Werte der theoretischen Größe aus den Konstanten von (1-3) experimentell bestimmt werden.*

(D) *Die Einführung einer theoretischen Größe, die experimentelle Bestimmung erster Werte für die Größe und die Aufstellung eines Verlaufsgesetzes für eine Versuchsklasse sind ein und derselbe wissenschaftliche Vorgang.* (7) bzw. (9) bzw. (1-3) geben bereits die Form des für eine Versuchsklasse $\{V\}$ gültigen Verlaufsgesetzes („Naturgesetzes") an. Wird die Gleichung von (7) bzw. (9) bzw. (1-3) nämlich spezialisiert, indem die in Versuchen ermittelten Konstanten eingesetzt werden, so erhält man das Verlaufsgesetz der entsprechenden Versuchsklasse (vgl. auch das zweite Kapitel).

Wird eine theoretische Größe über eine experimentelle Invariante eingeführt, so ist die „Definitionsgleichung" auch in $\{V\}$ schon *prognostisch verwendbar.* Abstrakt läßt sich das bereits an (7) demonstrieren. Relativ zu R^j mit $j \in J$ und zu U^p und U^q mit $p, q \in I$ wird zunächst u^p/u^q ermittelt über w^{jq}/w^{jp}. Kennt man jetzt noch den Wert w^{kp} unter R^k mit $k \in J$ und U^p, so läßt sich der Wert w^{kq} unter R^k und U^q wegen $w^{kq} = c\, w^{kp}$ „voraussagen".

1.4 Experimentalistische Kausalität und die differentielle Form der physikalischen Gesetzesaussagen

Durch das Konzept der experimentalistischen Kausalität werden die Begriffe „Ursache" und „Wirkung" so rekonstruiert, daß beide auf Experimente und auf das Handeln der Experimentatoren sinnvoll anwendbar sind. Nun werden jedoch die Begriffe „Ursache" und „Wirkung" auch außerhalb von Experimenten verwendet. Dazu sagt von Wright: „Aber stimmt es denn, daß wir die Ursache stets für etwas halten, was getan werden kann? Der Ausbruch des Vesuv war die Ursache der Zerstörung von Pompeji. Nun kann der Mensch durch sein Handeln zwar Städte zerstören, aber er kann, so glauben wir, nicht einfach Vulkane ausbrechen lassen. Beweist das nicht, daß sich der Ursache-Faktor vom Wirkungs-Faktor doch nicht dadurch unterscheidet, daß er in einem gewissen Sinne manipuliert werden kann? Die Anwort lautet: Nein. Der Ausbruch eines Vulkans und die Zerstörung einer Stadt sind zwei sehr komplexe Ereignisse. Innerhalb eines jeden solchen Ereignisses läßt sich eine Anzahl von weiteren Ereignissen bzw. Phasen und deren kausale Verknüpfungen unterscheiden. Z.B.: Wenn ein Mensch von einem aus großer Höhe herunterstürzenden Stein getroffen wird, dann wird er von diesem getötet. ... Oder: Ein Mensch kann eine Hitze, die eine bestimmte Temperatur übersteigt, nicht überleben. All dies sind kausale Verknüpfungen, mit denen wir aufgrund unserer Erfahrungen vertraut sind und die so sind, daß der Ursache-Faktor typischerweise die Bedingungen der Manipulierbarkeit erfüllt."[22]

Das Konzept der experimentalistischen Kausalität deckt also sicher, darin ist von Wright zuzustimmen, einen weiteren Bereich der Verwendung der Begriffe „Ursache" und „Wirkung" ab als den der eigentlichen Experimente. Auch außerhalb von Experimenten wird von „Ursache" und „Wirkung" in der Regel im Sinne der experimentalistischen Kausalität geredet. Aber wir beschäftigen uns hier mit der Physik, und da stellt sich die Frage, ob die Sätze, die im Zentrum physikalischer Theorien stehen, noch als Kausalgesetze im Sinne experimentalistischer Kausalität angesprochen werden können? Wir haben dabei etwa zu denken an die differentiellen Bewegungsgleichungen der Newtonschen oder einer der Analytischen Mechaniken, an die Maxwellschen Gleichungen, an die Hauptsätze der Thermodynamik, an das Relativitätsprinzip, die Erhaltungssätze, die Schrödinger-Gleichung und dgl. mehr. Soll in diesem Bereich physikalischer Theoriebildung überhaupt von „Kausalität" geredet werden? Und wenn ja, ist diese Rede zurückführbar auf das Konzept der experimentalistischen Kausalität?

Von Wright selber meldet Zweifel an, ob sein Begriff der experimentalistischen Kausalität überhaupt auf den mathematischen Teil der theoretischen Physik anzuwenden ist. „Ich bin mir aber nicht so sicher, ob genau dieser Begriff von Ursache in den 'von vielen theoretischen Physikern vorgetragenen Interpretationen ihres mathematischen Formalismus' involviert ist."[23] Viele Physiker lehnen es ab, von „Ursache" und „Wirkung" in der Physik zu reden. Oben haben wir bereits erwähnt, daß der Begriff der Ursache nicht der Physik, sondern der Metatheorie der Physik angehört. Im 19. Jahrhundert hat der Physiker Kirchhoff eine Metatheorie der Physik vertreten, die ausdrücklich den Gedanken verwirft, die Physik habe Naturvorgänge kausal zu erklären. Nach Kirchhoff hat sich die Physik auf die *quantitative Beschreibung* von Naturvorgängen zu beschränken.

Ich teile jedoch die Bedenken von v. Wright hinsichtlich der Reichweite seines Begriffs der experimentalistischen Kausalität nicht. Vielmehr möchte ich im folgenden zeigen, daß wichtige Begriffsbildungen in der Physik und die Form der mathematischen Formalismen, die in der theoretischen Physik vorkommen, jedenfalls zu einem Gutteil aus dem Konzept der experimentalistischen Kausalität methodologisch hergeleitet werden können. Beginnen möchte ich mit einer Begründung dafür, warum die meisten Gesetzesaussagen der Physik als Differentialgleichungen formuliert werden.

Ein Experiment ist ein Wechselspiel zwischen Handeln und Verläufen. Denken wir noch einmal an das Eingangsbeispiel aus 1.1. zurück, so erkennen wir, daß ein Verlauf in den seltensten Fällen nur in einer einmaligen Veränderung besteht, die ihrerseits zu verändern bereits wieder eine Intervention von Seiten des Menschen verlangt. Ein Verlauf ist eine sich über einen längeren Zeitraum erstreckende Abfolge von Veränderungen, die von alleine nacheinander eintreten. Deshalb wird ein Verlauf auch nicht durch die einmalige Wertänderung einer Größe w quantitativ beschrieben, sondern durch eine in jedem Falle zeitabhängige und, da sich die Veränderung von alleine auch häufig räumlich ausbreitet, durch eine ortsabhängige *Verlaufsfunktion*

(1-4) $$w = w(x,y,z,t).$$

Wenn die verschiedenen variierten Zustände einer Anfangsbedingung, quantifiziert durch eine Größe u, kausal relevant für den Verlauf sind, so muß mit jeder Veränderung des Anfangswertes von u, auf den die Versuchsanordnung eingestellt wird, auch eine andere Verlaufsfunktion gehören. Ein Experimentalgesetz (1-2) nimmt für Verläufe also genauer die Form an:

(1-5) $$w = \Psi(x,y,z,t,u) = w_u(w,y,z,t).$$

Betrachten wir zwei verschiedene Anfangsbedingungen, die quantitativ durch $u = c_1$ und $u = c_2$ beschrieben werden. Worin kann sich der raum-zeitliche Wertverlauf der Größe w relativ zu den beiden verschiedenen Anfangsbedingungen jeweils verändern? Betrachten wir zunächst den zeitlichen Verlauf von w. Sowohl wenn u auf c_1 als auch wenn u auf c_2 jeweils anfänglich eingestellt wird, verändert sich die Größe w in der Zeit. Aus der zeitlichen Veränderung von w läßt sich daher noch nicht schließen, daß die durch $u = c_1$ und $u = c_2$ quantitativ beschriebenen Anfangsbedingungen kausal relevant für den zeitlichen Verlauf von w sind. Ändert w sich in der Zeit, so verschwindet die erste zeitliche Ableitung der Verlaufsfunktion, also die *Verlaufsgeschwindigkeit* nicht. Bliebe die Verlaufsgeschwindigkeit unverändert, gleich unter welcher der beiden Bedingungen das Experiment abläuft, würde sich mithin am zeitlichen Verlauf von w gar nichts ändern, so wäre w von den beiden Anfangsbedingungen kausal unabhängig. Sofern sie doch kausal relevant für den Verlauf von w sind, muß sich mindestens die Verlaufsgeschwindigkeit beim Wechsel von der einen zur anderen Anfangsbedingung ändern.

Änderte sich zwar beim Übergang von der einen zur anderen Anfangsbedingung die Verlaufsgeschwindigkeit, bliebe aber dann jeweils konstant, so könnte der kausale Einfluß der beiden Anfangsbedingungen durch die beiden unterschiedlichen Verlaufsgeschwindigkeiten identifiziert und quantifiziert werden. Bleiben die Verlaufsgeschwindigkeiten während des Experiments nicht konstant, so kann erst durch den unter $u = c_1$ und $u = c_2$ jeweils unterschiedlichen zeitlichen Verlauf der Verlaufsgeschwindigkeit, mithin erst durch die Unterschiede in den Verlaufsbeschleunigungen (zweite Ableitung der Verlaufsfunktion nach der Zeit) der *kausale Einfluß* von $u = c_1$ und $u = c_2$ *ohne Einschränkung eindeutig identifiziert* werden.

Ganz ähnliche Überlegungen sind anzustellen, falls sich der Wechsel von $u = c_1$ zu $u = c_2$ und umgekehrt auf den räumlichen Verlauf von w auswirkt. Hier wird der kausale Einfluß dieser beiden Anfangsbedingungen quantitativ durch verschiedene partielle Ableitungen der Verlaufsfunktion von w nach den Raumparametern erfaßt. Insgesamt ergibt sich damit: Die Variation einer Anfangsbedingung, beschrieben durch den Übergang zu verschiedenen Werten der Meßgröße u, kann ohne Einschränkung für den raum-zeitlichen Verlauf von w eindeutig als kausal relevant identifiziert und quantitativ bemessen werden durch die partiellen Ableitungen der Verlaufsfunktionen von w nach den Raumparametern, vor allem aber durch die zweite (partielle) Ableitung der Verlaufsfunktion nach der Zeit[24].

Im vorangegangenen Abschnitt haben wir gezeigt, daß Größen vom Typ u durch experimentelle Invarianten $\Theta(w)$ relativ zu einem variierbaren Umstand U explizit definiert werden. Ist U sogar für einen ganzen raum-zeitlichen Verlauf von w kausal relevant, so wird dies, wie wir soeben dargelegt haben, durch die Existenz räumlicher und zeitlicher Ableitungen der Größe w nachgewiesen. In diesem Fall ist u naheliegenderweise durch eine relativ zu einem variierbaren Umstand U experimentell invariante Funktion $\Theta(w, w', w'', \ldots, \dot{w}, \ddot{w} \ldots)$[25] zu definieren. Die u einführende Gleichung

$$(1\text{-}6) \qquad u = \Theta(w, w', w'', \ldots, \dot{w}, \ddot{w}, \ldots)$$

ist eine Differentialgleichung. Auch sie kann, wie wir das oben im Prinzip vorgeführt haben, prognostisch angewendet werden, indem der Wert $u = c$ nach (1-6) zunächst aus dem raum-zeitlichen Verlauf von w unter einer bestimmten Versuchsanordnung bestimmt wird und dann raum-zeitliche Verläufe von w unter anderen Experimentierbedingungen als Lösungen der Differentialgleichung $\Theta(w, w', w'', \ldots, \dot{w}, \ddot{w}, \ldots) - c = 0$ vorausberechnet werden.

Somit ist jeder Apparatur eine Differentialgleichung zugeordnet, deren Lösungen die verschiedenen Verläufe von w sind, die sich im Wirkraum der immer wieder anders eingestellten Apparatur jeweils abspielen. Die Integrationskonstanten, die zu einer eindeutigen Lösung aus der Lösungsschar der Differentialgleichung führen, lassen sich jeweils aus dem Anfangszustand der Experimentierapparatur berechnen.

Diese methodologische Herleitung der differentiellen Form der Gesetzesaussagen der Physik aus der Methode des Experiments und der experimentalistischen Kausalität entschärft die Kontroverse „Kausalerklärung versus quantitative Beschreibung", die wir oben angedeutet haben. Für die Darstellung, daß in der Physik Vorgänge nur quantitativ beschrieben werden, spricht jedenfalls der Umstand, daß eine Differentialgleichung den raum-zeitlichen Verlauf einer Größe w nur beschreibt, denn als „unabhängige Variable" kommen wiederum ausschließlich zeitliche und räumliche Ableitungen der Größe w selber vor. Die Größe u quantifiziert, wenn überhaupt, jedenfalls die „Ursache" der Veränderung von w nicht als ein physikalisches Phänomen, das sich unabhängig von w und der Veränderung von w identifizieren läßt. An der gegenteiligen Auffassung hingegen, daß nämlich die Physik über die bloße Beschreibung der Phänomene hinaus auch deren Ursachen erforsche, ist jedenfalls soviel richtig, daß die Differentialgleichung und ihre Form direkt aus dem Konzept der experimentalistischen Kausalität begründet werden können. Insofern sind die Differentialgleichungen vom Typ (1-8) die „Repräsentanten" des metatheoretischen Kausalitätsbegriffs innerhalb der physikalischen Theorien selber.

1.5 Das Experiment: Die Isolation kausal relevanter Umstände und die „Begradigung von Verläufen"

Bruno Thüring bemerkt einmal, sicher werde derjenige, „der nur aufmerksam am Meeresstrand das Heranbranden von Wogen an die Küste beobachtet hat, angesichts der Singularität eines jeden solchen Vorganges dessen Irrationalität staunend erfühlt haben: Das Medium des die Wogen herantragenden Wassers löst sich oft in brausenden Gischt auf, daß Kontinuum 'Wasser' verwandelt sich in kurzer Frist in eine Unmenge von hoch aufspritzenden Wasser-Tropfen, deren Gesamtheit einer Konfiguration von diskreten Massen ähnlicher sieht als einem Kontinuum und doch keines von beiden ist"[26]. Thüring will mit diesem Beispiel darauf aufmerksam machen, daß sich Verläufe außerhalb unserer wissenschaftlichen Labors einer direkten physikalischen Erforschung ihrer Gesetzmäßigkeiten im Grunde entziehen. Außerhalb des Labors macht sich fast immer der Umstand geltend, daß ein Verlauf von verschiedenen Umständen kausal abhängt. Außerhalb der Laboratorien in der „freien Natur" überlagern sich solche Umstände zu rasch wechselnden und kaum zu beeinflussenden Konstellationen, die sich nur selten in allen kausal relevanten Faktoren wiederholen, so daß die Physiker völlig überfordert wären, wollten sie quantitative Gesetzmäßigkeiten durch bloße

Beobachtung der Vorgänge entdecken, die sich ganz von alleine in der Natur abspielen.

Wiederholbarkeit ist eine zentrale methodologische Forderung, die an ein theorierelevantes physikalisches Experiment zu richten ist. Freilich macht es nur mit Bezug auf eine explizite Beschreibung Sinn, von der Wiederholung einer Handlung oder eines Sachverhalts zu reden. Eine Handlung ist nur die Wiederholung einer Handlung, ein Sachverhalt nur die Wiederholung eines anderen Sachverhalts, insoweit und insofern jeweils dieselbe explizit artikulierte Beschreibung auf beide zutrifft, z.B. die Beschreibung „Wasser in einen Topf füllen". Ansonsten ist natürlich jede einzelne Ausführung einer Handlung ein einmaliges Ereignis, das in einer Reihe von Aspekten nicht wiederholt werden kann. Ebenso weisen Situationen Momente auf, die einmalig sind und unwiderruflich mit der konkreten Situation vergehen. Auf zwei Handlungen oder zwei Sachverhalte, die Wiederholungen voneinander sind, treffen also Beschreibungen zu, die jeweils gleich sind bis auf die Nominatoren, mit denen auf Raumstellen, Zeitpunkte und individuelle Gegenstände referiert wird. Werden die in einer solchen Beschreibung vorkommenden Nominatoren durch schematische Buchstaben ersetzt, so erhält man eine schematische Beschreibung oder Aussageform. Man kann daher auch sagen, zwei Handlungen oder Sachverhalte sind Wiederholungen voneinander, wenn ihre Beschreibungen jeweils durch Einsetzung von Nominatoren für die schematischen Buchstaben aus derselben Aussageform gewonnen werden. Die Wiederholbarkeit physikalischer Experimente setzt demnach methodisch voraus, daß sie explizit beschrieben werden.

Bei den physikalischen Experimenten kommt hinzu, daß deren Ausgang nicht davon abhängen soll, welcher Experimentator das Experiment durchführt oder wiederholt. *Personenunabhängige Wiederholbarkeit* lautet die zentrale methodologische Forderung, die ein physikalisches Experiment erfüllen soll.

Von physikalischen Experimenten wird verlangt, daß sie, bei gleicher, explizit beschriebener Versuchsanordnung begonnen, stets auf gleiche Weise verlaufen, also *nur bei Veränderung der Versuchsanordnung einen anderen Ausgang nehmen*. Alle diejenigen Eigenschaften der Versuchsanordnung, ohne die sich die Versuche als nicht streng wiederholbar erweisen, sollen im folgenden die *Rahmenbedingungen* eines Experiments heißen. Geeignete Rahmenbedingungen bestehen nicht von Natur aus, sieht man einmal von wenigen Ausnahmen ab[27]. Wie wir schon in der Einleitung ausgeführt haben, ruhen die Experimentatoren nicht eher und verändern die Versuchsanordnung solange, bis sie schließlich eine Versuchsanordnung reproduzieren können, relativ zu der die Experimente sich hinreichend genau wiederholen lassen.

Lassen sich Experimente relativ zu einer explizit beschriebenen Versuchsanordnung hinreichend wiederholen, so ist damit erwiesen, daß die Experimentieranordnung den zu untersuchenden Verlauf gegen solche Umstände *isoliert*, die für den Verlauf des Experiments ebenfalls kausal relevant sind, die aber von den Experimentatoren während des Experiments nicht kontrolliert oder konstant gehalten werden können, zum Teil einfach deshalb, weil sie diese Umstände und ihre Wirkungen im einzelnen gar nicht oder noch nicht kennen. Insofern wird in dem „Vertrauen" darauf experimentiert, daß die nicht kontrollierten (weil möglicherweise noch gar nicht erkannten) Umstände während des Experiments konstant bleiben oder eben de facto durch die Versuchsanordnung aus dem experimentellen Geschehen herausgehalten werden können. Dingler spricht treffend von einer „Schicht der Vertrauensbedingungen"[28], auf die die Experimentatoren setzen müssen.

Galilei sagt einmal, die Naturforscher sollten in dem Buch der Natur lesen, das in der Sprache der Mathematik geschrieben sei, „deren Buchstaben sind Dreiecke, Kreise und andere geometrische Figuren, ohne die es den Menschen unmöglich ist, ein einziges Wort davon zu verstehen; ohne dies irrt man in einem dunklen Labyrinth umher"[29]. In der Tat, bedenkt man, welche unregelmäßige Vielfalt in der Erdnähe frei fallende Körper der Beobachtung darbieten, so begreift man, warum Galilei das so einfach formulierbare Gesetz der Fallbewegung nur an Versuchen demonstrierte, in denen wohlgeformte Kugeln auf einer geometrisch wohlgeebneten Fläche eine geometrisch wohlgeformte gerade Fallrinne herunterrollen. Wenn eine Kugel wegen eines Huckels in der Ebene aus der geraden Bahn der Rinne springt oder wenn sie wegen einer unregelmäßigen Vertiefung auf halber Höhe liegen bleibt, wird kein Physiker dies als bemerkenswertes Resultat für oder gegen das Gesetz des freien Falls werten.

In einem bekannten Lehrbuch der Experimentalphysik heißt es: „Wegen der unregelmäßigen Gestalt der natürlichen Magneten sind die Erscheinungen sehr unübersichtlich; ein wissenschaftlicher Fortschritt gelang erst, nachdem man erkannt hatte, daß Stahlstücke durch Bestreichen mit einem Magneteisenstein dieselbe Eigenschaft bekommen und dauernd erhalten: Man kann auf diese Weise künstliche permanente Magneten darstellen"[30]. Was aber ist der Vorteil der künstlichen Permanentmagneten? Sie sind im Gegensatz zu den natürlichen Magneten *geometrisch regelmäßig* geformt, und von daher weist die räumliche Ausbreitung magnetischer Erscheinungen, die mit Hilfe künstlicher, geometrisch geformter Parmanentmagneten erzeugt werden, einfach zu beschreibende geometrische Gesetzmäßigkeiten auf.

Wenn auf einem Schirm ein Farbspektrum verzerrt und in der Helligkeit unregelmäßig erscheinen würde, weil der Schirm wegen Unregelmäßigkeiten seiner Oberflächen Schatten wirft, so würde ein Physiker nur eines tun: Er würde den Schirm durch einen homogeneren ersetzen.

Die Experimentatoren legen demnach die Versuchsanordnung von vornherein so aus, daß gewisse, an sich ebenfalls mögliche Verläufe des Experiments von vornherein verhindert werden. Die Maßnahmen, die die Experimentatoren beim Aufbau der Versuchsanordnung vorweg treffen, um bereits bestimmte Verläufe des Experiments vorab auszuschließen, sollen im folgenden *experimentelle Begradigung* (der Experimente) heißen. Diese Bezeichnung wähle ich deshalb, weil sie mir in plastischer Weise zum Ausdruck zu bringen scheint, daß i.a. genau solche Abläufe des Experiments durch geeignete Vorrichtungen in der Versuchsanordnung verhindert werden sollen, die nur wegen gewisser, prinzipiell veränderbarer Rahmenbedingungen unübersichtlich und nach einer sehr komplizierten Regel („krumm") ablaufen. Alle Eigenschaften, die eine Versuchsanordnung besitzt, um experimentelle Verläufe zu begradigen, sollen hier ebenfalls zu den Rahmenbedingungen eines Experiments gezählt werden.

Durch Isolation und Begradigung gelingt es den Physikern, Verläufe zu realisieren, die besonders einfachen (genauer: einfach zu formulierenden) Gesetzmäßigkeiten genügen. Allerdings kosten Isolation und Begradigung ihren Preis. Letztlich können die Physiker nur Gesetze aufstellen für künstlich erzeugte, für sozusagen „reine" Laborfälle. Die natürlichen Verläufe, die sich außerhalb der Laboratorien abspielen, werden und können in vielen Fällen gar nicht vollständig von der Physik erfaßt und berücksichtigt werden. Die Physik begnügt sich in aller Regel mit einem angenäherten qualitativen Modell, das vor allem zeigen soll, daß solche Phänomene außerhalb der Laboratorien jedenfalls „im Prinzip" auf die an den Laborphänomenen getesteten Gesetzmäßigkeiten zurückgeführt werden können[31].

1.6 Raum, Zeit, Bewegung im Experiment

Man kann z.B. eine Tür abschließen, indem man einen Schlüssel in das Schlüsselloch steckt und umdreht. Doch gibt es auch Türen, die sich nur anders abschließen lassen: Man muß z.B. eine Kette vorspannen oder einen Riegel vorschieben. Man kann also dieselbe Handlung („die Tür abschließen") ausführen, indem man je nach den Umständen sehr verschiedene Handlungen direkt tut („Schlüssel herumdrehen", „Riegel vorschieben"). In verschiedenen Situationen ist dieselbe Handlung h durch verschiedene Handlungen h_1, h_2 usw. *vermittelt.* h ist dabei nicht eine zusätzliche Handlung neben den vermittelnden oder Trägerhandlungen h_1 oder h_2. Man tut h, indem man h_1 oder h_2 usw. tut. Auch kann dieselbe Trägerhandlung in verschiedenen Situationen verschiedene Handlungen vermitteln.

Beschreibt man, wie eine Handlung durch andere Handlungen vermittelt ist, so läßt sich diese Vermittlungsanalyse in der Regel weiter fortsetzen. Man gelangt so zu immer „elementareren" Handlungen. Schließlich aber bricht die Analyse der Vermittlungen von Handlungen ab bei *Bewegungen des menschlichen Leibes*, insbesondere der Hände. Alle technischen Handlungen sind über Bewegungen des Leibes vermittelt. Die Dinge, die wir selber tun können, tun wir über Bewegungen unseres eigenes Leibes. Und die Folgen, die wir durch unser Tun herbeiführen, sind letztlich Folgen von Bewegungen unseres Leibes. Dingler schreibt in „Die Methode der Physik": „Jede Beeinflussung äußerer natürlicher Umstände in einem von uns gewünschten Sinne durch uns kann nur so geschehen, daß wir mit unserem Körper (Hände) gewisse Bewegungen ausführen, welche die natürlichen Umstände verändern. Nur solche Veränderungen, welche Folgen solcher Bewegungen sind, können wir willensmäßig herbeiführen. Am Anfang jeder willensmäßig herbeigeführten Veränderung steht immer und unausweichlich eine Bewegung unseres Körpers"[32].

Die handlungstheoretische Analyse des Experiments zeichnet also auf eine sehr direkte Weise die Bewegungen aus, die ja insgesamt in der Physik einen zentralen Platz einnehmen. Dingler und andere[33] sehen in der Tatsache, daß wir nur über Bewegungen Sachverhalte technisch beherrschen, die eigentliche Wurzel für das „mechanische Weltbild". Gleichsam wie zur Gegenprobe stellt Dingler einmal das Gedankenexperiment an, welches „Weltbild" der Mensch wohl bevorzugen würde, würde er nicht mittels der Bewegungen über Sachverhalte technisch verfügen: „Etwas anderes wäre es, *wenn ich die Fähigkeit hätte, durch meinen bloßen Willen bei einigen äußeren Gegenständen die Farbe zu ändern.* In dem Falle dieser Fähigkeit würde mein ganzes Weltbild ein völlig anderes werden, insoferne, als dann das Primäre, was jetzt der Raum für uns ist, dann die Farben wären"[34].

Da seit Francis Bacon die technische Beherrschung von Natur ein zumindest immer mitverfolgtes, wenn nicht sogar das Ziel der Physik[35] geworden ist, technische Beherrschung der Natur letztlich aber immer Folge von Bewegungen ist oder doch als Folge von Bewegungen beschrieben werden kann, ist wohl schon daraus erklärlich, warum der Aufstieg der neuzeitlichen Physik als Mechanik, als Theorie der Bewegungen und ihrer Ursachen begann. Auch dürfte an dieser Stelle zumindest plausibel sein, warum die Physik bis zum heutigen Tage auch nicht-mechanische Phänomene durch mechanische Modelle beschreibt („mechanisches Modell" selbstredend nicht verstanden als „aus der klassischen Newtonschen Mechanik folgend", sondern im Sinne von „ein Phänomen beschreibend als kausale Wirkung der Bewegung von zugrundeliegenden physikalischen Objekten").

Wir können technisch nichts bewirken, wenn wir unsere Hände nicht gebrauchen. Gebrauchen wir unsere Hände, so *berühren* wir physikalische Körper und *bringen* sie mit anderen physikalischen Körpern *zur Berührung*. Die technischen Handlungen, ohne die ein Experiment nicht denkbar wäre, bestehen aus vielen einzelnen solcher Handgriffe. Besäßen wir nicht die „Grundfähigkeit" (Dingler) zu solchen Handgriffen, die Physik gäbe es gar nicht.

Obwohl die Handgriffe und das in ihnen involvierte Berühren physikalischer Körper vielleicht eigentlich nicht wert sind, überhaupt erwähnt zu werden, weisen wir hier ausdrücklich auf sie hin, weil sie wesentlich in den operativen Begriff des Raumes eingehen, den das konsequent handlungstheoretische Verständnis des Experiments nahelegt.

Der „Raum“, in dem sich die Experimentatoren bewegen und ihre „Handgriffe“ verrichten, läßt sich sehr gut durch die Kantische Formel von dem „Nebeneinander der Körper“ charakterisieren. *Berühren* sich zwei Körper an mindestens einer Stelle ihrer Oberflächen, so *liegen* sie *nebeneinander*. Indem die Körper sich bewegen, ändert sich ihr Nebeneinander, denn *Bewegung* kann definiert werden als die Veränderung der relativen Berührlagen zweier Körper. Beim Experimentieren berühren und bewegen die Experimentatoren stets physikalische Körper.

Das Nebeneinander der Körper ist nur eines von vielen Beispielen für *räumliche Sachverhalte*. Allgemein wird ein *räumlicher Sachverhalt* dargestellt durch eine Aussage über physikalische Körper, ihre Oberflächen, Kanten, Stellen, die nur Prädikate enthält, die mit dem zweistelligen Grundprädikat „berühren“ explizit definiert werden können. Die einfachste räumliche Aussage hat demnach die Form: „Ein Körper K berührt mit der Stelle S den Körper K′ an der Stelle S′“. Die Wörter „Körper“, „Fläche“, „Kante“, „Stelle“ und „berühren“ sind ihrerseits, in der sprachtheoretischen Terminologie der „Logischen Propädeutik“[36] geredet, exemplarisch einzuführende Prädikatoren, deren Gebrauch im praktisch-handwerklichen Umgang mit Körpern erlernt wird. Es macht keinen Sinn, sie ihrerseits explizit mit Hilfe anderer Begriffe definieren zu wollen. Der *Raum* kann nun einfach definiert werden als die Gesamtheit räumlicher Sachverhalte.

An dieser Definition des Raumes fällt sofort auf, daß von Raum nicht geredet werden kann, ohne von physikalischen Körpern, ihren Oberflächen, Kanten und Stellen zu reden. Raum ist kein Behälter, er ist nicht das, was „übrig bleibt“, wenn man sich alle Materie (Körper) wegdenkt. Die Wendung „im Raum“ kann übersetzt werden durch „betrifft einen räumlichen Sachverhalt oder seine Veränderung“.

Wir wollen nur noch kurz andeuten, wie sowohl topologische Eigenschaften als auch räumliche Gestalten oder Formen mit dem Grundprädikat „berühren“ explizit definiert werden können. Zunächst die *topologischen* Eigenschaften: Das Nebeneinander der Körper wurde eben schon definiert. *Zwischen* zwei sich nicht berührenden Körpern ist ein *Zwischenraum*, wenn man einen geeigneten dritten Körper so bewegen kann, daß er gleichzeitig sowohl neben dem einen wie neben dem anderen Körper liegt. Ein Körper K *liegt zwischen* zwei Körpern K′ und K″, wenn man zwei Körper K_1 und K_2 so bewegen kann, daß K_1 neben K′ und K liegt, ohne K″ zu berühren, und K_2 neben K und K″ liegt, ohne K′ zu berühren. Lagebeziehungen wie hinten, vorne, oben, unten, links, rechts usw. sind auf die schon definierten räumlichen Relationen zurückzuführen, indem nun jeweils feste Bezugskörper ausgezeichnet werden.

Die Rede von der räumlichen Gestalt eines physikalischen Objektes wird zurückgeführt auf die Relation des Passens. Zwei Körper *passen* (in zwei Oberflächen) zueinander, wenn sie sich so nebeneinander legen lassen, daß jede Stelle der Fläche des einen Körpers eine Stelle auf der Fläche des anderen Körpers berührt und umgekehrt. Zwei Körper sind *gestaltgleich*, wenn es einen dritten Körper gibt, der zu beiden paßt. Inhetveen konnte zeigen, daß bei Zugrundelegung der von ihm sogenannten „schwachen Transitivität" der Passungsrelation die Gestaltgleichheit eine Äquivalenzrelation ist[37].

Man unterscheidet nun in der Physik den Mesoraum vom makrophysikalischen und mikrophysikalischen Raum. Die Übergänge denkt man sich kontinuierlich. Vom Mesoraum aus gelangt man in den makrophysikalischen Raum, indem man zu immer größeren Dimensionen, zum Mikroraum, indem man zu immer kleineren Dimensionen übergeht. Der Mesoraum umfaßt den mikrophysikalischen Raum und ist selber im makrophysikalischen Raum enthalten. Diese Terminologie scheint mir allerdings höchst fragwürdig zu sein, ist doch der mikrophysikalische Raum, wo es also etwa um Atomdurchmesser geht, gar kein Raum im eben definierten Sinne. Der mikrophysikalische Raum ist ein *theoretisches räumliches Modell* für nicht-räumliche Sachverhalte, die im Experimentierraum der Physik registriert werden. Unter dem *Experimentierraum* ist hier der Raum verstanden, in dem die Experimentatoren sich bewegen und mit ihren Experimentiergeräten umgehen. Der Experimentierraum ist Teil des Raumes, in dem sich Menschen überhaupt als leibliche Wesen bewegen und ihnen physikalische Objekte direkt manuell-technisch verfügbar sind. Die Vorstellung, man käme von diesem Raum aus durch fortgesetztes Teilen oder Kleinermachen der Objekte zum mikrophysikalischen Raum, ist ganz irrig. Das Zerkleinern physikalischer Objekte im Experimentierraum gehört zu den technischen „Grundfähigkeiten" (Dingler). Aber irgendwann hört die Möglichkeit, physikalische Objekte noch in diesem ursprünglichen Sinne des Wortes weiter in Teile zu zerlegen, einfach auf, ohne daß sich dafür eine quantitative Grenze genau angeben ließe oder auch nur angegeben werden müßte. Und trotzdem ist man dann nicht an der „Schwelle" zum mikrophysikalischen Raum. In der Mikrophysik hat man es vielmehr mit physikalischen Objekten im physikalischen Experimentierraum zu tun, die jetzt nicht weiter geteilt werden, sondern die ganz bestimmten experimentellen Bedingungen unterworfen werden, und die Resultate der Experimente werden theoretisch interpretiert durch Modelle, in denen über theoretisch fingierte Objekte auch räumliche Aussagen gemacht werden. Die Grenze zwischen dem mikrophysikalischen Raum und dem Experimentierraum ist keine der Dimensionen („der größten Abstände"), sondern sie ist methodologischer Natur. „Mikrophysikalischer Raum" ist „Raum" nur in dem metaphorischen Sinne eines Modells[38].

In einem ganz anderen Verhältnis steht der Experimentierraum zu seiner Erweiterung, die ich den *astrophysikalischen Raum* nennen möchte. Dieser Raum ist ein Raum in dem von uns eben definierten Sinne, bloß mit dem Unterschied, daß sich Menschen nicht direkt in ihm bewegen und die Körper ihnen dort nicht mehr technisch-manuell verfügbar sind. Wie die bemannte Raumfahrt zeigt, ist die Grenze zwischen dem Experimentierraum und dem astrophysikalischen Raum fließend. Es sind eben „nur" technische

Schranken, die uns daran hindern, uns in den „Weiten" des astrophysikalischen Raumes selber zu bewegen.

Zu der Kantischen Formel vom Raum als dem Nebeneinander der Körper gesellt sich seine Formel von der Zeit als dem „Nacheinander" der Dinge. Tatsächlich kann, formal ähnlich zu unserer Definition des Raumes, die Zeit definiert werden als die Gesamtheit aller zeitlichen Sachverhalte. *Zeitliche Sachverhalte* wiederum werden dargestellt durch Aussagen über Ereignisse, in denen nur Prädikate vorkommen, die explizit definiert werden können mit den beiden zweistelligen Grundprädikaten „gleichzeitig" und „später als" bzw. „früher als". Die Prädikate „Ereignis", „gleichzeitig" und „früher als" sind exemplarisch bestimmte Prädikatoren, für die es ebenfalls nicht sinnvoll ist, sie explizit zu definieren. Wie bei den beiden grundlegenden Raumprädikaten „Körper" und „berühren" können auch die beiden grundlegenden Zeitprädikate „gleichzeitig" und „früher als" vor allem im Zusammenhang mit *technischen Handlungen* eingeführt werden. Wir tun Dinge gleichzeitig, z.B. sprechen wir mit einer anderen Person, während wir gleichzeitig unseren Schreibtisch aufräumen, und wir tun Dinge nacheinander, z.B. verabschieden wir uns von jemandem und verlassen anschließend das Zimmer. Insbesondere die technischen Handlungen der Experimentatoren stehen zueinander in den Beziehungen der Gleichzeitigkeit und des Nacheinander (später als).

Unsere Überlegungen zeigen, daß die Begriffe von Raum, Zeit und Bewegung kategorial grundlegend sind für die Beschreibung von Experimenten, insofern nämlich technisches Handeln konstitutiv für das Experiment ist, denn der Begriff des technischen Handelns *impliziert begrifflich* die Begriffe von Raum, Zeit und Bewegung. Dieser begrifflich notwendige Zusammenhang läßt sich in dem Satz ausdrücken: Jemand handelt technisch, *indem* er über seinen Leib (Hände) *physikalische Körper bewegt.*

Gegenstände der Physik sind nur solche Phänomene, die prinzipiell im Experiment erforscht werden können. Als experimentelle Phänomene sind sie immer durch technisches Handeln erzeugte und veränderbare Phänomene. Daraus folgt nach dem eben Gesagten, daß die Gegenstände der Physik, sofern sie nicht sowieso schon als Phänomene Bewegungen sind, zumindest immer als *Wirkungen von Bewegungen beschrieben werden können.* Hier gilt also gerade die Kantische Formel, daß die Bedingungen der Möglichkeit der Erfahrung von Gegenständen zugleich Bedingungen der Möglichkeit dieser Gegenstände selber sind. Diese Kantische Formel ist im Fall experimenteller Gegenstände deshalb plausibel und richtig, weil die Erfahrung experimenteller Gegenstände ihr Gemachtsein einschließt.

1.7 Die Experimentierapparaturen: Wirkräume für den raum-zeitlichen Verlauf physikalischer Phänomene

Die allerwenigsten Experimente lassen sich ohne Experimentierapparate durchführen. Gerade in der modernen Hochenergiephysik ist die Abhängigkeit der Experimente von Apparaten besonders augenfällig. Trotzdem wird die methodische Funktion der Experimentierapparaturen für physikalische Theorien äußerst selten wissenschaftstheoretisch analysiert[39]. Es gibt für diese Zurückhaltung der allermeisten Wissenschaftstheoretiker allerdings einen Grund, der bereits kurz in der Einleitung zur Sprache gebracht worden ist. Für die meisten Wissenschaftstheoretiker sind die Apparate zwar Artefakte, gleichwohl gelten sie vom Standpunkt der Physik aus hinreichend dadurch charakterisiert, daß auch unsere Experimentierapparate nach den *Naturgesetzen* funktionieren, die zu erforschen eigentliche Aufgabe der Physik ist. Die Experimentierapparaturen fallen unter die Naturgesetze, und deshalb scheint eine wissenschaftstheoretische Analyse der Experimentierapparate in einer wissenschaftstheoretischen Analyse der Naturgesetze enthalten zu sein. Eine gesonderte wissenschaftstheoretische Analyse der Experimentierapparaturen scheint demnach nicht vonnöten.

Die Behauptung, daß unsere Experimentierapparaturen den Naturgesetzen gehorchen und gehorchen müssen, scheint gänzlich unverdächtig zu sein. Nun unterscheidet jeder Physiker eine *gestörte* von einer *ungestörten* Experimentierapparatur. Die Frage ist, nach welchen Kriterien er diese Unterscheidung zwischen gestörten und ungestörten Experimentierapparaturen trifft. Der bloße Verweis auf Naturgesetze reicht offensichtlich nicht mehr aus, denn gerade auch nicht funktionierende, gestörte Experimentierapparaturen unterliegen deshalb trotzdem weiterhin den Naturgesetzen. Und die Antwort, die Apparatur müsse nach den „richtigen“ oder „wahren“ Naturgesetzen funktionieren, bringt einen Gesichtspunkt ins Spiel, der über die Konstatierung von Naturgesetzen weit hinausgeht. Was nämlich sind die „wahren“ Naturgesetze, nach denen die Experimentierapparaturen, sind sie ungestört, funktionieren? Die Antwort kann nur lauten: Allein aufgrund der *Zwecksetzungen*, um derentwillen wir überhaupt Experimentierapparaturen bauen und dann in Experimenten verwenden, können funktionierende von nicht funktionierenden Apparaturen unterschieden werden. Diese Zwecksetzungen orientieren bereits die *Herstellung* der Apparaturen. Die Analyse dieser Zwecksetzungen wird weitgehend in der Wissenschaftstheorie ausgespart, weil man fälschlicherweise meint, sie sei für die wissenschaftstheoretische Rekonstruktion der Physik entbehrlich. Dagegen meint Dingler: „Achtet man aber einmal auf die bisher unbeachtet gebliebenen Apparate selbst, deren Herstellung man meist den Fabriken überließ, und die man für das Resultat als nebensächlich betrachtete, so wird die Situation sofort eine andere“[40].

Anhand ihrer Funktionsbestimmungen lassen sich grundsätzlich zwei

Gerätetypen voneinander unterscheiden, nämlich *Meßinstrumente* und *Experimentierapparaturen*. Ein Meßinstrument ist der Teil einer Experimentieranordnung, mit dem die für das Experiment einschlägigen Meßgrößen gemessen werden. Die Experimentierapparaturen sind der Teil einer Experimentieranordnung, mit dem die Rahmenbedingungen realisiert und die Anfangsbedingungen variiert werden. Experimentierapparate sind z.B. eine Vakuumröhre, eine schiefe Ebene mit Metallkugeln, eine Atwoodsche Fallmaschine, eine Voltasäule oder eine Elektrisiermaschine[41]. Wir werden uns in dieser Arbeit hauptsächlich mit Experimentierapparaturen und nicht mit Meßinstrumenten befassen.

Wie der Name „Experimentierapparatur" bereits zu erkennen gibt, dienen diese Apparate dem Experimentieren. Wie also müssen die Experimentierapparate beschaffen sein, damit mit ihrer Hilfe geeignete Rahmenbedingungen für ein Experiment hergestellt und kausal relevante Anfangsbedingungen variiert werden können?

Betrachten wir zunächst, wie durch Experimentierapparate kausal relevante Umstände isoliert und Verläufe begradigt werden können, wie also die Rahmenbedingungen eines Experiments in Form von Apparaten realisiert werden. Auf diese Funktion von Apparaten hebt Dingler ab, wenn er in „Physik und Hypothese" schreibt: „Wir können definieren als 'Apparat' eine Gesamtheit von konstanten Umständen zwecks Ausführung eines Experiments. Es ist dies ja auch der Sinn des Wortes 'apparatus', das Vorbereitete. Es sind also hier die wichtigeren Umstände eines Vorgangs in stets gebrauchsfertiger Weise und in zeitlich möglichst unveränderlicher Form vorhanden, um das Experiment auszuführen"[42]. Unter „einer Gesamtheit von konstanten Umständen zwecks Ausführung eines Experiments" lassen sich die Rahmenbedingungen eines Experiments verstehen. Die Isolation eines Verlaufs gegen kausal relevante Umstände geschieht auf ganz einfache Weise mit Hilfe von Apparaten. Die Experimentierapparaturen bestehen ja immer auch aus physikalischen Körpern, die so zusammengestellt und räumlich angeordnet sind, daß ihre Oberflächen einen „Innenraum", in dem der zu untersuchende Vorgang sich abspielen soll, von einem „Außenraum" abtrennen. Die Oberflächen der Apparatur fungieren als Trennflächen, d.h. sie sind aus solchem Material gewählt und sind so entsprechend geformt, daß Veränderungen von Umständen im „Außenraum" nicht durch diese Trennflächen hindurch den zu untersuchenden Verlauf im „Innenraum" beeinflussen können. Wie hermetisch der „Innenraum" der Experimentierapparatur nach „außen" hin abzuschließen ist, hängt natürlich von den Besonderheiten des zu untersuchenden Vorgangs ab. Aber im Zweifelsfalle sind die Anforderungen eher sehr streng anzusetzen: Cavendish z.B. umschloß seine Gravitationsdrehwaage mit einem Holzgehäuse, das mit Beobachtungsvorrichtungen ausgestattet war. Dadurch wollte Cavendish Störungen der Experimente durch Luftbewegungen vermeiden[43].

Auch nach innen fungieren die Oberflächen der Experimentierapparatur als Trennflächen. Sie sollen verhindern, daß der zu untersuchende Verlauf aus dem „Innenraum" der Apparatur heraustritt und dort möglicherweise mit anderen Umständen, die jetzt nicht kontrolliert werden können, wechselwirkt. Die räumliche Ausbreitung des Verlaufs soll auf den durch die Apparatur eingegrenzten „Innenraum" beschränkt bleiben. In Bezug auf den zu untersuchenden Verlauf sind daher die begrenzenden Apparateflächen Zwangsführungen, sind Führungs-, Brechungs-, Reflexionsflächen usw.

Die Zwangsführungen erfüllen neben der Aufgabe, den zu untersuchenden Verlauf zu isolieren, auch den Zweck, den Verlauf zu begradigen. An einem physikalischen Verlauf wird stets seine *raum-zeitliche Verlaufsform* begradigt, indem die Apparateflächen, an denen der Verlauf entlang geführt wird, entsprechend *homogen geformt* werden. Ein erstes Beispiel mag das erläutern. Jede Stelle einer Ebene kann Berührstelle einer auf ihr sich bewegenden Kugel werden, und jede Stelle auf der Kugel kann im Prinzip bei geeigneter Bewegung jede Stelle auf der Führungsebene berühren. Die Stellen auf der Kugel und der Ebene sind hinsichtlich der Eigenschaft, sich berühren zu können, ununterscheidbar. Werden Stoßversuche mit Kugeln auf einer Führungsebene durchgeführt, so stellt die geometrische Formung der Kugeln und der ebenen Führungsfläche sicher, daß nicht die Verschiedenheit von Stellen auf Kugel oder Ebene hinsichtlich der Berührbarkeit einen „krummen" Verlauf des Stoßvorgangs bewirken. Außerdem dürfen die Experimentatoren annehmen, daß die Bewegungsveränderungen der Kugel *allein* auf den Stoß zurückzuführen sind. Durch die Geometrisierung der Experimentierapparatur wird also versucht, den „reinen Fall" eines durch sonstige Umstände nicht gestörten und begradigten Stoßes zu realisieren.

Die Apparate sollen einerseits die Phänomene nicht verzerren oder verfälschen, bei Wiederholungen auftretende Abweichungen oder Unregelmäßigkeiten im raum-zeitlichen Verlauf sollen also nicht darauf zurückzuführen sein, daß Teile der Experimentierapparatur ihre Funktionen, nämlich den Vorgang von kausal relevanten Umständen abzutrennen und ihn zwangszuführen, unterschiedlich gut erfüllen. In einem solchen Falle würde der Experimentator allein etwas über die Unterschiede zwischen den Apparateteilen erfahren, nicht aber etwas über die Regeln der Veränderung des in Untersuchung stehenden Phänomens. Andererseits werden durch die Ununterscheidbarkeit der Apparateteile aber gerade Verkomplizierungen der raumzeitlichen Verlaufsform eines Vorgangs vermieden, die Verlaufsform wird vereinfacht, weil bestimmte Verlaufsformen durch die geometrischen Zwangsführungen der Apparatur von vornherein ausgeschlossen werden.

Die Ununterscheidbarkeit der Apparateteile hinsichtlich der der Apparatur zugedachten Funktionen läßt sich als *Homogenität* fassen. Ganz abstrakt wird eine Homogenität beschrieben durch eine Aussage der Form

$$\bigwedge_{A} \bigwedge_{T} \bigwedge_{T} \text{T ist Teil von } G \wedge T' \text{ ist Teil von } G \wedge A(G,T) \rightarrow A(G,T').$$

Sie besagt, daß jede Aussage, die von einem Teil des Ganzen gilt, auch von jedem anderen Teil gilt. Natürlich beschreibt sie nur das Schema einer Homogenitätseigenschaft, denn es sind jeweils erst noch bestimmte Aussageformen einzusetzen. Wie die konstruktive Geometrie gezeigt hat, lassen sich „Ebene“, „Gerade“, „orthogonal“ und andere geometrische Formen definieren mit Hilfe des einen Grundprädikats „berühren“. Weiter wird innerhalb der konstruktiven Geometrie bewiesen, daß Ebenen, Geraden, jeweils Homogenitäten in Bezug auf ihre Berührbarkeitseigenschaften besitzen[44]. Die Apparateflächen sollen einen Verlauf zwangsführen. Zwangsführungen aber betreffen stets die Berühreigenschaften der Apparateflächen. Somit wird aus der konstruktiven Geometrie erhellt, warum die Oberflächen der Apparate geometrisch geformt und Teilapparate nach geometrischen Konstruktionsanweisungen zu einer gesamten Apparatur räumlich angeordnet werden. Die „Geometrisierung der Natur“ vollzieht sich über die technische Geometrisierung der Experimentierapparaturen.

Wir wollen die Begradigung von Verläufen noch an einem anderen Beispiel illustrieren. Würde bei einem optischen Brechungsversuch das Licht bei gleichem Einfallswinkel an verschiedenen Stellen der brechenden Oberfläche mit einem verschieden großen Winkel gebrochen, so würde kein Physiker dies für eine bemerkenswerte Eigenschaft des Brechungsverhaltens von Licht ansehen, sondern er würde sofort den Brechungskörper aussondern, weil offensichtlich verschiedene Stellen auf dem Brechungskörper hinsichtlich der Brechungseigenschaft unterscheidbar sind.

Es ist nun überaus interessant, was Physiker zu dieser Vorgehensweise berechtigt. Jeder Physiker würde wohl folgendermaßen argumentieren: Bei gleichen Rahmen- und Anfangsbedingungen treten an allen Raumstellen gleiche Effekte ein oder, anders ausgedrückt, wenn sich zwei Vorgänge nur darin unterscheiden, daß sie an verschiedenen Raumstellen stattfinden, so müssen sie gleich ablaufen. Dies wird als Homogenität des Raumes bezeichnet. Ist also im Beispielfall der Brechungsversuche sichergestellt, daß sich an der Lichtquelle nichts geändert hat und das Licht an verschiedenen Stellen mit gleichem Einfallswinkel auf die Trennfläche zwischen zwei Medien trifft, so müssen die Brechungswinkel an allen Stellen gleich sein; sind sie es nicht, so muß der Unterschied an zwei Stellen, da er nicht auf den bloßen Unterschied reduzierbar ist, daß es sich um zwei verschiedene Raumstellen handelt, ein Unterschied in dem an dieser Stelle befindlichen Material (Materie) sein. Die Homogenität des Raumes wird nicht einfach nur hypothetisch postuliert, sondern sie wird durch die Homogenisierung der Apparaturen aktiv erzwungen. Die Homogenität des Raumes, wonach sich alle Vorgänge an allen Raumstellen qua Raumstelle gleich verhalten, wird von den Physikern nicht passiv-kontemplativ „entdeckt“, vielmehr wird sie durch das technisch-handwerkliche Geschick der Gerätehersteller und Experimentatoren immer wieder aktiv erzwungen.

Bisher haben wir nur den Beitrag der Experimentierapparate zur Herstellung geeigneter Rahmenbedingungen für Experimente betrachtet. Aber auch für die Variation der Anfangsbedingung sind Experimentierapparaturen unverzichtbar. Die Experimentatoren variieren nämlich die Anfangsbedingung eines Experiments, indem sie die *Apparatur verstellen.* „Verstellen" der Apparatur ist hier ganz wörtlich in der räumlichen Bedeutung des Wortes zu nehmen. Oben haben wir erörtert, daß Menschen nur über Bewegungen etwas technisch unmittelbar verändern. Das also, was die Experimentatoren an der Experimentiervorrichtung unmittelbar verändern, um die Anfangsbedingung zu variieren, läßt sich stets beschreiben als eine Bewegung von Apparateteilen. Apparateteile werden verstellt. Dadurch wird an der Apparatur direkt die räumliche Anordnung der Apparateteile zueinander, also die räumliche Gestalt der Zwangsführungen für den Verlauf oder der Bewegungszustand der beweglichen Apparateile verändert. Wir können auch kurz sagen, daß *der geometrische oder kinematische Zustand der Apparatur* direkt von den Experimentatoren verändert wird. „Ebenso wie wir einen Schalter umdrehen, um das elektrische Licht unserer Lampe anzuzünden, oder wie wir auf die Taste unseres Klaviers drücken, um einen bestimmten Ton zu erzeugen, suchen wir in der Natur diejenigen „Schalter oder Tasten", deren Bewegung, die von uns sonst gewünschten Veränderungen hervorbringen"[45]. Bedenkt man, daß Apparaturen Schalter und Tasten besitzen, an denen sie jeweils anders eingestellt werden können, ist die Rede Dinglers von „den Tasten und Schaltern, die wir in der Natur suchen", noch nicht einmal metaphorisch.

Wir wollen das Ergebnis unserer wissenschaftstheoretischen Analyse der Experimentierapparaturen zusammenfassen: Eine Experimentierapparatur ist ein durch geometrische Anordnung selber geometrisch geformter Körperoberflächen gebildeter *Wirkraum*, in dem a) das zu untersuchende physikalische Phänomen beobachtet und vermessen wird, dessen begrenzende Flächen b) den raum-zeitlichen Verlauf des Phänomens zwangsführen und begradigen und gegen andere kausal relevante Umstände nach außen hin isolieren, und der c) durch willkürliche Veränderung seines geometrischen und kinematischen Anfangszustandes die kausal relevante Anfangsbedingung zu variieren gestattet.

In seiner Schrift „Theoretische Kinematik – Grundzüge einer Theorie des Maschinenwesens"[46] gibt F. Reuleaux die folgende berühmte Definition einer Maschine: „Eine Maschine ist eine Verbindung widerstandsfähiger Körper, welche so eingerichtet ist, daß mittels ihrer mechanische Naturkräfte genötigt werden können, unter bestimmten Bewegungen zu wirken". Setzt man an die Stelle der Wendung „mechanische Naturkräfte" den allgemeineren Ausdruck „physikalische Vorgänge", so erhält man durchaus eine zutreffende Beschreibung der Experimentierapparaturen, soweit wir sie aus der Methodologie des Experiments entwickelt haben. Es ist also nicht falsch, von Experimentiergeräten als Experimentier*maschinen* zu reden.

2. FORSCHUNGSPROGRAMME

2.1 Der Aufbau eines Forschungsprogramms

Wir wollen uns nun der theoretischen Darstellung und quantitativen Auswertung der Experimente zuwenden. In 1.4 haben wir zu zeigen versucht, wie die Form der physikalischen Verlaufsgesetze als Differentialgleichungen direkt in der methodologischen Konzeption der experimentalistischen Kausalität fundiert ist. Eine physikalische Theorie präsentiert sich dem Betrachter zunächst als ein System solcher Differentialgleichungen, wobei „System" hier mehr meint als nur Menge oder Auflistung, denn physikalische Theorien fassen in aller Regel die verschiedenen Differentialgleichungen als *Spezialisierungen* einiger weniger *Grundgleichungen* zusammen. Diese charakteristische Systematik physikalischer Theorie wollen wir jetzt ebenfalls aus der Methode des Experiments und des experimentellen Handelns methodologisch verständlich machen.

So unabdingbar die Forderung ist, ein Experiment bei gleichen Rahmen- und Anfangsbedingungen stets aufs Neue wiederholen zu können, so wenig informativ ist die Wiederholung jedes *einzelnen* Experiments für sich betrachtet. Erst indem die Experimentatoren die Rahmen- und Anfangsbedingungen gezielt variieren und dann die Verläufe miteinander vergleichen, gewinnen sie Aufschluß über die „Ursachen" von Veränderungen. In der Physik sind daher immer *Versuchsklassen* und nicht einzelne Experimente theoretisch auszuwerten. Solche Versuche bilden eine Versuchsklasse, die alle unter einer konstanten Rahmenbedingung und unter mindestens einer von Versuch zu Versuch variierten Anfangsbedingung stattfinden. Bevor es sich jedoch überhaupt lohnt, an die theoretische Auswertung einer solchen Versuchsklasse heranzugehen, müssen die Experimentatoren es zumindest zuwege gebracht haben, daß bei den Versuchen der betreffenden Versuchsklasse relativ zu einer variierbaren Anfangsbedingung eine *experimentelle Invariante* realisiert wird. Wenn wir noch einmal auf die Überlegungen von 1.3 und 1.4 zurückkommen, so ist eine erste experimentelle Invariante ausschließlich eine Funktion der verfügbaren Beobachtungsgrößen, die in einer Klasse $\{V_o\}$ von Versuchen gemessen werden können. Ist also bei Versuchen aus $\{V_o\}$ der (im allgemeinen differentielle (vgl. 1.4)) Ausdruck $\Theta_o(b,b',b'', \ldots,\dot{b},\ddot{b},\ldots,x,y,z,t)$ relativ zum variierbaren Umstand U_o eine experimentelle Invariante, so kann durch

(2-1) $$\tau_o = \Theta_o(b,b',b'',\ldots,\dot{b},\ddot{b},\ldots,x,y,z,t)$$

eine erste theoretische Größe eingeführt werden[1].

Ist der Wert von τ_o für einen Zustand U_o^i des variierbaren Umstandes U bekannt, so liefert die Integration von (2-1) die verschiedenen raum-zeitlichen Verläufe der Größe b bei Variation bestimmter Anfangsbedingungen unter konstant gehaltenem U_o^i. Wird U_o von U_o^i zu U_o^j variiert, so wird τ_o einen anderen Wert annehmen, ohne daß sich der Gleichung (2-1) als Definitionsgleichung der Größe τ_o schon entnehmen ließe, welchen. Doch läßt sich in vielen Fällen die Variation von U_o selber durch die Beobachtungsgrößen $b_1,...,b_n$ quantitativ beschreiben, man denke etwa nur an die Auslenkung einer Kraftfeder. $U_o^i(b_1),...,U_o^i(b_n)$ seien die Werte, auf die die Beobachtungsgrößen willkürlich am variierbaren Teil der Versuchsanordnung eingestellt werden müssen, damit U_o in den Zustand U_o^i versetzt wird. Die Abhängigkeit der Größe τ_o von den verschiedenen Zuständen von U_o, quantitativ durch die Beobachtungsgrößen beschrieben, möge durch das Gesetz

$$\bigwedge_i \tau_o(U_o^i) = \Gamma_o(U_o(b_1^i),...,U_o(b_n^i))$$

dargestellt werden. (2-1) geht dann relativ zu $\{V_o\}$ in die lösbare Differentialgleichung[2] über:

$$\text{(2-1')} \qquad \Gamma_o(b_1,...,b_n) = \Theta_o(b,b',b'',...,b,\ddot{b},...,x,y,z,t).$$

Nun gibt es, wie gesagt, nicht nur eine Versuchsklasse, sondern natürlich ganz verschiedene. Die verschiedenen Versuchsklassen stehen aber keineswegs beziehungslos nebeneinander. Das wird allein schon dadurch verhindert, daß wie überhaupt beim technischen Handeln auch beim Experimentieren sehr komplizierte Versuchsanordnungen dadurch technisch beherrscht werden, daß wir sie aus bereits beherrschten *Teilsystemen* aufzubauen verstehen. Ich möchte diese sicher nicht weiter erläuterungsbedürftige Eigenheit unseres technischen Handelns – lediglich zu Abkürzungszwecken – das technologische Syntheseprinzip nennen.

Komplexe Systeme werden dabei *räumlich* aus ihren Teilsystemen zusammengesetzt: Die Teilsysteme sind ja immer als physikalische Körper realisiert, und indem diese Körper in geeigneter Weise räumlich zueinander angeordnet werden, können sie aufeinander wirken, wobei sich die Einzelwirkungen der Teilsysteme zu einem neuen *Wirkungsgefüge* (System) *überlagern*[3].

Dem beim Experimentieren befolgten technologischen Syntheseprinzip entsprechen in der Theorie bedingte Prognosen darüber, wie sich aus Teilsystemen zusammengesetzte Systeme verhalten werden, wenn man weiß, wie sich diese Teilsysteme unter bestimmten Bedingungen verhalten. Ein Beispiel: Unter geeigneten Rahmenbedingungen läßt man zwei Kugeln mit einer dritten Probekugel jeweils stoßen und bestimmt aus den beiden Stößen ihre träge Masse. Anschließend setzt man aus diesen beiden Kugeln mit Hilfe einer Rolle und eines Seils eine Atwoodsche Fallmaschine zusammen. Die klassische Mechanik erlaubt dann, das Bewegungsverhalten der Fallmaschine aus dem Stoßverhalten der jeweils unabhängig voneinander getesteten Kugeln vorherzubestimmen. Nach den bisherigen Überlegungen kommt es, will man den Ausgang von Experimenten einer bestimmten Versuchsklasse vorhersagen, entscheidend darauf an, den Wert oder die Funktion der theoretischen Größe zu kennen, deren Definiens eine experimentelle Invariante der betreffenden Versuchsklasse ist. Will man also die Verläufe von Experimenten der Versuchsklasse $\{\Sigma V_i\}$, deren Versuchsanordnungen zusammengesetzt sind aus Elementen der Versuchsklassen $\{V_i\}$, vorausberechnen aus den Verläufen der Experimente in den verschiedenen Versuchsklassen $\{V_i\}$, so bedeutet das nichts anderes, als daß die experimentelle Invariante τ von $\{\Sigma V_i\}$ berechnet werden kann aus den experimentellen Invarianten der Versuchsklassen $\{V_i\}$. Dem technologischen Syntheseprinzip des experimentellen Handelns entsprechen also Gesetze für theoretische Größen, die aus leicht einsehbaren Gründen *Prinzipien der Wirkungsüberlagerung* im folgenden genannt werden sollen. Diese Gesetze haben die Form:

(2-2) $$\tau(\{\Sigma V_i\}) = \Psi(\tau\{V_1\},\ldots,\tau\{V_n\})\ (1 \leqslant i \leqslant n).$$

Beispiele für (2-2) sind das Prinzip der linearen Superposition für Kräfte und elektrische Felder oder die Additivität von Impuls und kinetischer Energie.

Weder die Gleichung (2-1) noch Gleichungen vom Typ (2-2) sind selber schon darstellende Differentialgleichungen für eine bestimmte Versuchsklasse. Vielmehr sind sie *Handlungsanweisungen* an die Experimentatoren: Erstens sollen die Experimentatoren eine Klasse $\{V_0\}$ von *Grundversuchen* technisch so präparieren, daß in dieser Klasse das Definiens der theoretischen Größe aus der Gleichung (2-1) als experimentelle Invariante realisiert wird und deshalb Versuche aus $\{V_0\}$ insgesamt durch eine Gleichung der Form (2-1′) berechnet werden können. Zweitens sollen die Experimentatoren ausgehend von $\{V_0\}$ nacheinander immer neue Versuchsklassen mit den Teilsystemen der vorangegangenen Versuchsklassen reproduzierbar machen, deren darstellende Gleichungen nach (2-2) aus den schon angestellten Gleichungen entwickelt werden können.

Machen die Experimentatoren in der eben beschriebenen Weise von (2-1) und (2-2) Gebrauch, so müssen sie für die experimentelle Forschung dreierlei in Rechnung stellen: Zum einen kann nicht ausgeschlossen werden, daß sie nicht mit einer Grundklasse $\{V_0\}$ auskommen, weil es ihnen zwar gelingt, weitere Versuchsklassen mit der theoretischen Größe τ_0 als experimenteller Invariante zuverlässig zu reproduzieren, sich aber trotzdem der Wertverlauf von τ_0 für diese Versuchsklassen nicht aus der darstellenden Gleichung (2-1) bzw. (2-1′) von $\{V_0\}$ nach (2-2) bestimmen läßt. Es gibt also mehrere voneinander unabhängige Versuchsklassen, die erst zusammen die „Bausteine" liefern, aus denen sich nach (2-2) die anderen Versuche schrittweise aufbauen lassen.

Zum anderen läßt sich die Grundgleichung (2-1) mathematisch identisch umformen, indem auf beide Seiten von (2-1) derselbe mathematische Operator T angewendet wird, so daß (2-1) überführt wird in die Gleichung (i)

$$T(\tau_o) = T(\Theta_o(b,b',b'',...,\dot{b},\ddot{b},...,x,y,z,t)),$$

wodurch eine neue theoretische Größe eingeführt wird. Es kann nun Versuchsklassen geben, die zwar das Definiens von (2-1) der theoretischen Größe τ_o als experimentelle Invariante realisieren, für die aber auch $T(\tau_o)$ eine experimentelle Invariante ist. Manchmal erweist es sich als einfacher, die darstellende Gleichung für die betreffende Versuchsklasse, aus der sich die Wertverläufe von b berechnen lassen, statt auf der Grundlage von (2-1) auf der Basis von (i) nach (2-1) und (2-2) aufzustellen.

Schließlich beherrschen die Experimentatoren die Experimente nicht auf Anhieb und in allen kausal relevanten Umständen. Es können immer noch neue kausal relevante Faktoren ausfindig gemacht werden, die in den bisherigen Versuchen unberücksichtigt geblieben waren. Dabei kann der Fall eintreten, daß bisher getrennte Versuchsklassen $\{V_1\}$, $\{V_2\}$ ... als Teilklassen einer umfassenderen Versuchsklasse $\{V\}$ vereinigt werden können, in der zusätzlich zu den in den $\{V_i\}$ variierten Anfangsbedingungen ein weiterer Umstand R variiert wird, der in den Versuchsklassen $\{V_i\}$ jeweils auf einen festen Zustand R^i durch die Rahmenbedingungen der Versuchsanordnung fixiert wurde. R werde durch die Größe τ_r quantifiziert, die auf folgende Weise als experimentelle Invariante der Versuchsklasse $\{V\}$ explizit definiert werden kann: Vereinfachend dürfen wir annehmen, daß die Gleichungen der Versuchsklassen $\{V_i\}$ auf der Grundlage der Gleichung $\tau = \Psi(b)$ aufgestellt worden sind. Für jede Versuchsklasse $\{V_i\}$ hat τ_r einen festen Wert c_i. Es muß eine Funktion Φ geben, mit der für die Wertverläufe von b in jeder der Versuchsklassen $\{V_i\}$ gilt:

$$b = \Phi(\tau(\{V_i\}),c_i) = \Psi^{-1}(\tau(\{V_i\})).$$

R kann dann über eine geeignete experimentelle Invariante $\Theta_r(\tau,b) = \tau_r$ relativ zu R quantifiziert werden. Für $\{V\}$ ist damit eine theoretische Größe τ_r explizit definiert, so daß sich die Werte $\tau(\{V_i\})$ der Größe τ für die verschiedenen Teilklassen $\{V_i\}$ von $\{V\}$ als Funktion der theoretischen Größe τ_r darstellen lassen. Im dritten Kapitel werden wir mit der elektrodynamischen Lorentz-Kraft ein Beispiel für diese Vorgehensweise ausführlich kennenlernen.

Zusammenfassend lassen sich nun die *Anwendungsregeln* für (2-1) und (2-2) dem schrittweisen Vorgehen der Experimentatoren entsprechend „rekursiv“ formulieren:

(2-3) $\{V_o\}$ ist eine Klasse von *Grundversuchen*, für die das Definiens der theoretischen Größe τ_o aus (2-1) eine experimentelle Invariante ist, so daß die in Versuchen aus $\{V_o\}$ realisierten Wertverläufe der Größe b Lösungen einer Differentialgleichung vom Typ (2-1) bzw. (2-1') sind.

(2-4) $\{V_n\}$ mit $n > 0$ ist eine Klasse von Versuchen, für die
(a) das Definiens einer zum ersten Mal in der Versuchsklasse $\{V_j\}$ mit $0 \leqslant j < n$ eingeführten theoretischen Größe τ_i mit $0 \leqslant i \leqslant j$ eine experimentelle Invariante ist und deren darstellende (Differential)Gleichung entweder
(1) auf die gleiche Weise wie für $\{V_j\}$ oder
(2) aus der darstellenden Gleichung $\tau_i(\{V_j\}) = \Theta_i(\ldots)$ von $\{V_j\}$ nach (2-2) aufgestellt wird; oder für die
(b) der Ausdruck $\Theta_m(\tau_1,\ldots,\tau_{m-1}) = \tau_m$ mit $0 \leqslant m \leqslant n$ eine experimentelle Invariante ist, der die neue theoretische Größe τ_m explizit definiert, und für die $\tau_m(\{V_n\}) = \Theta_m(\tau_1,\ldots,\tau_{m-1})$ die darstellende (Differential)Gleichung ist.

Zusammen mit den Anwendungsregeln (2-3) und (2-4) bilden also die Gleichungen (2-1) und (2-2) ein *Forschungsprogramm* für die Experimentatoren. Im folgenden sollen die Gleichungen (2-1) und (2-2) die *Fundamentalgesetze* des Forschungsprogramms genannt werden.

Im allgemeinen können die Experimentatoren niemals alle Versuche, die zu einer Versuchsklasse $\{V\}$ gehören, auch tatsächlich ausführen. Deshalb stellen sie die darstellende Gleichung dieser Versuchsklasse nur auf der Basis endlich vieler Meßwerte für die Beobachtungsgrößen mehr oder weniger *hypothetisch* auf. Schon in 1.3 haben wir gezeigt, wie aus der darstellenden Gleichung der Ausgang neuer Versuche aus $\{V\}$ *vorhergesagt* werden kann. Außerdem lassen sich aus der darstellenden Gleichung einer Versuchsklasse nach (2-2) auch Prognosen für andere Versuchsklassen gewinnen. Die Gleichungen müssen sich also *prognostisch bewähren*. Die Experimentatoren werden jedoch immer wieder Werte messen, die abweichen von den Werten, die nach den Anweisungen (2-1) bis (2-4) vorausberechnet worden sind. Verantwortlich dafür ist die Schwierigkeit, alle für den Ausgang eines Versuchs kausal relevanten Faktoren zu kennen, konstant zu halten oder zumindest ihre Wirkungen auf den Verlauf des Experiments durch die Versuchsanordnung auszuschalten. Unsere Versuche finden, wie Dingler betont hat, unter besonderen „Vertrauensbedingungen“ statt; jede Theorie „schwimmt“ wie Feyerabend zu Recht bemerkt[4], „immer in einem Meer von Anomalien“. Jede Diskrepanz zwischen Theorie und experimentellen Daten gleich zum Anlaß zu nehmen, die bis dahin aufgestellte Theorie abzuändern oder gar das Forschungsprogramm umzustoßen, würde die physikalische Forschung zu einem völlig „kopflosen“ Unternehmen machen. Das Forschungsprogramm und die „Erklärungskraft" seiner Fundamentalgesetze müssen sich gerade dadurch bewähren, daß man mit solchen scheinbaren Schwierigkeiten wiederum nach den Anweisungen des Forschungsprogramms produktiv fertig wird. Dabei wird folgende Strategie eingeschlagen: Abweichungen der Messungen von den theoretisch (voraus)berechneten Werten werden auf „störende" Faktoren zurückgeführt, die dann selber nach den Anweisungen des Forschungsprogramms analysiert werden. Die Anwendungsregeln sind also um eine *Exhaustionsregel* (vgl. Einleitung) zu ergänzen:

(2-5) Die Abweichungen der aus der darstellenden Gleichung $\tau(\{V\}) = \Theta(b,...)$ der Versuchsklasse $\{V\}$ vorausberechneten Werte b_t von den tatsächlich gemessenen Werten b_m werden als Störungen erklärt, verursacht durch bisher noch gar nicht oder nur unzureichend erfaßte kausal relevante Faktoren. Diese Faktoren sind nun ihrerseits durch Versuche innerhalb einer Versuchsklasse $\{V_s\}$ zu identifizieren, für die $\tau_s = \Theta_s(b,...)$ die nach den Anweisungen (2-3) und (2-4) aufgestellte darstellende Gleichung ist. Statt der ursprünglichen Versuchsklasse $\{V\}$ betrachtet man die gemessenen Werte b_m als Wertverläufe einer nach (2-2) zusammengesetzten Versuchsklasse $\{V'\}$, für die gilt: $\Theta(b_m) = \tau(\{V'\}) = \tau(\{V + V_s\}) = \Psi(\tau(\{V\}), \tau_s(\{V_s\}))$. Die Differenz von b_t und b_m kann aus $\Theta(b) = \tau(\{V'\})$ und $\Theta(b) = \tau(\{V\})$ berechnet werden.

Betrachtet man die wichtigsten Bestimmungsstücke eines Forschungsprogramms – Fundamentalgesetze, Anwendungs- und Exhaustionsregeln –, so wird jetzt klar, inwiefern (2-1) die *Grundgleichung* des gesamten Forschungsprogramms ist: Nach (2-3) und (2-4) sind die darstellenden Differentialgleichungen der verschiedenen Versuchsklassen Spezialisierungen und Umformungen der Gleichung (2-1), und dort, wo für eine Versuchsklasse die darstellende Gleichung mit einer anderen theoretischen Größe formuliert wird, ist diese Größe gleichwohl durch Definitionsketten auf die Grundgröße der Gleichung (2-1) zurückzuführen. Die Exhaustionsregel (2-5) schließlich sorgt dafür, daß kein experimentelles Datum dahingehend interpretiert werden muß, in einer bestimmten Versuchsklasse sei das Definiens der Grundgröße keine experimentelle Invariante.

Zwar weist die hier entwickelte Konzeption eines Forschungsprogramms gewisse Parallelen zu Lakatos' „Methodologie wissenschaftlicher Forschungsprogramme" (vgl. Einleitung) auf – der „harte Kern" eines Forschungsprogramms bei Lakatos entspricht hier etwa den Fundamentalgesetzen, die „positive Heuristik" den Anwendungsregeln, die „negative Heuristik" der Exhaustionsregel –, aber im Unterschied zu Lakatos haben wir hier versucht, aus den Prinzipien des Experiments und des experimentellen Handelns den Aufbau eines Forschungsprogramms zu begreifen[5].

2.2 Theoretische Größen

Mit dem Ausdruck „Theoretische Größe" sind wir bewußt dem Sprachgebrauch der modernen Wissenschaftstheorie gefolgt, die bei Begriffen wie „Masse", „Kraft", „Impuls", „Energie", „elektrische Feldstärke", „Spannung", „Widerstand" usw. von „theoretischen Begriffen (Größen, Funktionen)" spricht. Auch wir hatten diese Beispiele explizit mit dem Ausdruck „theoretische Größe" im Auge.

Mit dem Konzept der theoretischen Begriffe verbindet sich in der empiristisch orientierten Wissenschaftstheorie das Eingeständnis, daß das von den Vertretern des „Wiener Kreises" vertretene Programm sich als undurchführbar erwiesen hat, alle Begriffe der empirischen Einzelwissenschaften definitorisch vollständig auf sogenannte Beobachtungsbegriffe zurückzuführen. Vor allem Carnap hatte in seinem Werk „Der logische Aufbau der Welt" einen entschiedenen Versuch unternommen, mit den präzisen Analysewerkzeugen der modernen formalen Logik dieses empiristische Programm auch durchzuführen. Da Carnap die tiefsten Einsichten in die Gründe des Scheitern dieses Programms hatte, nimmt es nicht wunder, daß vor allem wieder er selber das Konzept der theoretischen Begriffe als Alternative zum „Konstitutionssystem wissenschaftlicher Begriffe" des „Logischen Aufbaus der Welt" ausgearbeitet hat[6].

Wolfgang Stegmüller[7] unterteilt die Geschichte der Diskussion um die theoretischen Begriffe in zwei Phasen: Die erste Phase ist bestimmt durch das sogenannte „Zweistufenkonzept", das wesentlich auf die Arbeiten von Carnap zurückgeht. Die zweite Phase ist gekennzeichnet durch den sogenannten „Non-statement point of view" und das neue Kriterium für Theoretizität einer physikalischen Funktion, das auf die Arbeiten von Sneed zurückgeht.

In der „Zweistufentheorie" wird die Idee ganz aufgegeben, man könne alle physikalischen Größen vollständig durch einige wenige Beobachtungsbegriffe definieren. Stattdessen wird das Vokabular einer physikalischen Theorie zweigeteilt: Der eine Teil wird gebildet von den Begriffen der sogenannten „vollverständlichen" (Stegmüller) *Beobachtungssprache*, in der alle Sachverhalte beschrieben werden, die „direkt" beobachtet und experimentell überprüft werden können. Der andere Teil des Vokabulars der physikalischen Theorie umfaßt alle sogenannten *theoretischen Terme*. Die theoretischen Terme sind mathematische Größen (Funktionen), die in dem mathematischen Formalismus einer Theorie vorkommen, wobei der Formalismus zunächst ein uninterpretierter, formaler Rechenkalkül ist. Physikalische Bedeutung gewinnt dieser Kalkül nur durch sogenannte *Zuordnungsregeln*, das sind Sätze, die sowohl theoretische Terme als auch Beobachtungsbegriffe enthalten. Dabei ist keineswegs erforderlich, daß alle theoretischen Terme in mindestens einer Zuordnungsregel auftauchen. Ebensowenig wird mit den Zuordnungsregeln der Anspruch erhoben, daß sie die theoretischen Größen durch die in ihnen vorkommenden Beobachtungsgrößen vollständig definieren. Vielmehr wird die physikalische Theorie (d.h. der mathematische Formalismus) als Ganze „partiell interpretiert", und zwar im folgenden Sinne: Aus der Theorie können mit den Zuordnungsregeln *Beobachtungssätze* (das sind Sätze, die nur mit Ausdrücken der Beobachtungssprache formuliert sind) logisch gefolgert (vorhergesagt) werden, die dann durch Beobachtung und Experiment zu überprüfen sind[8].

Nach dem Zweistufenkonzept sind also die theoretischen Begriffe nicht explizit definierbare Größen innerhalb eines nur „partiell interpretierten" Rechenformalismus. Nun wird aber ein Physiker auf die Frage, was die kinetische Energie eines sich bewegenden Teilchens sei, mit der Formel „$1/2\ m\, v^2$" antworten; und er wird diese Formel als Definition der Größe „kinetische Energie" (in der nicht-relativistischen Physik) verstehen. Das gilt gleichermaßen auch für die anderen theoretischen Größen, die nämlich alle explizit definiert werden als Funktionen anderer theoretischer Größen, die experimentelle Invarianten für bestimmte Versuchsklassen sind. Durchläuft man diese Definitionsketten „rückwärts", so wird man schließlich auf die beiden Größen „träge Masse" und „Kraft" stoßen. Die definierende Gleichung dieser beiden Größen scheint das zweite Newtonsche Gesetz zu sein, das sie miteinander über die Beobachtungsgröße „Beschleunigung" verknüpft. Allerdings scheint hier eine Schwierigkeit insofern zu bestehen, als nicht recht ersichtlich ist, wie durch eine Gleichung zwei Größen zugleich definitorisch eingeführt werden können. Wir werden jedoch im dritten Kapitel sehen, daß es sich dabei nur um eine scheinbare Schwierigkeit handelt.

Obwohl das Zweistufenkonzept eine Definierbarkeitsschranke für die theoretische Physik behauptet, die de facto in der Physik überhaupt nicht nachzuweisen ist, hat Carnap gleichwohl mit dem Konzept der theoretischen Begriffe richtig erkannt, daß theoretische Größen nicht der direkten Quantifizierung beobachtbarer Phänomene dienen. Um zu verstehen, was damit gemeint ist, brauchen wir nur an den nicht-theoretischen Begriff der Länge zu denken: Ganz unabhängig von der experimentellen Physik vergleichen wir im Alltag physikalische Gegenstände daraufhin, ob sie gleichlang sind oder der eine länger ist als der andere. Der quantitative Längenbegriff wird eingeführt, um diese vor-metrische Quasiordnung „gleichlang/länger als" direkt zu *quantifizieren* (vgl. dazu 3.1). Längen werden – jedenfalls für einen ersten Bereich von Körpern – gerade so gemessen, daß dieselben Operationen mit dem Meßgerät an dem zu vermessenden Objekt auszuführen sind, die schon beim nicht-quantitativen Längenvergleich angewendet werden. Die *Adäquatheit* der (operationalen) Definition des Längenbegriffs wird daran festgemacht, ob die vor-metrische Quasiordnung „gleichlang/länger als" quantifiziert wird (vgl. 3.1). Auf die Frage, was die Größe „Länge" eigentlich mißt, kann geantwortet werden: „Länge" mißt die beobachtbaren Unterschiede zwischen physikalischen Objekten hinsichtlich der vormetrischen Quasiordnung „gleichlang/länger als".

Bei einer theoretischen Größe kann man nicht auf eine solche vor-metrische Quasiordnung im Bereich des Beobachtbaren verweisen, soll man die Frage beantworten, was eigentlich die betreffende theoretische Größe messe. Vergegenwärtigen wir uns noch einmal, warum theoretische Größen eingeführt werden: Theoretische Größen, definiert als experimentelle Invarianten, dienen dazu, prognostisch gehaltvolle Gleichungen („Naturgesetze") über die Wertverläufe der Beobachtungsgrößen in den verschiedenen Versuchsklassen zu formulieren. Ob die Einführung einer theoretischen Größe adäquat ist, *bemißt sich am langfristigen Erfolg des jeweiligen Forschungsprogramms insgesamt*. Schon dieses Adäquatheitskriterium rechtfertigt es, von „theoretischen" Größen zu reden[9].

Die Zweistufentheorie wurde in vielerlei Hinsicht als unbefriedigend empfunden[10]. Ein zentraler Einwand wird von Stegmüller unter dem Titel „Putnams Herausforderung" diskutiert: „Alle bisherigen Versuche, den Begriff des *Theoretischen* abzugrenzen, sind, so könnte man sagen, durch *Negativität* ausgezeichnet. Damit ist folgendes gemeint: wenn ein in einer Theorie T vorkommender Term τ *theoretisch* genannt wird, so hat die Begründung für diese Art von Auszeichnung nicht die Form: „Weil τ in der Theorie T diese und diese Rolle spielt (...)". Vielmehr lautet die Begründung je nachdem, ob man vom ursprünglichen Konzept der Beobachtungssprache ausgeht oder ob man den pragmatisch relativierten Begriff der empiristischen Grundsprache benützt: „Weil τ *nicht* zum Beobachtungsvokabular gehört" bzw. „weil τ relativ auf die neue Theorie T für die Person p zu t *nicht* zum vorgängig verfügbaren Vokabular gehört." Die leitende Vorstellung ist in beiden Fällen dieselbe: Das, was man schon vorher „versteht", kann man, *da es vollkommen verständlich ist*, zur Grundsprache rechnen; dasjenige hingegen, dem diese volle Verständlichkeit fehlt, muß (vorläufig) als theoretisch ausgezeichnet werden.

Tatsächlich scheint jedoch in vielen Fällen etwas wesentlich Stärkeres intendiert zu sein, nämlich daß ein Term τ bezüglich der Theorie T deshalb *theoretisch* ist, *weil er im Rahmen der Theorie T (...) eine ganz bestimmte Stellung einnimmt, die ihn von jenen Termen, welche diese Stellung nicht einnehmen, scharf unterscheidet.*"[11]

Stegmüller sieht eine Möglichkeit, der „Herausforderung Putnams" zu begegnen, wenn man den sogenannten „statemant view" zugunsten des „non-statement view" eintauscht und das Sneedsche Kriterium für Theoretizität übernimmt. Damit sind wir bei der zweiten, von Stegmüller selber wesentlich inaugurierten Phase der Diskussion um die theoretischen Begriffe. Der „non-statement view" besteht im wesentlichen darin, unter einer physikalischen Theorie nicht mehr ein System von empirischen Sätzen zu verstehen, sondern eine Theorie zu charakterisieren durch ein formal-axiomatisch eingeführtes mengentheoretisches Prädikat S. Sätze sind dann erst Behauptungen der Art „a ist ein S", wobei „a" für die Beschreibung eines physikalischen Systems steht[12].

Fragt man nach den Gründen, die dafür sprechen, eine Theorie als mengentheoretisches Prädikat zu charakterisieren, so bleibt m.E. am Ende nur die Einsicht, daß man sinnvollerweise zwischen einer Theorie und dem ihr zugrundeliegenden Forschungsprogramm unterscheiden muß. Wir wollen diese generelle These an zwei „Motiven" belegen, die Stegmüller selber für den Übergang vom „statement view" zum „non-statement view" anführt. Einer der Gründe ist für Stegmüller, daß der „non-statement view" sofort der von Kuhn „entdeckten" und von Stegmüller übernommenen These gerecht wird, daß eine Theorie in den zentralen Aussagen gegen Falsifikationen immun ist. „Die These von der *Immunität einer Theorie* oder der *Nichtfalsifizierbarkeit einer Theorie* ist eine triviale Folge des non-statement view. Eine Theorie ist nicht deshalb 'durch Beobachtungen nicht zu widerlegen', weil sie gegen Widerlegungen 'immunisiert' worden ist, sondern weil sie eine Art von Entität darstellt, von der 'falsifiziert' nicht sinnvoll prädiziert werden kann."[13] Unterscheidet man zwischen einer Theorie und ihrem Forschungsprogramm, so ist gerade das Forschungsprogramm eine „Entität, von der 'falsifiziert' nicht sinnvoll prädiziert werden kann". Denn das Forschungsprogramm einer Theorie besteht in der Tat nicht aus einem System empirisch falsifizierbarer Sätze. Einerseits besteht es aus Normen, aus Vorschriften, die die Forscher bei der Forschung zu beachten haben. Auf Normen ist der Begriff „falsifiziert" gar nicht anwendbar. Andererseits enthält das Forschungsprogramm *Fundamentalgesetze*, die zu falsifizieren das Forschungsprogramm gerade verbietet.

Als einen anderen Grund, den statement view zu verlassen, nennt Stegmüller Paradoxien, die innerhalb des statement view im Hinblick auf das Kriterium für Theoretizität auftreten. „Eine sehr gute Illustration für diese Paradoxie bildet das zweite Gesetz von Newton. Nach der herkömmlichen Denkschablone wird von der Alternative ausgegangen: „Entweder ist dieses Gesetz keine Definition, sondern eine empirische Behauptung. Dann muß es von diesem Gesetz unabhängige Methoden der Kraftbestimmung geben. Oder es gibt keine solche Methoden: dann ist dieses sog. Gesetz in Wahrheit eine Definition."

Die Überlegung muß jedoch ganz anders verlaufen, nämlich: „(1) Selbstverständlich ist das zweite Newtonsche Gesetz *keine* Definition. (2) Selbstverständlich gibt es *keine* von diesem Gesetz unabhängige Methoden der Kraftmessung. Also...". Also was dann? Der Logiker wird geneigt sein zu sagen: „Also dann bleibt mir der Verstand stehen."[14]

Die Bemerkung Stegmüllers, daß das zweite Newtonsche Gesetz keine von ihm unabhängigen Kraftmessungen zulasse, verweist direkt auf das Kriterium für Theoretizität von Sneed. Nach diesem Kriterium ist eine Größe m einer Theorie T T-theoretisch, wenn Messungen von m für ein physikalisches System die vorangegangene erfolgreiche Anwendung derselben Theorie T auf ein anderes physikalisches System voraussetzen. Darin scheint die Gefahr eines Zirkels zu liegen, eine Gefahr, die nach Stegmüller und Sneed nur gebannt werden kann, wenn der empirische Gehalt einer Theorie durch modifizierte Ramsey-Sätze dargestellt wird[15].

Die Alternative Definition versus empirische Behauptung trifft jedoch nicht die spezifische Strategie, mit der theoretische Größen in eine Theorie eingeführt werden: Selbstverständlich ist eine Gleichung wie (2-1) eine explizite Definition einer theoretischen Größe. Insofern ist auch das zweite Newtonsche Gesetz eine „Definition". Aber die Definition ist mit einer Anwendungsbedingung versehen: Messungen der im Definiens auftretenden Größen liefern nur dann Werte der definierten theoretischen Größe, wenn in Versuchen einer Versuchsklasse gemessen wird, für die das Definiens der theoretischen Größe relativ zu einem variierbaren Umstand eine experimentelle Invariante ist. Und die letztere Feststellung ist in einem im nächsten Abschnitt noch genauer zu erörternden Sinne eine „empirische" Behauptung. Ist das Definiens einer theoretischen Größe eine experimentelle Invariante für eine Versuchsklasse, so ist eine Spezifizierung der Definitionsgleichung die darstellende Gleichung – Stegmüller würde wohl sagen das „empirische Gesetz" – dieser Versuchsklasse. Insofern ist es sogar richtig, was das Kriterium der T-Theoretizität behauptet: Das Meßverfahren für eine theoretische Größe impliziert, daß die Spezialisierung der Definitionsgleichung zugleich das empirisch gültige Verlaufsgesetz der Versuchsklasse ist, für die Werte der theoretischen Größe gerade bestimmt werden sollen. Bloß droht hier kein Zirkel, der nur auf der Grundlage des non-statement views durch einen modifizierten Ramsey-Satz gebannt werden könnte: Zur experimentellen Bestimmung erster Werte der theoretischen Größe für eine Versuchsklasse $\{V\}$ muß nur geprüft werden, ob relativ zu einer in $\{V\}$ variierbaren Anfangsbedingungen das Definiens eine experimentelle Invariante ist; und die Prüfung dieser Frage setzt nun weder voraus, daß bereits Werte der theoretischen Größe gemessen wurden, noch gar, daß für $\{V\}$ oder eine andere Versuchsklasse eine Spezialisierung der Definitionsgleichung der theoretischen Größe als darstellendes Verlaufsgesetz „empirisch" nachgewiesen wurde.

Schon diese Überlegungen zeigen, daß man „Putnams Herausforderung" auch ohne den non-statement view von Stegmüller und Sneed begegnen kann, nämlich wenn man die Begriffs- und Theoriebildung der Physik auf ihren experimentellen Handlungssinn zurückführt: Theoretische Größen sind die Größen einer Experimentaltheorie, die so explizit definiert werden, daß sich mit ihrer Hilfe prognostisch bewährte Verlaufsgesetze für die Wertverläufe von Beobachtungsgrößen formulieren lassen; nur solche Größen eignen sich dazu, deren Definiens eine experimentelle Invariante in mindestens einer relevanten Versuchsklasse ist.

2.3 Reporte über den Forschungsstand als eigentliche experimentelle Erfahrungssätze

Eine Theorie ist zu unterscheiden von dem Forschungsprogramm. Eine Theorie wird entwickelt nach den Anweisungen eines Forschungsprogramms, wobei dasselbe Forschungsprogramm durchaus zu verschiedenen Theorien führen kann[16]. Selbstverständlich steht am Anfang der physikalischen Forschung vor allem das Interesse an den *qualitativen Naturphänomenen*, die ohne weiteres menschliches Zutun „draußen in der freien Natur" beobachtet werden können. Und doch sind diese qualitativen Naturphänomene nicht die direkten Anwendungsfälle einer physikalischen Theorie, wie wir schon mehrfach hervorgehoben haben. Direkte Anwendungsfälle einer Theorie sind die streng reproduzierbaren, künstlich erzeugten Laborphänomene oder solche nicht-künstlichen Naturphänomene, die unter streng reproduzierbaren Laborbedingungen wiederholbar beobachtet werden können (z.B. die Beobachtung astronomischer Vorgänge in Observatorien). Mit vielen der künstlich erzeugten Laborphänomene werden qualitative Naturphänomene nachgeahmt, aber eben doch unter isolierenden und begradigenden Rahmenbedingungen, die „draußen in der freien Natur" überhaupt nicht anzutreffen sind, so daß die im Labor gemachten Phänomene fast nie Naturphänomene so wiederholen, wie diese sich von Natur aus ereignen. Die Laborvorgänge ähneln den Naturphänomenen nur mehr oder weniger. Die Laborvorgänge *simulieren* häufig Naturvorgänge[17]. Doch manchmal simulieren die Laborversuche nicht einmal natürliche Prozesse, für sie gibt es „draußen in der freien Natur" gar keine „Vorbilder".

Die nach einem Forschungsprogramm entwickelte Theorie *erklärt*[18] einen reproduzierbaren Laborversuch, wenn alle während des Versuchs gemessenen Daten mit der nach den Vorschriften des Forschungsprogramms aufgestellten darstellenden (Differential)Gleichung der entsprechenden Versuchsklasse vorausberechnet werden können. Qualitative Phänomene erklärt eine Theorie, indem sie einen streng reproduzierbaren Laborvorgang erklärt, der das in Frage stehende qualitative Naturphänomen mehr oder weniger gut simuliert.

Die Laborversuche gibt es nicht unabhängig von der Theorie als theorierelevante Phänomene, sondern sie werden erst durch die Anwendung eines Forschungsprogramms konstitutiert. Dabei umfaßt die Konstitution eines physikalischen Phänomens vor allem die beiden folgenden Schritte:

1) Es müssen die *Begriffe* festgelegt werden, mit denen das Phänomen beschrieben und von anderen Phänomenen unterschieden wird;

2) Es müssen die *raum-zeitlichen Grenzen* des Phänomens festgelegt werden.

Gerade bei den Laborphänomenen bleibt den Physikern für die Wahl der Beschreibungsmittel wie für die Festlegung der raum-zeitlichen Einheit des Phänomens ein großer *Handlungsspielraum*[19], hier steht gerade von „Natur aus" noch gar nichts fest.

Über die Wahl der Beschreibungsmittel ist zugleich mit der Wahl des Forschungsprogramms entschieden; die experimentellen Laborversuche werden beschrieben mit den Beobachtungsgrößen und den theoretischen Größen, die ausgehend von der Grundgleichung (2-1) nach (2-3) und (2-4) eingeführt werden. Theorierelevant wird ein Versuch jedoch erst, wenn er *Element einer Versuchsklasse* ist, die mindestens eine der theoretischen Größen des Forschungsprogramms als experimentelle Invariante realisiert. Welche der theoretischen Größen dafür in Frage kommt, darüber ist durch die Wahl einer ersten theoretischen Größe in der Grundgleichung des Forschungsprogramms in gewisser Weise schon vorentschieden.

Die raum-zeitliche Einheit eines Laborvorgangs legt der Experimentator durch die apparativen Rahmenbedingungen und die Dauer des Versuchs fest. Die räumlichen Grenzen des zu untersuchenden Laborversuchs sind willkürlich und manipulierbar durch den Wirkraum der Versuchsapparatur gesteckt, die Dauer durch die vom Experimentator willkürlich wählbaren Zeitpunkte, zu denen er die Apparatur ein- und ausschaltet. Die räumlichen und zeitlichen Rahmenbedingungen eines Laborvorgangs werden aber nach der Exhaustionsregel solange verändert, bis an dem reproduzierbaren Experimentverlauf Daten gemessen werden, die mit den Fundamentalgesetzen und der bis dahin aufgestellten Theorie in Einklang stehen.

Da also die Laborversuche immer auch zu einer Theorie *passend gemacht werden*, gibt es keine *theorieunabhängigen* und *unabänderlichen Daten*, auf die die Theorie in jedem Falle zu beziehen wäre. Es ist, wie schon in der Einleitung dargelegt, kein unmittelbar forschungsleitendes Ziel, die Theorie mit ganz bestimmten unverrückbaren Daten in Übereinstimmung zu halten oder sie durch solche Daten zu falsifizieren. Die Erfahrungen, die die Forscher in den Experimenten machen, drücken sich deshalb auch nicht in singulären Meßprotokollen aus. Sie müssen vielmehr folgendermaßen ausgedrückt werden:

(2-6) Indem die „scientific community“ der Physiker den Anweisungen des Forschungsprogramms F gefolgt ist, ist es ihr bis jetzt gelungen, die folgenden reproduzierbaren Versuchsklassen mit der nach F aufgestellten Theorie T in Einklang zu bringen, während die folgenden Versuchsklassen T noch widersprechen.

Sätze der Form (2-6) beschreiben die eigentlichen *experimentellen Tatsachen*, die die Forscher in Erfahrung bringen. Die *experimentalwissenschaftlichen Erfahrungssätze* (2-6) berichten über den jeweils erreichten gegenwärtigen *Forschungsstand*[20].

Dabei gilt von ihnen:

1) Sie sind selber *metatheoretische Sätze*[21].
2) Die Tatsachen, die sie beschreiben, sind *kontingent*: Mit einem anderen Forschungsprogramm sowieso, aber selbst mit demselben Forschungs-

programm hätte die Forschung auch zu einem anderen vorläufigen Ergebnis kommen können.

3) Es müssen die entsprechenden *Erfahrungen* in einem wörtlichen Sinne *gemacht* werden.

Der *empirische Gehalt* einer physikalischen Theorie muß keineswegs durch modifizierte Ramsey-Sätze (vgl. 2.2) ausgedrückt werden, sondern durch Sätze der folgenden Art: In der Versuchsklasse {V} verändern sich in den Versuchen die meßbaren Beobachtungsgrößen auf eine solche Weise, daß relativ zur variierbaren Anfangsbedingung A die und die theoretischen Größen mit den und den Werten experimentelle Invarianten darstellen.

Die durch Sätze der Form (2-6) beschriebenen Tatsachen geben jedesmal zu folgenden Fragen über den zukünftigen weiteren Gang der Forschung Anlaß:

- Wird es möglich sein, aus den Versuchen, die die bisher aufgestellte Theorie nicht zutreffend erklärt, doch noch Versuche zu *machen*, die im Anschluß an die Theorie erklärt werden können?
- Oder ist es aussichtsreicher, die bis jetzt aufgestellte Theorie zu modifizieren, allerdings nach den Anweisungen des bisher schon befolgten Forschungsprogramms?
- Oder zeigt der Forschungsstand, daß das bisher befolgte Forschungsprogramm in eine Sackgasse geraten ist, aus der man sich nur mit einem neuen Forschungsprogramm befreien kann?

Diese Fragen werden, wie die Diskussionen zum Theorienwandel im Gefolge der Kuhn-Debatte gezeigt haben, faktisch nach höchst unterschiedlichen Gesichtspunkten beantwortet, die sich nur durch wissenschaftshistorische Fallstudien aufdecken, aber kaum auf einen gemeinsamen Nenner bringen lassen dürften. Doch ist der Theorienwandel im folgenden nicht unser Thema.

2.4 Erhaltungssätze und das Konzept der experimentalistischen Kausalität

Im ersten Kapitel haben wir ausführlicher erörtert, daß die Experimentatoren versuchen, einen kausal relevanten Umstand durch geeignete Variation einer Anfangsbedingung an der Versuchsanordnung in kontrollierter Weise auf ein System wirken zu lassen, so daß die Wirkung quantitativ bemessen werden kann, während sie alle anderen kausal relevanten Umstände durch die Versuchsanordnung zu isolieren oder zumindest konstant zu halten versuchen. Die hinreichende Isolierbarkeit ist, wie wir im ersten Kapitel gezeigt haben, eine notwendige Bedingung für die Reproduzierbarkeit der Experimente. Ein hinreichend isoliertes System läßt sich auch als ein hinreichend abgeschlossenes System beschreiben. *Abgeschlossen* ist ein physikalisches System genau dann, wenn jede Veränderung des Systems nur durch Wechselwirkungen zwischen Systemteilen verursacht wird und nicht auf „äußere“

Einwirkungen zurückgeht und umgekehrt das System keine Veränderungen bewirken kann, die die Systemgrenzen überschreiten. Somit gilt, daß die hinreichend strenge Reproduzierbarkeit der Experimente voraussetzt, daß sich die experimentellen Systeme hinreichend (wenn auch nicht vollständig) abschließen lassen.

In abgeschlossenen physikalischen oder chemischen Systemen gelten *Erhaltungssätze.* Ein Erhaltungssatz in der Physik besagt, daß ein Verlauf, der im Rahmen eines Forschungsprogramms durch die Veränderung bestimmter Größen $m_1,...,m_n$ quantitativ beschrieben wird, so abläuft, daß dabei eine durch $m_1,...,m_n$ explizit definierte Größe e ihren Wert während des Verlaufs nicht verändert. Um den methodologischen Zusammenhang zwischen der Abgeschlossenheit eines Systems und der Geltung von Erhaltungssätzen zu demonstrieren, wählen wir ein Beispiel aus der Chemie. In einem abgeschlossenen chemischen System bleibt die Materiemenge erhalten. Der Chemiker macht von diesem Zusammenhang in folgender Weise Gebrauch: Nehmen wir an, er lasse zwei Stoffe chemisch miteinander reagieren. Das Gewicht der Stoffmengen wird vor dem Versuch gemessen. Das chemische System, bestehend aus den beiden Stoffmengen vor Beginn der Reaktion und allen durch Reaktion entstehenden Produkten, ist abgeschlossen genau dann, wenn die Reaktionsprodukte insgesamt genauso viel wiegen wie die beiden Ausgangsstoffe zusammen. Stimmen die Gewichte vor und nach der Reaktion nicht miteinander überein, so wird der Chemiker den Versuch etwa in einem abgeschlossenen Glaskolben wiederholen, wobei er auch das Luft-Gas-Gemisch im Kolben vor und nach der Reaktion wiegt. Ergibt sich nun eine hinreichende Übereinstimmung der Gewichte, so gilt das System als abgeschlossen. Allerdings sind inzwischen die „Grenzen des Systems" völlig verschoben: Nun gehört alles zum System, was der Glaskolben umschließt, während vorher nur die beiden Ausgangsstoffe und die nicht-gasförmigen Reaktionsprodukte das System bildeten. Was zum System dazugehört und was nicht wird erst im Zuge der Exhaustion und der immer besseren Realisierung des Satzes von der Erhaltung der Materie festgelegt.

Wie das Beispiel aus der Chemie zeigt, hängt die Abgeschlossenheit eines Systems erstens davon ab, wie die Grenzen des Systems definiert sind, und zweitens davon, wie die Veränderungen, relativ zu denen das System abgeschlossen sein soll, theoretisch beschrieben werden. Vertritt man die Hypothese, daß chemische Prozesse nichts anderes als „bloße Stoffumwandlungen" sind, dann ist in der Tat ein chemisch reagierendes System abgeschlossen, wenn es während der in ihm ablaufenden chemischen Reaktionen nicht an Gewicht verliert. Die Grenze zwischen einem System und seiner Umgebung liegt nun überhaupt nicht „von Natur aus" fest, sondern beruht auf einer definitorischen Festsetzung. Das gibt die Möglichkeit, sinnvolle Systemgrenzen (und damit natürlich sinnvolle Definitionen der Systeme) z.B. an dem Kriterium der Abgeschlossenheit und damit an der Geltung bestimmter Erhaltungssätze exhaurierend immer wieder neu festzulegen.

Die Verhältnisse liegen in der Physik nicht prinzipiell anders. Zunächst einmal lassen sich in der *Metatheorie* allgemeine *methodologische Grundsätze* formulieren, die als Kriterien für die kausale Abgeschlossenheit physikalischer Systeme fungieren. Diese metatheoretischen Abgeschlossenheitskriterien sind in der Geschichte der Physik häufig als *apriorische Kausalprinzipien* behandelt worden, aus denen dann physikalische Erhaltungssätze „hergeleitet" wurden[22]. Ein wichtiges Beispiel etwa ist der Grundsatz „causa aequat effectum": Wenn ein abgeschlossenes System sich verändert, so müssen die Wirkungen dieser Veränderungen auf S beschränkt und in ihm auch nachweisbar sein, indem die verursachende Veränderung – als Ursache quantifiziert – der bewirkten Veränderung – als Wirkung quantifiziert[23] – gleich sein muß. Ein anderer Grundsatz, der aus der methodologischen Charakterisierung kausal abgeschlossener Systeme folgt, ist die *Konservativität der systemimanenten Veränderungsmöglichkeiten* eines abgeschlossenen Systems[24]: Durchläuft ein abgeschlossenes System bestimmte Veränderungen der Art V und kehrt schließlich in seine Ausgangslage zurück, so dürfen sich, relativ zu dieser Ausgangslage, die systemimanenten Möglichkeiten, erneut Veränderungen der Art V zu durchlaufen, gegenüber dem ersten Mal nicht geändert haben[25].

Der nächste Schritt besteht darin, diese metatheoretischen Grundsätze kausaler Abgeschlossenheit in die Sprache des Forschungsprogramms zu übersetzen, Abgeschlossenheitsbedingungen in den Begriffen des Forschungsprogramms zu formulieren. Ein Forschungsprogramm erweist sich nur dann als adäquat, wenn alle in einem System ablaufenden Veränderungen, ihre kausal relevanten Bedingungen und ihre Wechselwirkungen auf lange Sicht durch den theoretischen Ansatz des Forschungsprogramms erfaßt werden können. Insbesondere müssen sich die Bedingungen, unter denen Systeme kausal abgeschlossen sind, in den Termini des Forschungsprogramms angeben lassen. Die Begriffsbildungen eines Forschungsprogramms sind also ihrerseits nur dann adäquat, wenn die metatheoretischen Grundsätze kausaler Abgeschlossenheit in den Termini des Forschungsprogramms formuliert entweder *Erhaltungssätze sind oder solche logisch-mathematisch implizieren*, die sich als prognostisch gehaltvolle Kriterien dafür bewähren, ob alle in einem Phänomenbereich kausal relevanten Veränderungen auch tatsächlich theoretisch schon erfaßt sind. Welcher Erhaltungssatz die Abgeschlossenheit eines Systems in Bezug auf welche Veränderungen anzeigt, wird durch das jeweilige Forschungsprogramm bestimmt, mit dem die Veränderungen beschrieben und theoretisch analysiert werden. Durch exhaurierende Neufestsetzung der theoretisch relevanten Systemgrenzen werden allmählich „aus der Natur" reproduzierbare Systeme herauspräpariert, die zwar nie vollständig abgeschlossen sind, die aber trotzdem den einschlägigen Erhaltungssätzen auch nicht widersprechen, zumindest dann nicht, wenn in der theoretischen Analyse bestimmte weitere Veränderungen in der „Umgebung" rein definitorisch dem System zugeschlagen werden.

Die Newtonsche Mechanik erfüllt die eben begründete Adäquatheitsbedingung an ein Forschungsprogramm, daß nämlich die Bedingungen für die kausale Abgeschlossenheit eines Systems im Rahmen des Forschungsprogramms durch Erhaltungssätze ausgedrückt werden können. In der klassischen Mechanik wird der Grundsatz „causa aequat effectum" in das Actio-Est-Reactio-Prinzip für Kräfte übersetzt, aus dem sofort der Impulserhaltungssatz folgt. Die Konservativität der systemimanenten Veränderungsmöglichkeiten eines Systems wird in der klassichen Mechanik durch den Satz ausgedrückt, daß das geschlossene Wegintegral der Kraft verschwindet, woraus sofort der mechanische Energieerhaltungssatz folgt[26].

Mithin ist durchaus aus der Methode des Experiments methodologisch einsichtig zu machen, warum Erhaltungssätze eine so zentrale Rolle in der theoretischen Physik spielen. Entgegen der Annahme von von Wright bewahrheitet sich auch an den theoretischen Erhaltungssätzen, daß das Konzept der experimentalistischen Kausalität direkt „in den mathematischen Formalismus der theoretischen Physik und seine Interpretation involviert" ist.

3. DAS FORSCHUNGSPROGRAMM DER KLASSISCHEN NICHT-RELATIVISTISCHEN PHYSIK

3.1 Direkte Quantifizierung der Bewegung in der klassischen Physik

Fast jeder kann in vielen Fällen zwei physikalische Körper daraufhin vergleichen, ob sie gleichlang sind oder der eine länger als der andere. Man vergleicht die Länge zweier Körper, indem man sie in geeigneter Weise aneinanderlegt. Ähnlich vermag fast jeder in vielen Fällen zu prüfen, ob der Längenunterschied zweier Körper genauso groß ist wie der von zwei anderen Körpern. Viele Personen hören, ob zwei Töne gleichhoch sind oder nicht und ob das Intervall zwischen zwei Tönen übereinstimmt mit dem Intervall zwischen zwei anderen Tönen. Das sind nur zwei Beispiele für das, was in der Wissenschaftstheorie eine vor-metrische Quasiordnung genannt wird[1]. Eine *Quasiordnung* besteht aus einer Äquivalenzrelation g und einer irreflexiven, antisymmetrischen und transitiven Relation v („Vorgängerrelation"), so daß für Phänomene P_i aus dem Anwendungsbereich der beiden Relationen gilt:

(3-1) $$\bigwedge_{P_1} \bigwedge_{P_2} g(P_1,P_2) \vee v(P_1,P_2) \vee v(P_2,P_1)$$

(3-2) $$\bigwedge_{P_1} \bigwedge_{P_2} g(P_1,P_2) \rightarrow \neg\, (v(P_1,P_2) \vee v(P_2,P_1)).$$

(3-3) $$\bigwedge_{P_1} \bigwedge_{P_2} v(P_1,P_2) \rightarrow \neg\, g(P_1,P_2).$$

In der nachfolgenden Tabelle sind die wichtigsten vor-metrischen Quasiordnungen, die in der Physik eine Rolle spielen, zusammengestellt:

Physikalischer Gegenstandsbereich	„Gleichheitsrelation"	„Vorgängerrelation"
Raum	gleichlang	länger als
	flächengleich	größer als
	volumengleich	größer als
Zeit	gleichzeitig	später als
	dauergleich	von längerer Dauer als
Bewegungen	gleich schnell	schneller als

Physikalischer Gegenstandsbereich	„Gleichheitsrelation“	„Vorgängerrelation“
Materie	gleich schwer von gleicher Dichte	schwerer als von größerer Dichte als
Klang/Töne	gleich laut gleich hoch	lauter als höher als
Licht/Farben	gleich hell farbgleich	heller als (verschiedenfarbig)[2]
Wärme	gleichwarm	wärmer als

Eine solche Quasiordnung g/v wird *quantifiziert*, wenn jedem Phänomen P aus dem Bereich der Quasiordnung eine Maßzahl m(P) zugeordnet wird, derart, daß gilt:

$$\bigwedge_{P_1} \bigwedge_{P_2} g(P_1,P_2) \rightarrow m(P_1) = m(P_2) \tag{3-4}$$

$$\bigwedge_{P_1} \bigwedge_{P_2} v(P_1,P_2) \rightarrow m(P_1) < m(P_2) \tag{3-5}$$

Ist die Differenz zweier Phänomene P_1 und P_2 hinsichtlich der v-Relation gleich der Differenz zweier anderer Phänomene P_3 und P_4 (in Zeichen: $d_v(P_1,P_2) = d_v(P_3,P_4)$), so soll außerdem gelten:

$$\bigwedge_{P_1} \bigwedge_{P_2} \bigwedge_{P_3} \bigwedge_{P_4} d_v(P_1,P_2) = d_v(P_3,P_4) \rightarrow m(P_1) - m(P_2) = m(P_3) - m(P_4). \tag{3-6}$$

Wir bezeichnen m als *Meßgröße*. Wenn eine Meßgröße m eingeführt wird, um eine Quasiordnung g/v zu quantifizieren, so fungieren (3-4) und (3-5) (und ggf. (3-6)) als Kriterien, an denen die *Adäquatheit der Definition* von m geprüft wird. Das bedeutet: Dort, wo für zwei Phänomene P_1 und P_2 noch direkt $g(P_1,P_2)$ oder $v(P_1,P_2)$ (bzw. $v(P_2,P_1)$) verifiziert („beobachtet“) werden kann, muß die Anwendung des Definiens von m das Resultat $m(P_1) = m(P_2)$ oder $m(P_1) < m(P_2)$ (bzw. $m(P_2) < m(P_1)$) erbringen.[3]

Die Meßgrößen, die eingeführt werden können ohne Bezugnahme auf andere Meßgrößen, werden *direkt operational definiert*. Bei einer direkt operational definierten Meßgröße m wird ihr Wert für ein Phänomen P nach einer Meßvorschrift gemessen, die besagt: Ein Gerät G, das mit einer Skala versehen ist, der Zahlen zugeordnet sind, ist zu P über eine Operation O in eine bestimmte Beziehung R zu setzen. Durch die so herbeigeführte räumliche Lage des Phänomens P zur Skala bzw. die Stellung eines beweglichen

Zeigers auf der Skala wird der Wert m(P) von m in Bezug auf P festgelegt. Der Leser denke nur an Längenmessungen mit einem Lineal oder an Temperaturmessungen mit einem Quecksilberthermometer. Doch sind die operationalen Definitionen von Größen wie „Länge", „Dauer" usw. hier nicht unser Thema. Dazu gibt es vollständig ausgearbeitete Theorien, auf die wir uns im folgenden stützen werden[4].

Wenn jemand mit einem Lineal die Länge eines Körpers mißt, so handhabt er Lineal und Körper genauso, wie er überhaupt mit Körpern umgeht, will er vor-metrisch untersuchen, ob sie gleichlang sind. Wenn jemand jedoch den Farbunterschied durch Unterschiede der Frequenz bzw. der Wellenlänge des Lichts mißt, so hat er dazu etwas völlig anderes zu tun, als wenn er qualitativ zwei Phänomene hinsichtlich ihrer Farben miteinander vergleicht. Die Größe „Länge" *quantifiziert* die Quasiordnung „gleichlang/länger als" *direkt*, während Licht- und Farbphänomene durch die Größen „Frequenz" bzw. „Wellenlänge" *indirekt* quantifiziert werden. Eine Größe quantifiziert eine Quasiordnung g/v direkt, wenn die Meßvorschrift zu prüfen vorschreibt, ob das Gerät G zum Phänomen P, das vermessen werden soll, in der Beziehung g(G,P) oder v(G,P) (bzw. v(P,G)) steht.

In der klassischen Physik werden nur die Quasiordnungen des Raumes, der Zeit und der Bewegung direkt quantifiziert, sie sind die eigentlichen *Beobachtungsgrößen* im engeren Sinne. Alle anderen Quasiordnungen werden indirekt quantifiziert. Eine Sonderstellung nehmen die Quasiordnungen der „Materie" ein. Es soll keineswegs bestritten werden, daß neben der Längen- und Dauermessung auch der Schwerevergleich physikalischer Körper auf Waagen anhand reproduzierbarer Gewichtssätze lange vor der experimentellen Physik der Neuzeit ein beachtliches technisches Niveau erreicht hatte, das der experimentellen Dynamik dann zugute kam. Aber es ist eine These der nachfolgenden Überlegungen, daß methodisch eine experimentelle Bewegungstheorie nicht darauf angewiesen ist, daß zuvor neben den räumlichen, zeitlichen und kinematischen Quasiordnungen zusätzlich erst noch die „Materiemenge" direkt quantifiziert wird[5]. Insbesondere quantifiziert die dynamische Größe „träge Masse" nicht die „Materiemenge", sondern ist eine theoretische Größe im Sinne unserer Überlegungen aus dem zweiten Kapitel. Die Schwere wird dann auf der Basis der Trägheitsmechanik als eine besondere Kraft („Gewicht"), also wiederum durch eine theoretische Größe quantifiziert.

3.2 Das Forschungsprogramm der Newtonschen Mechanik

Auf der Grundlage der im zweiten Kapitel angestellten allgemeinen Überlegungen zu wissenschaftlichen Forschungsprogrammen wollen wir uns nun einem der wichtigsten Forschungsprogramme der Physik zuwenden, nämlich dem Forschungsprogramm der klassischen Mechanik.

Wir gehen für die folgenden Erörterungen davon aus, daß die *Bewegungen physikalischer Körper* relativ zu einem geeigneten Bezugssystem quantitativ beschrieben werden durch die zeitabhängigen *Bahnfunktionen* $r(t)$[6]. Die Geschwindigkeiten v und die Beschleunigung b sind dann definiert als die erste und zweite Ableitung $\dot{r}$ und $\ddot{r}$ der Bahnen (genauer: der Bahnfunktionen) nach der Zeit.

Die Mechanik erforscht das Bewegungsverhalten physikalischer Körper unter wechselnden Rahmen- und variierten Anfangsbedingungen[7]. Sie legt dabei das Hauptaugenmerk darauf, wie sich die Bewegungen physikalischer Körper in charakteristischer Weise ändern, wenn die Rahmen- und Anfangsbedingungen verändert werden. Die Rahmenbedingungen sind in den „gebrauchsfertigen" (Dingler) Experimentierapparaturen fixiert, während die Anfangsbedingungen dadurch variiert werden, daß Teile der Versuchsapparatur geeignet verstellt werden. Man denke hier nur an das schon mehrfach erwähnte Beispiel von Fallexperimenten mit Kugeln auf einer schiefen Ebene.

Fallexperimente mit Kugeln auf einer schiefen Ebene sind nur ein Beispiel für die vielen Experimente zur Dynamik, bei denen sowohl die apparative Versuchsanordnung reproduziert als auch der jeweilige Versuch wiederholt werden können aufgrund einer *expliziten Beschreibung*, in der außer geometrischen und kinematischen Größen keine weiteren Größen der Physik, insbesondere nicht die Grundgrößen der Dynamik „Masse" und „Kraft" verwendet werden müssen. Daraus folgt – und das ist für die nachfolgende Rekonstruktion des Forschungsprogramms der klassischen Mechanik sehr wichtig –, daß für die experimentelle Dynamik im Prinzip an terminologischen Mitteln nicht mehr als die geometrischen und kinematischen Größen erforderlich sind[8].

Wendet man die Überlegungen aus 1.4 über die differentielle Form der Gesetzesaussagen einer Experimentaltheorie auf den Fall der Dynamik an, so sind in der Dynamik differentielle Bewegungsgesetze der Form

$$\Psi(r,\dot{r},\ddot{r},\ldots,x,y,z,t) = 0 \qquad (3\text{-}7)$$

aufzustellen. Warum mindestens die zweiten Ableitungen der Bahnen in den Bewegungsgleichungen auftreten, ist in 1.4 aus dem Konzept der experimentalistischen Kausalität begründet worden[9]. Eine Bewegungsgleichung der Art (3-7) gehört jeweils zu einer bestimmten, verstellbaren apparativen Versuchsanordnung. Die Lösungen einer solchen Bewegungsgleichung sind die verschiedenen Bahnen eines Körpers, die daraus resultieren, daß die Versuchsanordnung jeweils anders eingestellt wird („Variation der Anfangsbedingungen").

Bewegungsgleichungen in der Form (3-7) haben allerdings zwei entscheidende Nachteile:

Erstens wird in der Regel relativ zu derselben apparativen Versuchsanordnung das Bewegungsverhalten *verschiedener* Körper untersucht. Es ist leicht zu verifizieren, daß sich zwei verschiedene physikalische Körper unter sonst gleichen apparativen Rahmenbedingungen durchaus verschieden bewegen und sich ihr Bewegungszustand bei gleicher Variation der Anfangsbedingung sehr unterschiedlich ändern kann. Daher müßte man ein und derselben Versuchsanordnung für jeden Körper eine andere Bewegungsgleichung zuordnen, da in (3-7) ja keine Größe vorkommt, die das unterschiedliche Bewegungsverhalten der verschiedenen Körper unter sonst gleichen Rahmenbedingungen quantifiziert.

Zweitens soll aus der Kenntnis des Bewegungsverhaltens von Körpern unter bestimmten Bedingungen das Bewegungsverhalten derselben und anderer Körper unter anderen Bedingungen *vorausgesagt* werden können. Haben Bewegungsgleichungen die Form (3-7), so können aus ihnen Prognosen der verlangten Art gar nicht gewonnen werden.

Um von vornherein den Umstand zu berücksichtigen, daß mit verschiedenen Körpern unter sonst gleichen Rahmenbedingungen experimentiert wird, wird die Grundgleichung mit zwei theoretischen Größen formuliert. Die eine, vektorielle Größe „Kraft" (im folgenden durch „$\boldsymbol{F}$" abgekürzt) wird jeweils einer explizit geometrisch-kinematisch beschriebenen Versuchsanordnung zugeordnet. Die andere, skalare Größe „träge Masse" (im folgenden durch „m" abgekürzt) kommt dem jeweiligen Körper zu, dessen Bewegung unter der entsprechenden Versuchsanordnung analysiert wird. Die Bahnfunktionen (Verlaufsfunktionen der Bewegungen) sind Lösungen einer Differentialgleichung, die man erhält, indem man in die Grundgleichung

(3-8) $\mathrm{m}\,\ddot{\boldsymbol{r}} = \boldsymbol{F}(\boldsymbol{r}, \dot{\boldsymbol{r}}, \mathrm{t})$

den Wert der trägen Massen des Körpers, dessen Bewegungsverhalten untersucht werden soll, und den Wert der Kraftfunktion für die entsprechende Versuchsanordnung einsetzt. Der erste der oben angeführten Nachteile von Bewegungsgleichungen der Form (3-7) ist mit der Grundgleichung (3-8) bereits behoben.

Um der Theorie eine Form zu geben, die es zuläßt, aus dem Bewegungsverhalten bestimmter Versuchsanordnungen das Bewegungsverhalten daraus zusammengesetzter komplexerer Systeme zu prognostizieren, müssen für die Größen „träge Masse" und „Kraft" Prinzipien der Wirkungsüberlagerung aufgestellt werden. Für die Größe „Kraft" ist dies, wie schon erwähnt, das Prinzip der linearen Superposition für Kräfte:

(3-9) Gehören zu den Versuchsklassen $\{V_1\}, \ldots, \{V_n\}$ die Kraftterme $\boldsymbol{F}_1, \ldots, \boldsymbol{F}_n$, so hat der Kraftterm $\boldsymbol{F}$ für die zusammengesetzte Versuchsklasse $\{V\} = \{\Sigma\{V_i\}\}$ den Wert:

$$F = \sum_{i=1}^{n} \boldsymbol{F}_i.$$

Das Prinzip der Wirkungsüberlagerung für die Größe „träge Masse" ist die Additivität der trägen Masse, verbunden mit dem Zusatz, daß „träge Masse" keine Relation ist, sondern eine „Eigenschaft", die den Körpern – hierin vergleichbar dem Volumen – unabhängig von ihrer Umgebung zukommen soll:

(3-10) Relativ zu den verschiedenen Randbedingungen haben die verschiedenen Körper K_i stets dieselbe träge Masse m_i, und die träge Masse m eines aus den K_i ($1 \leq i \leq n$) zusammengesetzten Systems beträgt

$$m = \sum_{i=1}^{n} m_i .$$

Bewegungen eines Körpers mit der trägen Masse m unter reproduzierbaren Versuchsbedingungen werden damit insgesamt beschrieben durch die Lösungen von differentiellen Bewegungsgleichungen der Form

(3-11) $$m\ddot{\boldsymbol{r}} = \sum_{i=1}^{n} \boldsymbol{F}_i(\boldsymbol{r}, \dot{\boldsymbol{r}}, t).$$

In Gleichung (3-8) kommen die beiden theoretischen Größen „träge Masse" und „Kraft" vor, und das scheint in Widerspruch dazu zu stehen, daß durch eine Grundgleichung jeweils nur eine theoretische Größe explizit definiert werden soll und kann. Daß hier in Wirklichkeit jedoch kein weiteres Problem besteht, kann man sich schnell klarmachen: Den beiden Größen „träge Masse" und „Kraft" liegt *dieselbe experimentelle Invariante* zugrunde, nämlich das Verhältnis der Beschleunigungen zweier Körper. Betrachten wir eine Versuchsklasse $\{V\}$ von mechanischen Bewegungsexperimenten: Die Versuche aus dieser Klasse können sich dadurch unterscheiden, daß erstens mit unterschiedlichen Körpern experimentiert wird und/oder zweitens unter unterschiedlichen apparativen Rahmenbedingungen experimentiert wird. Die erste Variationsmöglichkeit wird quantifiziert durch die Größe „träge Masse", die zweite durch die Größe „Kraft". Experimentiert man mit verschiedenen Körpern unter sonst gleichen Rahmenbedingungen, so hat die Größe „Kraft" stets denselben Wert, und aus (3-8) folgt sofort, daß das Verhältnis der Beschleunigungen zweier Körper ihrem umgekehrten Massenverhältnis entspricht. Werden nun die Rahmenbedingungen auch variiert, nimmt also die Größe „Kraft" unterschiedliche Werte an, so ist wegen (3-10) das Verhältnis der Beschleunigungen zweier Körper unter dem Einfluß derselben Kraft eine von der Variation der Kräfte unabhängige experimentelle Invariante, die gleich ist dem umgekehrten Massenverhältnis der beiden Körper. Insgesamt gilt also der folgende Satz:

(3-12) Das Verhältnis der Beschleunigungen zweier Körper unter sonst gleichen Versuchsbedingungen ist innerhalb derselben Versuchsklasse mechanischer Bewegungsexperimente eine experimentelle Invariante, deren Wert per definitionem gleich ist dem umgekehrten Verhältnis der trägen Massen der beiden Körper.

(3-12) enthält den entscheidenden Hinweis für die Experimentatoren: Sie haben Versuchsklassen so zu präparieren, daß (3-12) erfüllt ist. In Versuchen unter sonst gleichen Rahmenbedingungen können sie dann zunächst das Massenverhältnis von Körpern experimentell bestimmen, anschließend aus $m\,\boldsymbol{b} = \boldsymbol{F}$ die unterschiedlichen Rahmenbedingungen durch unterschiedliche Werte für die Größe „Kraft" quantifizieren. Damit sind wir schon bei den *Anwendungsregeln* für das Forschungsprogramm der klassischen Mechanik.

(3-13) $\{V_o\}$ ist eine Klasse von mechanischen *Grundversuchen*, für die das Verhältnis der Beschleunigungen zweier Körper unter sonst gleichen Rahmenbedingungen eine von der Variation dieser Rahmenbedingungen unabhängige experimentelle Invariante ist, so daß für $\{V_o\}$ eine darstellende Bewegungsgleichung der Form (3-8) aufgestellt werden kann, deren Lösungen die Bahnen der in $\{V_o\}$ bewegten Körper sind.

(3-14) Die Klasse $\{V_n\}$ mit $n > 0$ wird als Zusammensetzung der schon analysierten Klassen $\{V_0\}, \ldots, \{V_{n-1}\}$ analysiert und ihr entsprechend die Bewegungsgleichung

$$m\,\ddot{\boldsymbol{r}} = \sum_{i=0}^{n-1} \boldsymbol{F}_i(\boldsymbol{r}, \dot{\boldsymbol{r}}, t) = \boldsymbol{F}_n$$

nach (3-9) zugeordnet; nur wenn dieses Vorgehen mißlingt, wird $\{V_n\}$ wie $\{V_o\}$ behandelt.

Die *Exhaustionsregel* des Forschungsprogramms der klassischen Mechanik stützt sich ganz wesentlich auf das Prinzip der linearen Superposition für Kräfte und ist folgendermaßen zu formulieren:

(3-15) Bei signifikanter und reproduzierbarer Abweichung der Meßergebnisse von den Meßwerten, die aus den nach (3-13) und (3-14) bisher aufgestellten Kraftgesetzen (Bewegungsgleichungen) und ihren logisch-mathematischen Implikaten berechnet werden, wird eine Störhypothese eingeführt, derzufolge noch nicht identifizierte oder ungenügend analysierte Umstände die Abweichung bewirken. Es wird versucht, die störenden Umstände durch geeignete Versuchsanordnungen und deren planmäßige Variation zu identifizieren und sie nach (3-13) und (3-14) durch einen Kraftterm $\boldsymbol{F}_s$ so zu beschreiben, daß durch additive Hinzufügung von $\boldsymbol{F}_s$ in den entsprechenden Bewegungsgesetzen die Abweichungen von den bisher aufgestellten Kraftgesetzen berechnet und erklärt werden können.

Wir wollen die Regeln noch an Beispielen erläutern. Angenommen, Physiker bestimmen das Massenverhältnis zweier Kugeln K_1 und K_2 in einem Stoßversuch (siehe weiter unten). Nehmen wir weiter an, die Physiker würden anschließend das erste Mal Versuche an der Atwoodschen Fallmaschine machen. Sie nehmen einen dritten Körper K_3 und hängen K_1 und K_3 an den Enden des über die freihängende Rolle gelegten Seils auf. Anschließend wiederholen sie den Versuch, wobei K_2 nun anstelle von K_1 an das Seil aufgehängt wird (siehe die schematische Zeichnung)[10].

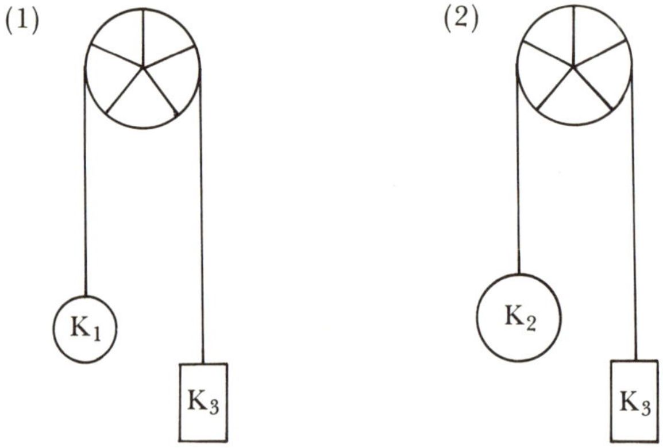

Die Physiker könnten ohne weiteres der Meinung sein, es handele sich um Versuche mit K_1 und K_2 unter dynamisch gleichen Rahmen- und Anfangsbedingungen. Doch würden die Physiker feststellen, daß das Verhältnis der Beschleunigungen von K_1 und K_2 bei den Versuchen an der Atwoodschen Fallmaschine nicht übereinstimmt mit ihrem durch Stoßversuche bestimmten Massenverhältnis. Scheinbar ist (3-12) verletzt. Doch können die Physiker (3-12) nach den Regeln (3-13) bis (3-15) exhaurieren, indem sie die „Störhypothese" formulieren, in Versuch (1) lägen in Bezug auf K_1 andere dynamische Bedingungen vor als in Versuch (2) in Bezug auf K_2, und zwar sei die Kraft, die auf K_1 wirkt, bestimmt durch die Differenz (Prinzip der linearen Superposition) der Gewichte (Kraft) von K_1 und K_3, die im Versuch (2) auf K_2 wirkende Kraft dagegen durch die Differenz der Gewichte von K_2 und K_3. Die beiden Versuche (1) und (2) beträfen gar nicht den in (3-12) behaupteten Sachverhalt. Wie wir aus der Physik wissen, ist diese exhaurierende Hypothese hoch bewährt.

Nach dem Forschungsprogramm der klassischen Mechanik gibt es *nicht das* Verfahren zur Bestimmung träger Massen, demgegenüber alle anderen Verfahren die Massen von Körpern indirekt bestimmen würden. Jede Experimentieranordnung eignet sich in gleicher Weise zur experimentellen Massenbestimmung, und jedes Verfahren mißt träge Massen direkt. Nach (3-13) muß mit einer bestimmten Klasse von Versuchen begonnen werden. Historisch gesehen nahm die Massenbestimmung zweifellos ihren Anfang mit *Waagen.* Nachdem die neuzeitliche Dynamik erst einmal ein Stück weit in Gang gekommen war, folgten dann sehr schnell weitere Verfahren, vor allem *Stöße.*

Die Geschichte der Waagen zeigt unzweideutig, daß man Waagen bauen und verwenden kann, ohne das Forschungsprogramm der neuzeitlichen Dynamik auch nur zu kennen. Es wird also bei der Massenmessung auf Waagen nicht die Newtonsche Mechanik „vorausgesetzt", wie es höchst unklar im Konzept der T-Theoretizität heißt[11], wohl aber muß erwartet werden, daß sich Meßresultate auf der Waage bei anderen Versuchen wiederfinden lassen, denn wegen (3-10) und (3-12) gilt:

(3-16) Wenn auf Waagen das Massenverhältnis zweier Körper bestimmt wird, so muß dieses Massenverhältnis übereinstimmen mit dem umgekehrten Beschleunigungsverhältnis der betreffenden Körper, das in den verschiedenen anderen dynamischen Versuchsklassen als experimentelle Invariante gemessen wird.

Wir wissen, daß (3-16) hinreichend erfüllt ist. Aber nehmen wir einmal an, das wäre nicht der Fall. Wieder bliebe den Experimentatoren und Theoretikern ein großer Spielraum, welchen Schluß sie aus der Verletzung von (3-16) ziehen sollen: Sie könnten für die Versuchsklassen, für die (3-16) verletzt ist, das auf der Waage bestimmte Massenverhältnis nach (3-15) zu exhaurieren versuchen. Sie könnten aber auch den Schluß ziehen z.B., daß bei Gleichgewicht der Waage mit zwei Körpern K_1 und K_2 auf den Waagschalen keineswegs die auf K_1 und K_2 wirkenden Kräfte $\boldsymbol{F}_1$ und $\boldsymbol{F}_2$ die Beziehung $|\boldsymbol{F}_1| = |\boldsymbol{F}_2|$ erfüllten und somit Körper im Gleichgewicht auf der Waage auch gar nicht massengleich seien. Sie müßten die Kräfte, die bei Waagen wirksam sind, anders bestimmen, und möglicherweise würden Waagen nicht mehr verwendet, um träge Massen, also dynamisch relevante Größen zu bestimmen. Die Definition des Gleichgewichtszustands an der Waage als Kräftegleichheit ist eine Festsetzung, die erst eine *nachträgliche Rechtfertigung* darin findet, daß sich (3-16) *prognostisch bewährt.*

Wenden wir uns nun dem Stoß zu[12]. Bereits im Alltag erfahren wir, daß durch Stöße der Bewegungszustand von Körpern geändert wird. *Wenn* Stoßversuche nun eine *eigenständige, von anderen unabhängige mechanische Versuchsklasse* darstellen, so muß nach (3-12) das Beschleunigungsverhältnis der stoßenden Körper, also das Verhältnis der Differenzen der Geschwindigkeiten vor und nach dem Stoß eine experimentelle Invariante sein. Welche Anfangsbedingungen lassen sich außer der Wahl der stoßenden Körper beim Stoß noch variieren? Hier sind in erster Linie die Anfangsgeschwindigkeiten der stoßenden Körper noch frei variierbar. Damit nimmt (3-12) für den Stoß die Form an:

(3-17) Bei Stoßvorgängen ist das Verhältnis der durch den Stoß bewirkten Geschwindigkeitsänderungen der stoßenden Körper eine von ihrer Anfangsgeschwindigkeit unabhängige Konstante, die gleich ist dem umgekehrten Verhältnis ihrer trägen Massen.

Schon aus (3-17) ergibt sich für inelastische Stöße, daß es geschickter ist, statt einer Bewegungsgleichung (3-8) den Satz zu formulieren, daß die Impulse der stoßenden Körper (ihrem Betrage nach) erhalten bleiben. Betrachtet man noch die Richtungen der Geschwindigkeiten nach dem Stoß in Abhängigkeit von den Richtungen vor dem Stoß, so ist das Gesetz (darstellende Gleichung) für zentrale inelastische Stöße der klassische Impulserhaltungssatz. Zugleich haben wir hier ein Beispiel dafür, daß über die beiden Grundgrößen „träge Masse" und „Kraft" hinaus eine weitere theoretische Größe eingeführt wird, weil sie die experimentelle Invariante einer wichtigen Versuchsklasse ist.

Mit dieser rein methodologischen Betrachtung des Impulserhaltungssatzes soll nicht seine apriorische Geltung behauptet werden. In (3-17) ist lediglich ausformuliert, was aus den methodologischen Vorschriften des Forschungsprogramms der klassischen Mechanik für Stöße folgt, und das ist nur eine *bedingte* Geltung von (3-17): *Wenn Stoßvorgänge, im kategorialen Rahmen der klassischen Mechanik beschrieben, sich als eigenständige Versuchsklasse von anderen Versuchsklassen isolieren lassen, dann muß (3-17) erfüllt sein.* Damit ist aber keineswegs gesichert, daß (3-17) von den Experimentatoren auch tatsächlich im Labor und in allen Geschwindigkeitsbereichen hinreichend genau realisiert werden kann. Es ist durchaus denkbar, daß Stoßvorgänge im Labor trotz aller Bemühungen nicht nach (3-17) ablaufen. Nichts zwingt die Experimentatoren zudem dazu, (3-17) unbedingt zu exhaurieren. Nur Dingler war der Meinung, (3-17) sei für die Dynamik methodisch unverzichtbar und müsse daher in jedem Falle exhauriert werden. Wir kommen darauf zurück. Fortgesetzte experimentelle Fehlschläge, (3-17) im Labor hinreichend genau zu realisieren oder zumindest durch die Annahme weiterer superponierter Kräfte zu exhaurieren – damit wird die Annahme fallengelassen, Stoßvorgänge ließen sich als eigenständige Klasse von anderen mechanischen Vorgängen isolieren –, können bei einem so wichtigen und leicht reproduzierbaren Vorgang wie dem Stoß sogar viel eher zum Anlaß werden, ernsthaft eine Revision des ganzen Forschungsprogramms überhaupt in Erwägung zu ziehen. Wir kommen darauf im vierten Kapitel wieder zurück.

3.3 Der Übergang zur Analytischen Mechanik

Schon zu Newtons Zeiten wurde die Physik mehr als „irdische“ Laboratoriumsphysik denn als (astronomische) Observatoriumsphysik betrieben. Für die Eigenheiten der im Labor untersuchten Systeme hat allerdings die Newtonsche Mechanik, vor allem die Grundgleichung (3-11) noch nicht die optimale Form. Mit den sogenannten *Analytischen Mechaniken* wird die Newtonsche Mechanik so fortentwickelt, daß sie den Eigenheiten und Erfordernissen einer Laboratoriumsphysik besser gerecht wird als die an der Astronomie orientierte ursprüngliche Fassung der Mechanik bei Newton. Gleichwohl bleibt die Newtonsche Mechanik ohne Zweifel die methodische Grundlage der Analytischen Mechaniken. Wir wollen zum Abschluß unserer Betrachtungen zur klassischen Mechanik die These zu begründen versuchen, *daß die Analytische Mechanik die Laboratoriumsversion der Newtonschen Mechanik ist.*

Für die Newtonsche Mechanik sind Kräfte wie die allgemeine Gravitation oder die Schwerkraft der Erde kennzeichnend. Diese Kräfte zeichnen sich dadurch aus, daß sie nicht erst durch ein geschicktes experimentelles Design im Labor „erzeugt“ werden müssen. Diese Kräfte sind „von Natur aus“ vorhanden und wirken auf alle physikalischen Körper, es sei denn, die physikalischen Körper oder Systeme werden ganz oder teilweise gegen diese Kräfte isoliert. Die Isolation mechanischer Systeme gegen von „außen“ angreifende Kräfte geschieht nun gerade im Labor, indem Apparate benutzt werden, deren begrenzende Flächen das System S „zwingen“, trotz der „Anwesenheit“ der freien („äußeren“) Kräfte sich auf Bahnen entlang der Führungen der Apparateflächen zu bewegen. Das mechanische System S wird an eine apparative Versuchsanordnung *gebunden*, wodurch den Bewegungen von S *Nebenbedingungen* auferlegt werden, die die freien Kräfte ohne den Versuchsapparat an sich nicht erzwingen könnten. Diese Experimentieranordnung ist gerade so eingerichtet, daß den Bewegungen eines Systems die Erfüllung der Nebenbedingungen abverlangt wird. Verletzen die Bewegungen die Nebenbedingungen, so gilt die Versuchsanordnung als *gestört.*

Sind durch die Versuchsapparatur dem zu untersuchenden mechanischen System Nebenbedingungen N auferlegt, so genügen die Bahnen $\boldsymbol{r}$ des mechanischen Systems S mit der Masse m und die freien Kräfte $\boldsymbol{F}_i$ nur noch der Ungleichung

$$(3\text{-}18) \qquad N(S) \rightarrow m\,\ddot{\boldsymbol{r}} \neq \sum_{i=0}^{n} \boldsymbol{F}_i$$

Nach (3-18) wird ein Teil der Wirkung der freien Kräfte nicht in Bewegungen des Systems S umgesetzt. Nach dem Prinzip der linearen Superposition kann die Summe der freien Kräfte zerlegt werden in einen Teil $\boldsymbol{F} = m\ddot{\boldsymbol{r}}$, der sich als Bewegung von S äußert, und einer restlichen Kraft $\boldsymbol{R}$, die durch eine Gegenkraft $\boldsymbol{Z} = -\boldsymbol{R}$ daran gehindert wird, am System S eine entsprechende Bewegung hervorzurufen. Da am ungebundenen System S (3-18) in die entsprechende Gleichung übergeht, muß die Zwangskraft ihren „Ursprung" in der Versuchsanordnung haben, durch die der Bewegung von S die Nebenbedingungen N „aufgezwungen" werden. Die „Newtonsche" Bewegungsgleichung eines unter Nebenbedingungen stehenden Systems, an dem freie Kräfte angreifen, hat daher die Form

$$(3\text{-}19) \qquad N(S) \rightarrow m\,\ddot{\boldsymbol{r}} = \sum_{i=0}^{n} \boldsymbol{F}_i + \boldsymbol{Z}$$

Die Frage, wie sich ein System S mit der trägen Masse m unter dem Einfluß freier Kräfte bewegt, falls es durch die Versuchsanordnung an bestimmte Nebenbedingungen N gebunden ist, wird in der Newtonschen Mechanik durch Integration der Gleichung (3-19) beantwortet. (3-19) ist daher die typische Bewegungsgleichung für mechanische Systeme unter Laborbedingungen.

(3-19) ist nur integrierbar, falls sowohl die Terme für die freien Kräfte als auch die Terme für die Zwangskräfte bekannt sind. Bekannt sind jedoch vorab nur die freien Kräfte, denn die Zwangskräfte sind definiert als die „Kräfte, die sekundär als Gegenwirkung einer primären Kraft auftreten"[13]. Damit sind die Zwangskräfte definiert als die Kräfte, die sich, ohne daß freie Kräfte von „außen" auf das System S einwirken, gar nicht bemerkbar machen, die also insbesondere von sich aus das System S nicht in Bewegung setzen oder seinen Bewegungszustand verändern (beschleunigen). Wenn aber freie Kräfte an dem System angreifen, so „bindet" die Zwangskraft einen Teil der Wirkung der freien Kräften, so daß die Bahnen von S bestimmte Bedingungen erfüllen. Die eigentliche Wirkung der Zwangskraft ist also die Einhaltung der Nebenbedingungen, die den Experimentatoren vor Beginn des Bewegungsexperiments schon bekannt sind. (3-19) bzw.

$$(3\text{-}20) \qquad N(S) \rightarrow \boldsymbol{Z} = m\,\ddot{\boldsymbol{r}} - \sum_{i=0}^{n} \boldsymbol{F}_i$$

ist die Definition der Zwangskraft, die anders als über Bewegungsexperimente mit dem mechanischen System S unter der Einwirkung der freien Kräfte nach (3-20) nicht ermittelt werden kann.

Das der Mechanik gesetzte Ziel, alle Bewegungen aus den Wirkungen möglichst weniger superponierter Grundkräfte zu erklären und vorherzusagen, scheint jetzt gefährdet zu sein, lassen sich doch durch einen entsprechenden Aufbau des Versuchs sehr viele verschiedene Nebenbedingungen in die Versuchsanordnungen einbauen, so daß selbst bei wenigen freien Grundkräften im ungünstigsten Fall so viele zusätzliche und wegen (3-20) aus den Grundkräften nicht herleitbare Zwangskräfte zur Erklärung der Bahnen herangezogen werden müßten, wie sich im Labor Nebenbedingungen variieren lassen.

Bewegungsgleichungen in der „Newtonschen“ Form (3-20) sind also für die Darstellung von Laborsystemen denkbar ungeschickt gewählt. Somit stellt sich die Aufgabe, der differentiellen Bewegungsgleichung für Laborsysteme eine solche Form zu geben, daß sie allein aufgrund der Kenntnis der wenigen „freien“ Kräfte und der Nebenbedingungen aufgestellt werden kann. Die Lösung dieser Aufgabe führt von der Newtonschen zur Analytischen Mechanik.

Auch in der Analytischen Mechanik bleibt (3-8) in Gestalt der Gleichung (3-19) bzw. (3-20) weiterhin in Geltung, damit bleibt nach (3-12) das Verhältnis der Beschleunigungen die fundamentale experimentelle Invariante, und somit sind schließlich „träge Masse“ und „Kraft“ weiterhin die beiden theoretischen Grundgrößen. Aber man sucht in der Analytischen Mechanik eine mathematische Transformation der Gleichung (3-20), durch die die Kraftterme für die Zwangskräfte verschwinden.

In einem Lehrbuch der klassischen Mechanik lesen wir von der „Erfahrung, daß Zwangsflächen, Achsen, Fäden, Stangen usw. ein System nicht aufschaukeln oder beschleunigen, d.h. keine Zwangsarbeit leisten – es sei denn, sie werden durch Motoren oder andere Antriebe bewegt, ... Wenn die mit den Nebenbedingungen verträglichen Verschiebungen jedoch unendlich schnell erfolgen oder t = const gesetzt wird, so können auch diese Systeme keine Zwangsarbeit verrichten, die virtuelle Arbeit ist gleich Null“[14]. Es wird also vorgeschlagen, die wirkliche Lage $\boldsymbol{r}_0$ des Systems zu einem Zeitpunkt t_0 zu vergleichen mit anderen (aber nicht wirklich eingenommenen) Lagen $\boldsymbol{r}_0 + \delta\boldsymbol{r}$, die das System zum Zeitpunkt t_0 auch hätte einnehmen können, ohne die Nebenbedingungen zu verletzen. In den virtuellen Verrückungen sind die Informationen über die Nebenbedingungen gewissermaßen enthalten. Nun macht man „die Erfahrung“, wie es in dem Lehrbuch heißt, daß die virtuelle Arbeit der Zwangskräfte Null wird. Diese Behauptung ist als d'Alembertsches Prinzip bekannt. Nach dem d'Alembertschen Prinzip ist die Gleichung (3-20) mit dem Term δr der virtuellen Verrückungen zu multiplizieren, damit die Terme der Zwangskräfte verschwinden. Auf diese Weise geht die Bewegungsgleichung (3-20) über in die Gleichung

$$(3\text{-}21) \qquad (m\,\ddot{\boldsymbol{r}} \rightarrow \sum_{i=0}^{n} \boldsymbol{F}_i)\,\delta\boldsymbol{r} = 0.$$

In dem Zitat kann mit „Erfahrung“ jedenfalls nicht gemeint sein „wiederholbares Ergebnis von Messungen“. Denn um das d'Alembertsche Prinzip direkt nachzumessen, müßten ja die Terme für die Zwangskräfte bekannt sein. Diese Terme jedoch kennt man in aller Regel nicht und ist an ihrer expliziten Gestalt auch gar nicht interessiert. Schließlich benutzt man das d'Alembertsche Prinzip genau dazu, ihre Kenntnis für die Aufstellung der Bewegungsgleichungen überflüssig zu machen. Weiter mag an dem Zitat auffallen, daß entgegen der These von der empirischen Bestätigung, daß Zwangskräfte ein System nicht beschleunigen oder aufschaukeln, dieser Sachverhalt nach den angestellten Überlegungen zur Definition der Zwangskraft gehört und schließlich in die definierende Gleichung (3-20) mündet.

Man könnte folgende Überlegung zur Begründung des d'Alembertschen Prinzips anstellen: Die Zwangskräfte bewirken per definitionem, daß die Bewegungen längs der Zwangsführungen und auf den Führungsflächen verlaufen, an die das zu untersuchende System durch die Versuchsanordnung gebunden ist. Doch ist der Schluß, daß die Zwangskräfte deshalb senkrecht zu den Führungsflächen und daher senkrecht zu den Bewegungsrichtungen wirken müssen, trotzdem nicht allgemein begründbar, mag er auch in vielen Fällen richtig sein[15].

Vor allem gibt es jedoch das Gegenbeispiel von Zwangskräften, die „sekundär als Gegenwirkung einer primären Kraft auftreten", die zu sogenannten nicht-holonomen, also geschwindigkeitsabhängigen Nebenbedingungen führen, bei denen die Zwangsarbeit keineswegs Null wird. Das wichtigste Beispiel sind die Reibungskräfte. Ist damit das d'Alembertsche Prinzip schon falsifiziert? Ein drittes Lehrbuch fügt unmittelbar an die Formulierung des d'Alembertschen Prinzips den Satz an: „Dabei sehen wir entweder von Reibung ab, oder wir rechnen die Reibungskräfte zu den äußeren Kräften"[16]. Der zuletzt zitierte Satz beinhaltet natürlich nichts anderes als eine Exhaustion des d'Alembertschen Prinzips, und er macht auch die Grundlage der Exhaustion sehr transparent: Die Zwangskräfte sind Teil des Systems S', das sich zusammensetzt aus dem sich bewegenden Teilsystem S und allen weiteren apparativen Vorrichtungen, soweit sie zur Zwangsführung der Bewegungen von S dienen. An dem System S' greifen die „äußeren", freien Kräfte an, die nicht zum System S' dazugerechnet werden. Wie das Exhaustionsargument für das d'Alembertsche Prinzip aus dem Lehrbuch unmißverständlich klar macht, bleibt den Physikern ein Spielraum, was sie zu dem physikalischen System dazurechnen wollen und was nicht, wie sie den Schnitt zwischen System und Umgebung des Systems im einzelnen legen wollen. Sie legen den Schnitt u.a. so, daß Zwangskräfte nur dann zum System S' dazugehören, wenn ihre virtuelle Arbeit Null wird. Letztlich wird damit das d'Alembertsche Prinzip zu einem Teil der Definition von „Zwangskraft" gemacht.

Man kann sich die Exhaustion auch folgendermaßen verdeutlichen: Für ein System S', bei dem ein Teilsystem S unter der Wirkung freier Kräfte $\boldsymbol{F}_i$ sich auf der Bahn $\boldsymbol{r}(t)$ bewegt und von den übrigen Teilen von S' zur Einhaltung bestimmter Nebenbedingungen gezwungen wird, wird die dann nicht verschwindende Differenz

$$m\,\ddot{\boldsymbol{r}} - \sum_{i=1}^{n} \boldsymbol{F}_i$$

zerlegt in zwei Bestandteile $\boldsymbol{Z}$ und $\boldsymbol{F}_a$. $\boldsymbol{Z}$ ist der Teil, der keine virtuelle Arbeit leistet. Er wird als Zwangskraft dem System S' zugeordnet. In vielen Fällen wird bei diesem Verfahren der Anteil $\boldsymbol{F}_a = 0$, denn die aus (3-21) folgende Bewegungsgleichung bewährt sich für das System S' prognostisch. Bewährt sich die Bewegungsgleichung nicht, so wird $\boldsymbol{F}_a$ ungleich Null gesetzt, also das Wirken einer weiteren Kraftkomponente angenommen, die dann als „äußere" Kraft nicht mehr zum System S' gerechnet wird.

Die für Systeme mit Nebenbedingungen spezialisierte Newtonsche Grundgleichung (3-11) mit Hilfe des d'Alembertschen Prinzips in die Gleichung (3-21) zu transformieren, bringt den großen Vorteil mit sich, daß nun die Kenntnis der beteiligten trägen Massen, die Kenntnis weniger, explizit durch Kraftfunktionen dargestellter „freier" Grundkräfte und schließlich die Kenntnis der Nebenbedingungen bereits ausreichen, um die Bewegungsgleichungen für eine sehr große Zahl experimentell reproduzierbarer Systeme *prognostisch* aufstellen zu können. Erst mit der Einführung des Begriffs der Zwangskraft und mit der zusätzlichen Annahme des d'Alembertschen Prinzips wird es möglich, die Anzahl der unabhängigen Grundkräfte entscheidend zu minimieren[17], und doch gleichzeitig eine fast unübersehbare Vielfalt mechanischer Systeme vorherzusagen. Darin liegt die überragende Leistung des d'Alembertschen Prinzips und der Analytischen Mechanik.

3.4 Ein historisch orientierter Exkurs zum Energieerhaltungssatz

Wir wollen noch einmal auf die Behandlung der Reibung im Rahmen der klassischen Physik zurückkommen. Bei reibungsbehafteten physikalischen Systemen ist der Energieerhaltungssatz scheinbar verletzt. Bei reibungsbehafteten Systemen, das darf sofort daraus geschlossen werden, sind also kausal relevante Umstände im Spiel, die erst noch nach den Exhaustionsregeln des Forschungsprogramms der Mechanik zu analysieren sind. Eine geradezu klassich zu nennende Anwendung des Exhaustionsverfahrens auf die Reibungsphänomene findet sich in der Arbeit „Bemerkungen über die Kräfte in der unbelebten Natur", in der Julius Robert Mayer zum ersten Mal explizit den Energieerhaltungssatz formuliert und begründet hat. Wir wollen in einer kurzen Analyse der Arbeit von Mayer die fruchtbare Anwendung der Exhaustion im Rahmen des Forschungsprogramms der Mechanik analysieren.

In den Jahren zwischen 1842 und 1847, beginnend mit dem Aufsatz des Heilbronner Arztes Julius Robert Mayer „Bemerkungen über die Kräfte der unbelebten Natur" und endend mit dem Aufsatz des Berliner Arztes, Physiologen und Physikers Hermann von Helmholtz „Über die Erhaltung der Kraft", haben mehrere Naturforscher, Physiker, Ingenieure und Ärzte, zum Teil unabhängig voneinander, den Energieerhaltungssatz aufgestellt. Thomas Kuhn erwähnt in einer Studie über die Geschichte des Energieerhaltungssatzes[18] nicht weniger als zwölf Forscher, die „selbständig innerhalb einer kurzen Zeitspanne wesentliche Teile des Begriffs der Energie und der Energieerhaltung erfaßten"[19]. Der Energieerhaltungssatz lag also damals gewissermaßen „in der Luft", und dafür macht Kuhn vor allem drei Faktoren verantwortlich: „die Naturphilosophie", „die Verfügbarkeit von Umwandlungsvorgängen" und „die Beschäftigung mit Maschinen".

In der ersten Hälfte des 19. Jahrhunderts konzentrierte sich das Interesse der Physiker zunehmend auf *Umwandlungsvorgänge*, also darauf, wie mechanische, optische, magnetische, elektrische und nicht zuletzt thermische Vorgänge miteinander wechselwirken. Man betrachtete also physikalische Systeme S_1, S_2, ..., die durch ganz verschiedene physikalische Parameter m_1, m_2, ... charakterisiert sind. Treten zwei solcher Systeme in Wechselwirkung miteinander, so ruft jedes System, indem es sich selbst verändert, auch am anderen System jeweils eine Veränderung hervor. Die Veränderungen an zwei miteinander wechselwirkenden Systemen S_i und S_j werden quantitativ beschrieben als Veränderungen Δm_i und Δm_j der jeweiligen Systemparameter m_i und m_j. Nun ist es möglich, die Wechselwirkungen zwischen den Systemen durch Gesetze der Form

$$\Delta m_i = \Psi(\Delta m_j)$$

zu beschreiben, was auch im ersten Drittel des 19. Jahrhunderts geschehen ist. Aber bei dieser Vorgehensweise hätte man für jede Wechselwirkung ein anderes Gesetz zwischen ganz verschiedenen Größen aufstellen müssen. Dies widersprach dem Geist der *romantischen Naturphilosophie*, die von dem Gedanken beherrscht war, daß hinter den verschiedenen Naturerscheinungen ein und dieselbe „Kraft" stünde, die die Erscheinungen in der Natur miteinander verbinden und ihre wechselseitige Umwandelbarkeit bewirken würde. Die Naturphilosophie drängte also dahin, die verschiedenen Umwandlungsvorgänge zu beschreiben als Änderungen *ein und derselben Größe*. Diese Idee läßt sich sofort in eine methodologische Direktive für die Theoriebildung umformulieren: Für jedes System S_i wird mittels des Systemparameters m_i (und möglicherweise noch weiterer Größen) eine Größe

(1) $e_i = \Phi_i(m_i)$

explizit definiert, so daß für zwei Systeme S_i und S_j gilt:

(2) e_i ist dimensionsgleich mit e_j.

Außerdem soll gelten:

(3) Die Systeme wechselwirken genau dann miteinander, wenn sich die Größen e_i und e_j ändern.

Da mit den Größen e_i, e_j usw. die kausalen Wechselwirkungen quantitativ beschrieben werden sollen, liegt es nahe, die kausale Abgeschlossenheit wechselwirkender Systeme durch den Grundsatz „causa aequat effectum", also durch den Satz zu bestimmen:

(4) Bei der Wechselwirkung der Systeme gilt $de_i = -de_j$, mithin ist $e_i + e_j$ bei der Wechselwirkung eine Erhaltungsgröße.

Eine Erhaltungsgröße zu definieren, die den Bedingungen (1) bis (4) genügt, das war die Aufgabe, zu deren Lösung die Physik im ersten Drittel des 19. Jahrhunderts durch ihre Beschäftigung mit Umwandlungsvorgängen unter dem Einfluß der romantischen Naturphilosophie immer stärker hindrängte, eine Lösung, die dann in den vierziger Jahren „in der Luft" lag, so daß sie auf einmal von mehreren Forschern unabhängig voneinander gefunden wurde.

Demnach ging es primär gar nicht um die Entdeckung neuer Gesetzmäßigkeiten oder Tatsachen, solche waren im Zuge der systematischen Untersuchung von Umwandlungsvorgängen schon in Hülle und Fülle entdeckt. Es ging vielmehr darum, diese vielen Tatsachen und Gesetzmäßigkeiten durch eine *Verallgemeinerung des kausalen Gehaltes des mechanischen Kraftbegriffs* terminologisch einheitlich zu analysieren. Ein verallgemeinerter Kraftbegriff war einzuführen, und von der methodischen Funktion her, die diesem Begriff zugedacht war, mußte er einem zentralen Erhaltungssatz genügen.

Diese Überlegungen machen sofort klar, wie konsequent und problembewußt Mayer und Helmholtz verfahren, wenn sie den Energieerhaltungssatz zunächst im Sinne eines *Begriffsschemas* aus einer Verallgemeinerung des kausal verstandenen Kraftbegriffs und der Kausalprinzipien „causa aequat effectum" und „Aus Nichts entsteht nichts" herleiten[20].

In den Jahren zwischen 1842 und 1847, so können wir jetzt schon genauer sagen, erkannten eine Reihe von Naturforschern, daß die in der Mechanik geläufigen Begriffe der lebendigen Kraft und der mechanischen Arbeit im Sinne der Forderungen (1) bis (4) verallgemeinert werden können. Inwiefern macht es aber dann noch Sinn, letztlich bei einer methodisch angeleiteten Begriffskonstruktion von einer empirischen Entdeckung zu reden?

Die Begriffe der Arbeit und Energie mußten jedenfalls nicht erst definiert werden. In der Mechanik wurden beide benutzt, wenn auch ihre wortsprachliche Bezeichnung zu der damaligen Zeit noch völlig durcheinander ging und keineswegs einheitlich war.

Der Begriff der kinetischen Energie war in der Mechanik bekannt als „lebendige Kraft"; der Unterschied ist nur, daß die kinetische Energie heute über das Wegintegral der Kraft bestimmt ist als $1/2\ mv^2$, während die lebendige Kraft definiert war als mv^2. Verständlich jedoch wird dieser Unterschied sofort aus der Analyse der elastischen Stöße, die Huygens vorgelegt hatte. Bei elastisch *stoßenden Körpern* ist sowohl die kinetische Energie als auch die lebendige Kraft eine Erhaltungsgröße, so daß für die Formulierung des für elastische Stöße zentralen Erhaltungssatzes der Faktor 1/2 nicht weiter ins Gewicht fällt.

Auch der Begriff der potentiellen Energie war als Rechengröße längst in der Mechanik bekannt. Man denke hier nur an die Analytische Mechanik, wo 1832 Hamilton die Newtonsche Grundgleichung zum Beispiel durch sein Variationsprinzip ersetzt, wobei für jedes mechanische System eine Lagrangefunktion aufgestellt wird, die gerade als Differenz von kinetischer und potentieller Energie definiert ist.

Der Begriff der mechanischen Arbeit, definiert als Kraft mal Weg, war in Gestalt der Goldenen Regel der Mechanik als Erhaltungsgröße erkannt: was an Kraft gespart wird, geht als Weg verloren. Das Produkt aus Kraft und Weg ist für einfache Maschinen eine Erhaltungsgröße (sieht man von der Reibung einmal ab).

Daß die Größe Kraft mal Weg den Maschinenbauern wohl vertraut war, hat für die „Entdeckung“ des Energieerhaltungssatzes eine entscheidende Rolle gespielt. Und damit sind wir bei Kuhns drittem Faktor: Wer sich zu der damaligen Zeit mit Umwandlungsvorgängen anhand von Maschinen und der Verbesserung ihres Wirkungsgrades beschäftigte, dem wurde fast zwangsläufig der Begriff der mechanischen Arbeit zur Quantifizierung der Umwandlungsvorgänge nahegelegt, denn allgemein wurde das Produkt aus Gewicht und Höhe als Maß für die Leistungsfähigkeit einer Maschine benutzt. Joule und Liebig etwa verglichen die Nutzleistung des Elektromotors mit der der Dampfmaschine, indem sie fragten, „wieviel Gewicht diese Maschinen bei gegebenem Verbrauch an Kohle oder Zink um eine bestimmte Höhe heben konnten.“[21]

Aber mit der Wahl der mechanischen Arbeit als des Begriffs, mit dem die Umwandlungsvorgänge im Sinne der Forderungen (1) bis (4) terminologisch einheitlich beschrieben werden sollten, war noch keineswegs gesichert, daß diese Größe bei Umwandlungsvorgängen erhalten bleibt. Im Gegenteil: Man wußte zwar, daß die lebendige Kraft bei Stößen erhalten bleibt, aber bei allen mechanischen Vorgängen, die durch Reibung letztlich abgebremst werden, geht kinetische Energie scheinbar verloren. Nun beobachtete man natürlich, daß bei Reibung Wärme entsteht. Aber genau die dabei entstandene Wärme als eine andere Form von Energie zu deuten, dem stand die damalige Auffassung der Wärme diametral entgegen.

Im ersten Drittel des 19. Jahrhunderts beherrschten immer noch die Vorstellungen des Chemikers Lavoisier die Theorie der Wärme, derzufolge die Wärme ein unzerstörbarer Stoff sui generis ist, von Lavoisier „caloricum“ genannt, der den Körpern, erwärmen sie sich oder kühlen ab, zugeführt oder abgezogen wird. Man hatte für diese Stoffmenge auch eine eigene Meßgröße eingeführt, die Kalorie, deren Einheit festgesetzt war als diejenige Wärmemenge, die erforderlich ist, um ein Gramm Wasser von 14,5 °C auf 15,5 °C zu erwärmen.

Noch Carnot, der aufgrund seiner Untersuchungen von Kreisprozessen längst der Sache nach den Energiesatz hätte aufstellen können, wird letztlich daran gehindert, weil er an der Auffassung der Wärme als eines Stoffes festhält.

Jetzt erkennen wir, wie wichtig es war, die als Kalorie bereits quantifizierte Wärme nicht mehr als Stoffmenge, sondern als Energieform zu deuten, damit der Begriff der mechanischen Arbeit den methodischen Platz eines universellen Kraftmaßes einnehmen konnte. Es war Julius Robert Mayer, der diesen Schritt zuerst wagte. In der schon zitierten Arbeit „Bemerkungen über die Kräfte der unbelebten Natur" vollzieht er diesen Schritt nach der apriorischen Deduktion des Satzes von „der Unzerstörlichkeit der Kraft" durch folgende Überlegungen:
„Wir sehen in unzähligen Fällen eine Bewegung aufhören, ohne dass letztere eine andere Bewegung, oder eine Gewichtserhebung hervorgebracht hätte; eine einmal vorhandene Kraft kann aber nicht zu Null werden, sondern nur in eine andere Form übergehen und es fragt sich somit, welche weitere Form die Kraft, welche wir als Fallkraft und Bewegung kennen gelernt, anzunehmen fähig sei? Nur die Erfahrung kann uns hierüber Aufschluss ertheilen. Um zweckmässig zu experimentieren, müssen wir Werkzeuge wählen, welche neben dem, dass sie eine Bewegung wirklich zum Aufhören bringen, von den zu untersuchenden Objekten möglichst wenig verändert werden. Reiben wir z.B. zwei Metallplatten an einander, so werden wir Bewegung verschwinden, Wärme dagegen auftreten sehen und es fragt sich jetzt nur, ist die Bewegung die Ursache von Wärme?

So wenig sich, ohne Anerkennung eines ursächlichen Zusammenhangs zwischen Bewegung und Wärme von der entschwundenen Bewegung irgend Rechenschaft geben lässt, so wenig lässt sich auch ohne jene die Entstehung der Reibungswärme erklären. Aus der Volumensverminderung der sich reibenden Körper kann dieselbe nicht hergeleitet werden. Man kann bekanntlich durch Zusammenreiben zwei Eisstücke im luftleeren Raume schmelzen; man versuche nun, ob man durch den unerhörtesten Druck Eis in Wasser verwandeln könne? Wasser erfährt, wie der Verfasser fand, durch starkes Schütteln eine Temperaturerhöhung. Das erwärmte Wasser (von 12° und 13 °C) nimmt nach dem Schütteln ein grösseres Volumen ein, als vor demselben; woher kommt nun die Wärmemenge, welche sich durch wiederholtes Schütteln in demselben Apparate beliebig oft hervorbringen lässt? Die thermische Vibrationshypothese inclinirt zu dem Satze, dass Wärme die Wirkung von Bewegung sei, würdigt aber dieses Causalverhältnis im vollen Umfange nicht, sondern legt das Hauptgewicht auf unbehagliche Schwingungen.

Ist es nun ausgemacht, dass für die verschwindende Bewegung in vielen Fällen (exceptio confirmat regulum) keine andere Wirkung gefunden werden kann, als die Wärme, für die entstandene Wärme keine andere Ursache als die Bewegung, so ziehen wir die Annahme, Wärme entsteht aus

Bewegung, der Annahme einer Ursache ohne Wirkung und einer Wirkung ohne Ursache vor, wie der Chemiker statt H und O ohne Nachfrage verschwinden, und Wasser auf unerklärte Weise entstehen zu lassen, einen Zusammenhang zwischen H und O einer- und Wasser andererseits statuiert."[22]

Hier liegt ein klassisches Exhaustionsargument vor, das wir uns in seinem Aufbau noch einmal vergegenwärtigen wollen: Bei einem mechanischen Vorgang ist der mechanische Energieerhaltungssatz scheinbar verletzt, d.h. die Summe $T(t_0) + P(t_0)$ aus kinetischer und potentieller Energie zum Zeitpunkt t_0 des Beginns des Vorgangs ist ungleich der Summe $T(t_1) + P(t_1)$ zum Zeitpunkt t_1 des Endes des Vorgangs. Statt nun zu behaupten, der Energiesatz sei generell nicht gültig, wird die Hypothese eingeführt, daß es einen Vorgang X und eine diesen Vorgang charakterisierende Energiegröße e_x gibt, so daß gilt:

$$e_x(t_1) + T(t_1) + P(t_1) = T(t_0) + P(t_0).$$

Mayer exhauriert den bei reibungsbehafteten Systemen scheinbar verletzten Energiesatz, indem er annimmt, der gesuchte Vorgang sei die bei den Bewegungsvorgängen entstehende Wärme und die gesuchte Meßgröße e_x die in Kalorien (cal) gemessene Wärmemenge. Somit ergibt sich:

$$cal = T(t_0) + P(t_0) - T(P_1) - P(t_1),$$

woraus insbesondere folgt: Dimension der Wärme = Dimension der kinetischen Energie = Dimension der mechanischen Arbeit.

Daß die in Kalorien gemessene Größe „Wärme" eine Energieform ist, ist bei Mayer also keine empirische Entdeckung, sondern ist die logische Konsequenz einer naheliegenden Hypothese, um den scheinbar verletzten Satz von der Erhaltung der Energie zu exhaurieren. Die Exhaustionshypothese war, wie gesagt, zu Mayers Zeiten noch völlig unverträglich mit der anerkannten Theorie der Wärme.

Jeder Exhaustionshypothese haftet zunächst der Ruch an, eine bloße Ad-hoc-Hypothese, also eine bloße Verlegenheitslösung zu sein. Aber es kommt nicht darauf an, wie plausibel oder unplausibel die Hypothese bei ihrer Einführung ist. Entscheidend ist, ob die Exhaustionshypothese im Rahmen eines Forschungsprogramms zu einer progressiven Problemverschiebung führt oder nicht. Die Exhaustionsthese von Mayer hat, daran kann nicht der geringste Zweifel bestehen, zu einem enormen Fortschritt in der Physik geführt. Zusammen mit der kinetischen Gastheorie, die zeigt, daß die Energieform Wärme sogar mit Hilfe eines Modells als kinetische Energie gedeutet werden kann, hat der auf Exhaustion beruhende Energieerhaltungssatz der Mechanik (dem Forschungsprogramm der klassischen Mechanik) ein ganz neues Anwendungsgebiet eröffnet: die Thermodynamik.

Jetzt erst, nachdem methodologische Erwägungen zu der These geführt hatten, daß Wärme eine Energieform sei, blieb noch eine Aufgabe zu lösen. Da man ja schon vor dem Energiesatz mechanische Arbeit und Wärme in voneinander unabhängigen Verfahren gemessen hatte, war noch zu klären, wie sich die Einheit der mechanischen Arbeit, der Newtonmeter, in die Einheit der Wärme, die Kalorie umrechnet. Heute wissen wir: 1 Newtonmeter = 0,23885 cal. Man nennt die Messungen, die im 19. Jahrhundert zur Bestimmung dieser Gleichung durchgeführt wurden, „die Entdeckung des mechanischen Wärmeäquivalents". Joule etwa hat das mechanische Wärmeäquivalent in einem Versuch bestimmt, wo ein fallendes Gewicht ein Rührwerk antreibt, das eine Flüssigkeit in Rotation versetzt, die sich daraufhin erwärmt. Die Grundidee des Versuches steht am Ende von Mayers Aufsatz „Bemerkungen über die Kräfte in der unbelebten Natur".

„Wir schliessen unsere Thesen, welche sich mit Nothwendigkeit aus dem Grundsatze „causa aequat effectum" ergeben und mit allen Naturerscheinungen im vollkommenen Einklang stehen, mit einer praktischen Folgerung. – Zur Auflösung der zwischen Fallkraft und Bewegung statthabenden Gleichungen musste der Fallraum für eine bestimmte Zeit, z.B. für die erste Sekunde durch das Experiment bestimmt werden; gleichermassen ist zur Auflösung der zwischen Fallkraft und Bewegung einer- und der Wärme andererseits bestehenden Gleichungen die Frage zu beantworten, wie gross das einer bestimmten Menge von Fallkraft oder Bewegung entsprechende Wärmequantum sei. Z.B. wir müssen ausfindig machen, wie hoch ein bestimmtes Gewicht über den Erdboden erhoben werden müsse, dass seine Fallkraft äquivalent sei der Erwärmung eines gleichen Gewichts Wasser von 0° auf 1 °C? Dass eine solche Gleichung wirklich in der Natur begründet sei, kann als das Resumé des Bisherigen betrachtet werden."[23]

Mit der Rede von „der Entdeckung des mechanischen Wärmeäquivalents" wird manchmal der Eindruck erweckt, als habe man durch empirische Versuche entdeckt, daß Wärme und mechanische Arbeit Erscheinungsformen derselben Größen seien. Aber natürlich kann man niemals empirisch entdecken, daß die Größen mechanischer Arbeit und Wärme dimensionsgleich sind. Das beruht auf einer *definitorischen Neufestsetzung* der Größe „Wärme" und ihrer Einheit, und diese „Umdefinitionen" verdanken sich letztlich Überlegungen, die aus einem methodologischen Programm entspringen, wie das in der Argumentation von Mayer auch tatsächlich der Fall ist. Nur der Umrechnungsfaktor kann durch empirische Versuche bestimmt werden. Methodisch hat dieser Schritt jedoch ganz am Ende zu stehen. Daß er das wiederum bei Mayer tut, zeugt für den methodisch klaren Aufbau seiner Arbeit.

3.5 Indirekte Quantifizierungen durch kausal orientierte Modelle

In 3.1 haben wir zwischen einer direkten und einer indirekten Quantifizierung von Phänomenen und Quasiordnungen unterschieden. Weiter haben wir darauf verwiesen, daß nur die geometrischen und kinematischen Größen vor-metrische Quasiordnungen direkt quantifizieren; alle anderen wichtigen vor-metrischen Quasiordnungen werden in der Physik indirekt quantifiziert. In diesem Abschnitt wollen wir die Grundsätze näher diskutieren, die in der klassischen Physik bei der indirekten Quantifizierung von Quasiordnungen befolgt werden.

Schon ein kurzer Blick auf die Quantifizierung der beiden akustischen Quasiordnungen „gleichlaut/lauter als" und „gleichhoch/höher als" offenbart die grundsätzliche methodologische Tendenz, die Quantifizierung nichtmechanischer Phänomene von vornherein zu orientieren an dem Ziel ihrer experimentellen und damit letztlich technischen Verfügung. Töne unterschiedlicher Höhe erzeugt man zum Beispiel, indem man Saiten unterschiedlicher Länge in Schwingungen versetzt. Was liegt in der neuzeitlichen Physik, die immer an der experimentell-technischen Verfügung über die Phänomene interessiert ist, näher, als die qualitative Quasiordnung der akustischen Tonhöhe zu quantifizieren über die Frequenzen der sie bewirkenden Schwingungen?

Wie das Beispiel der Akustik lehrt, liegen der Einführung quantitativer Begriffe Hypothesen und Modelle über die Verursachung der zu quantifizierenden Phänomene zugrunde. Diese Hypothesen oder Modelle gründen selber in dem Konzept der experimentalistischen Kausalität. Das wollen wir im folgenden näher untersuchen.

Wir werden beginnen mit einer Klärung des Modellbegriffs, der zwar ein in der Wissenschaftstheorie, besonders der Wissenschaftstheorie der Physik häufig gebrauchter Begriff ist, gleichwohl aber in sehr unterschiedlicher Weise verwendet wird[24]. Am präzisesten wird der Modellbegriff in der modernen, formalistischen Strukturmathematik verwendet. Der dort vorherrschende Gebrauch des Modellbegriffs kann mit sachlichen Gründen zum Ausgangspunkt für den Modellbegriff in der Physik gemacht werden[25]. Wir gehen davon aus, daß zwei unterschiedliche Gegenstandbereiche P und R gegeben sind. Die Gegenstände in P stehen untereinander in Relationen $P_1^{(s1)},\ldots,P_n^{(sn)}$ (wobei die oberen Indizes die Stellenzahl der Relationen andeuten sollen). Entsprechend stehen die Gegenstände von R in Relationen $R_1^{(s1)},\ldots,R_n^{(sn)}$ zueinander. Gibt es nun eine bijektive Abbildung f zwischen den Gegenständen von R und P derart, daß für alle $i = 1,\ldots,n$

$$\bigwedge x_1,\ldots,x_{si} \cdot (R_i^{(si)}(x_1,\ldots,x_{si}) \leftrightarrow P_i^{(si)}(f(x_i),\ldots,f(x_{si}))).$$

gilt, dann heißen die beiden Gegenstandsbereiche *isomorph*.

Sei nun $\tilde{T}(\tilde{t}_1,\ldots,\tilde{t}_n)$ ein formales Axiomensystem, d.h. ein System von

Aussageformen. Wenn bei entsprechender Einsetzung der Prädikate $R_1^{(s1)}, \ldots, R_n^{(sn)}$ für $\tilde{t}_1, \ldots, \tilde{t}_n$ das Axiomensystem zu einem System wahrer Sätze über den Gegenstandsbereich R wird, so heißt R ein *Modell* von $\tilde{T}(\tilde{t}_1, \ldots, \tilde{t}_n)$. Mit R ist auch jeder zu R isomorphe Gegenstandsbereich P ein Modell des formalen Axiomensystems.

Stellen wir uns nun einen physikalischen Gegenstandsbereich P vor, der durch Relationen $P_1, \ldots, P_n$ strukturiert ist. Insoweit diese Relationen Quasiordnungen bilden, werden sie durch Meßgrößen $m_1, \ldots, m_r$ quantifiziert im Sinne der Bedingungen (3-4) bis (3-6). $T_p(\tau_1, \ldots, \tau_s)$ sei eine mathematisch formulierte physikalische Theorie über den Gegenstandsbereich P, wobei in der Theorie die Größen $\tau_1, \ldots, \tau_s$ vorkommen. T_p besteht aus einem System von Differentialgleichungen, aus dem die raum-zeitlichen Verläufe $m_i(x,y,z,t)$ hergeleitet werden können, mit denen die Veränderungen im Phänomenbereich P quantitativ beschrieben werden.

Sei nun R ein von P verschiedener physikalischer Phänomenbereich, der durch die Relationen $R_1, \ldots, R_k$ strukturiert ist. Einige der Relationen bilden jeweils zusammen vor-metrische Quasiordnungen im Bereich R. Wir nehmen an, daß diese Quasiordnungen noch nicht durch entsprechende Meßgrößen quantifiziert worden sind.

Sei $\tilde{T}(\tilde{t}_1, \ldots, \tilde{t}_s)$ das formale mathematische Axiomensystem, das entsteht, wenn die durch das Forschungsprogramm normierte Grundgleichung und alle expliziten Definitionen von T_p als Konjunktion zusammengefaßt und alle Größen $\tau_1, \ldots, \tau_s$ durch schematische Variable ersetzt werden. Der physikalische Gegenstandsbereich P mit der Theorie T_p heiße nun ein *physikalisches Modell* für den Gegenstandsbereich R, wenn die R quantifizierenden Meßgrößen so eingeführt werden, daß R ein Modell (im oben definierten Sinne) von $\tilde{T}(\tilde{t}_1, \ldots, \tilde{t}_s)$ oder von logisch-mathematischen Implikaten von $\tilde{T}(\tilde{t}_1, \ldots, \tilde{t}_s)$ wird. Bei einem physikalischen Modell wird also die physikalische Theorie eines Gegenstandsbereichs zum Vorbild (der ursprüngliche Wortsinn des Terminus „Modell“) genommen, um einen anderen Gegenstandsbereich so geeignet quantitativ zu beschreiben, daß der schon erfolgreich angewendete mathematische Formalismus auch auf den in Frage stehenden Gegenstandsbereich anwendbar wird. Bereits die Begriffsbildung ist orientiert an dem mathematischen Formalismus einer physikalischen Theorie und dem ihr zugrundeliegenden Forschungsprogramm für einen anderen physikalischen Phänomenbereich.

Nun können zwei Gegenstandsbereiche P und R nur dann Modelle desselben mathematischen Formalismus werden, wenn sie wenigstens hinsichtlich der Eigenschaften, für die die Physik sich interessiert, „partiell“ isomorph sind. Eine solche Isomorphie wird im Fall physikalischer Modellbildung allerdings erst hergestellt, indem die quantitativ-physikalische Beschreibung des einen Bereichs an der Beschreibung des anderen orientiert wird. Sei jetzt wieder R der Gegenstandsbereich, der nach dem physikalischen Modell des Gegenstandsbereichs P analysiert werden soll. Der erste

Schritt wird sein, bestimmten Relationen aus R Relationen aus P eindeutig zuzuordnen. Zuordnungen der Form

(3-22) R_j entspricht P_j

sollen *Analogien*[26] heißen. Eine mit den Prädikaten (Relationen) $P_1,...,P_n$ gebildete Aussageform A(x,y,...) beschreibe einen Typus von Ereignissen, die im Phänomenbereich P auftreten und experimentell reproduziert werden können. A'(x',y') entstehe, wenn in A(x,y,...) die Prädikate P_i durch die gemäß (3-22) ihnen zugeordneten Prädikate R_j ersetzt werden. Wir nehmen an, daß es in R Ereignisse vom Typ A'(x',y',...) gibt. Den Übergang von A(...) zu A'(...), also Aussagen der Art

(3-23) Ereignisse vom Typ A'(...) in R verhalten sich wie (entsprechen) Ereignisse(n) vom Typ A(...) in P,

wollen wir ebenfalls als *Analogie*(schluß) bezeichnen.

Ereignisse vom Typ (A(x,y,...) in P werden quantitativ berechnet und vorausberechnet mit einem Gesetz von der Form $\Psi(\tau_1,...,\tau_1)=0$, das aus der Theorie $T_p(\tau_1,...,\tau_s)$ logisch-mathematisch folgt. Jetzt werden analogen Ereignissen A'(...) im Phänomenbereich R Meßgrößen $\tau_1',...,\tau_1'$ zugeordnet, so daß *per definitionem* $\Psi(\tau_1',...,\tau_1')=0$ gilt. Wir wollen diese abstrakte Beschreibung an einem Beispiel erläutern.

In der Mechanik werden Wellenphänomene (z.B. an gekoppelten Pendeln oder Wasserwellen) untersucht. Dort werden Wellen beschrieben durch eine Verlaufsfunktion $\xi(x_1,x_2,x_3,t)$, die Lösung der Differentialgleichung

$$(3\text{-}24)\qquad \frac{\partial^2\xi}{\partial t^2} = v^2 \sum_{i=1}^{3} \frac{\partial^2\xi}{\partial x_i^2}$$

ist. Die Größe v hat die Dimension einer Geschwindigkeit und wird *Ausbreitungsgeschwindigkeit* der Welle genannt. Die Lösungen $\xi(x_1,x_2,x_3,t)$ der Differentialgleichung enthalten drei weitere Konstante, durch die die Lösungen erst eindeutig bestimmt sind: die *Amplitude* A, die dieselbe Dimension hat wie ξ und bestimmt ist als maximaler Wert von $|\xi|$, die *Wellenlänge* λ, die die Dimension einer Länge hat, sowie die *Frequenz* ν. Ausbreitungsgeschwindigkeit, Wellenlänge und Frequenz erfüllen per definitionem die Gleichung

$$(3\text{-}25)\qquad v = \lambda\nu.$$

Die mittlere Energiedichte $\overline{E}$ erfüllt die Proportionalitätsbeziehung

$$(3\text{-}26)\qquad \overline{E} \sim 2\pi^2 \nu^2 A^2.$$

In der klassischen Physik werden akustische und optische Phänomene nach dem Modell der Wellen theoretisch analysiert. Die entscheidenden Analogien sind dabei die folgenden:

in Analogie zu ⟶ ⟵ in Analogie zu

Lautstärke	Höhe des Wellenberges bzw. maximale Auslenkung des schwingenden Systems	Helligkeit
Tonhöhe	Anzahl der Schwingungen pro Zeiteinheit	Farbe

Aus diesen Analogien folgt, daß je größer die Amplitude der Welle desto lauter oder leiser der Ton oder desto heller oder dunkler das Licht, je größer die Frequenz desto höher oder tiefer der Ton. Da die Farben keine Quasiordnung bilden, läßt sich nur sagen, daß ein Frequenzwechsel mit einer Farbänderung verbunden sein muß. Mit diesen Analogien ist jedoch nicht eindeutig festgelegt, wie die jeweiligen Wellenparameter zu messen sind. Bei den Schallwellen erkannte man sehr schnell, daß sie sich im „Medium" Luft ausbreiten und die Wellenparameter „Frequenz" und „Amplitude" analog zu den Wasserwellen unter bestimmten Bedingungen an den mechanischen Erzeugern („schwingende Saite") zu messen sind. Anders bei den „Lichtwellen", denn hier war keineswegs offenkundig, was eigentlich „schwingt". Trotzdem wurden die Wellenparameter „Frequenz", „Wellenlänge" und „Ausbreitungsgeschwindigkeit" nach dem oben beschriebenen Verfahren gemessen. Wählen wir als Beispiel die Wellenlänge des Lichts.

Aus dem Prinzip der linearen Superposition für Wellen („Fundamentalgesetz") und dem Huygensschen Prinzip lassen sich die Gesetze für Interferenz-, Beugungs-, Brechungs- und Reflexionserscheinungen bei mechanischen Wellen herleiten. Insbesondere gilt, daß, wenn eine mechanische Welle durch ein Spaltgitter mit der Gitterkonstanten d läuft, im „Schattenraum" des Spaltgitters Interferenzen auftreten, so daß der Richtungswinkel α_m des m-ten Amplitudenmaximums („Beugungsmaximum") und die Wellenlänge λ die Gleichung

$$(3\text{-}27) \qquad \sin \alpha_m = \frac{m\lambda}{d}$$

erfüllen.

Werden nun optische Erscheinungen mit mechanischen Wellen analogisiert, wie in der Tabelle angegeben, so läßt sich schließen, daß, wenn Licht ein Spaltgitter passiert, im „Schattenraum" einander abwechselnde Hell-

Dunkel-Streifen auftreten, wobei sich (ebenfalls in Analogie zu mechanischen Wellen) der Abstand der Helligkeitsmaxima in Abhängigkeit von der Gitterkonstanten des Spaltgitters und die Helligkeit in Abhängigkeit von der Zahl der Spaltöffnungen ändern müssen. Lassen sich die nach der Analogie zu erwartenden Abhängigkeiten nachweisen, so werden relativ zu einem Spaltgitter mit der Gitterkonstanten d die Richtungswinkel α_m der Beugungsmaxima gemessen und dann die Wellenlänge λ daraus bestimmt durch:

$$(3\text{-}28) \qquad \lambda = \frac{d \sin \alpha_m}{m}.$$

Wenn das Forschungsprogramm und die Theorie mechanischer Wellen das Modell liefert für die Beschreibung eines anderen, nicht-mechanischen Phänomenbereichs, so wird der *mathematische Formalismus* der Theorie mechanischer Wellen übernommen, nur in anderer Interpretation. Die mechanischen Wasserwellen und das Licht sind dann zwei Modelle für denselben Formalismus. Diese Redeweise schließt sich direkt an den oben dargestellten Modellbegriff der modernen formalistischen Strukturmathematik an.

In der Wissenschaftstheorie ist im Zusammenhang mit der physikalischen Modellbildung das Augenmerk fast ausschließlich auf den Aspekt gelegt worden, wie der mathematische Formalismus einer schon stärker ausgereiften Theorie in geeigneter Neuinterpretation verwendet wird, um die experimentell reproduzierbaren Phänomene eines anderen Gegenstandsbereichs zu berechnen und vorauszuberechnen. Ein anderer Aspekt physikalischer Begriffsbildung blieb demgegenüber unbeachtet, ein Aspekt, der zum zentralen Thema dieser Arbeit gehört.

Betrachten wir noch einmal das Beispiel der Beugung von Wasserwellen und von Licht. Im Fall der Wasserwellen wird ein Spaltgitter benutzt, das sich hinsichtlich seiner *experimentellen Funktion* folgendermaßen beschreiben läßt: Das Gitter soll die Ausbreitung der Wasserwellen in gezielter Weise steuern, indem das Gitter aus Trennflächen besteht, die die Welle aufhalten, bis auf eigens dafür vorgesehene, geometrisch genormte, nämlich gerade und parallel nebeneinander angeordnete Öffnungen gleicher Abstände, durch die die Welle hindurchtreten kann. Eine solche funktionale Beschreibung des Beugungsgitters für Beugungsexperimente mit Wasserwellen möchte ich als Beschreibung des *experimentellen Designs* bezeichnen. Das experimentelle Design für Beugungsversuche mit Licht ist das gleiche wie das experimentelle Design bei Beugungsversuchen mit Wasserwellen. Zwar gibt es Unterschiede, etwa im Material, denn Wasserundurchlässigkeit und Lichtundurchlässigkeit erfordern unterschiedliche Materialien. Doch im Hinblick auf die ihnen im Experiment zugedachten Funktionen werden optische Spaltgitter mit den geometrischen und kinematischen Eigenschaften der hydrodynamischen Spaltgitter ausgestattet.

Die für die physikalische Modellbildung entscheidenden *Analogien* beziehen sich also auch auf das experimentelle Design. Bei einem physikalischen Modell wird nicht nur der mathematische Formalismus der Theorie eines Gegenstandsbereichs, *sondern auch das experimentelle Design auf den zu modellierenden Gegenstandsbereich übertragen.* Das experimentelle Design für Experimente aus dem einen Gegenstandsbereich wird zum Modell („Vorbild"), und zwar zum Modell genau in dem Sinne, wie Ingenieure und Architekten Modelle von Schiffen, Flugzeugen, Maschinen, Gebäuden usw. herstellen. In der Modellbildung der Physik vereinigen sich mathematische Modelle der Strukturmathematik mit den technischen Modellen der Ingenieure.

Weil die physikalischen Modelle wesentlich das Design der Experimentierapparaturen mit einbeziehen, ist es gerechtfertigt, von *kausal orientierten Modellen* zu sprechen. Denn über die Experimentierapparaturen und die an ihnen direkt bewirkten geometrischen und kinematischen Veränderungen erzeugen und verändern die Experimentatoren auch die nicht-mechanischen physikalischen Phänomene. Die Modelle sind also orientiert an dem Ziel der technischen Beherrschung der Phänomene im Experiment, und insofern fußen sie auf dem Konzept der experimentalistischen Kausalität. Einen Phänomenbereich durch ein Modell zu beschreiben bedeutet demnach, die Phänomene quantitativ zu beschreiben, so daß diese Beschreibungen direkt auf experimentelle Designs bezogen werden können, die die Reproduktion und technische Beherrschung der Phänomene ermöglichen.

Wird ein Modell auf einen Phänomenbereich angewendet, so ist dies mit einer *neuen Beschreibung* des Bereichs verbunden, der vormals und außerhalb der physikalischen Analyse auch weiterhin anders beschrieben wird. Die neuartige Beschreibung ist eine direkte Folge der Funktion des Modells, denn durch das Modell werden für einen nicht-mechanischen Phänomenbereich erstmals metrische Begriffe eingeführt, mit denen die Erscheinungen quantitativ-physikalisch beschrieben werden. Deshalb verändert sich mit der Übernahme eines Modells die Perspektive der Physiker, sie scheinen sich von den unmittelbaren, qualitativen Phänomen ab- und ganz neuartigen Objekten zuzuwenden[27]. Ein Physiker, der die Richtungswinkel der hellsten Lichtstreifen auf dem Schirm hinter einem Spaltgitter mißt, antwortet auf die Frage, was er da eigentlich messe, natürlich sofort, er messe die Beugung einer Lichtwelle. Der Physiker scheint ein anderes Objekt zu „sehen" als der sogenannte Laie. Duhem hält diesen Perspektivenwechsel in der experimentellen Beschreibung von Phänomen unter dem Stichwort „Interpretation" für ein definierendes Kennzeichen physikalischer Experimente, wenn er schreibt: „Ein physikalisches Experiment ist die genaue Beobachtung einer Gruppe von Erscheinungen, die verbunden wird mit der *Interpretation* derselben; diese Interpretation ersetzt das konkret Gegebene, mit Hilfe der Beobachtung wirklich Erhaltene durch abstrakte und symbolische Darstellungen, die mit ihnen übereinstimmen aufgrund der Theorien, die der Beobachter als zulässig annimmt."[28]

Diese Bemerkungen von Duhem werden ohne weiteres verständlich, sobald man sich nur klar macht, daß die Physiker zum Beispiel nicht einfachhin optische Phänomene erforschen. Vielmehr tun sie das unter der theoretischen Leitfrage, ob Licht und Farben Welleneigenschaften haben und ob alle optischen Phänomene aus der Wellen„natur" des Lichts hergeleitet werden können. Optische Phänomene unter der theoretischen Leithypothese von der „Wellennatur" des Lichts zu erforschen ist nur eine andere Formulierung dafür, forschungsheuristisch die Analogie zu der schon weitgehend etablierten Theorie mechanischer Wellen vollständig zu nutzen[29].

Wird ein Phänomenbereich P in Analogie zur Theorie eines anderen Phänomenbereichs erforscht, so werden in der Theorie die Phänomene in P als Manifestationen ihnen zugrundeliegender raum-zeitlicher Objekte beschrieben, die nicht „direkt beobachtet" werden können. Michael Drieschner hat eine einfache Definition solcher physikalischen Objekte[30] gegeben: „Diejenigen Eigenschaften gehören zu einem Objekt, die es gemeinsam erlauben, Voraussagen für eben diese Eigenschaften zu machen"[31]. Diese Definition läßt sich noch ein wenig umformulieren, und dann bringt sie deutlicher zum Ausdruck, daß die Objekte Konstrukte der Theorie und als solche auf ein Forschungsprogramm und eine Theorie zu relativieren sind: Ein Objekt der Theorie T wird gebildet durch jedes n-Tupel raum-zeitlich abhängiger Wertverläufe von n Größen, die die Theorie T vorherzusagen gestattet, falls die Werte dieser Größen für einen gemeinsamen Zeitpunkt bekannt sind. Objekte im Sinne dieser Definition sind z.B. die Massenpunkte der klassischen Mechanik, die vollständig durch die Größen „Ort" und „Impuls" beschrieben werden können. Und auch die Lichtwellen sind solche theoretischen Objekte, wenn man sie auffaßt als Paar von raum-zeitlichen Verläufen der beiden Feldgrößen „elektrische Feldstärke" ($\boldsymbol{E}$) und „magnetische Flußdichte" ($\boldsymbol{B}$), die Lösungen der Maxwellschen Gleichungen sind und zugleich eine Wellengleichung vom Typ (3-24) erfüllen.

3.6 Der methodische Anschluß der Elektrodynamik an das Forschungsprogramm der klassischen Mechanik[32]

Die Elektrodynamik bezieht sich auf mechanische, optische, thermische und chemische Erscheinungen, insofern sie *als Wirkungen elektromagnetischer Felder* erklärt und vorausgesagt werden können. Die elektromagnetischen Felder sind theoretische Objekte und werden durch die zwei Feldgrößen $\boldsymbol{E}$ und $\boldsymbol{B}$ vollständig beschrieben. Die raum-zeitlichen Verlaufsfunktionen der beiden Feldgrößen sind dabei Lösungen der Maxwellschen Gleichungen. Die Maxwellschen Gleichungen unterscheiden sich von der Grundgleichung (3-8) bzw. (3-11) der Newtonschen Mechanik schon allein dadurch, daß sie selber lösbare Differentialgleichungen sind, während (3-8) bzw. (3-11) nur ein Schema für die Aufstellung differentieller Bewegungsgleichungen darstellt. Insofern entsprechen die Feldgrößen einer Beobachtungsgröße b, für die alle Verlaufsfunktionen Lösungen ein und derselben Differentialgleichung sind. Daß es im Fall der Elektrodynamik vier Gleichungen sind, verdankt sich lediglich dem Umstand, daß die Felder durch zwei gesetzesartig miteinander verknüpfte Größen beschrieben werden müssen. Zur theoretischen Größe „Kraft" der Mechanik gibt es in den Maxwellschen Gleichungen kein Pendant. Schon von daher kann bei der Elektrodynamik nicht von einem eigenständigen Forschungsprogramm im Sinne von 2.1 die Rede sein.

Die Newtonsche Grundgleichung (3-8) legt der gesamten Mechanik das Beschleunigungsverhältnis von Körpern als fundamentale experimentelle Invariante zugrunde und definiert darüber die theoretischen Größen „träge Masse" und „Kraft". Während der Grundgleichung (3-8) zu entnehmen ist, wie erste Werte für die theoretischen Größen „träge Masse" und „Kraft" experimentell zu bestimmen sind, verknüpfen die Maxwellschen Gleichungen die Größen „Ladungsdichte", „elektrische Feldstärke", „magnetische Flußdichte" und „Stromdichte" miteinander, definieren jedoch keine der vier Größen als experimentelle Invariante schon eingeführter theoretischer Größen und Beobachtungsgrößen. Dies geschieht in der Gleichung

$$(3\text{-}29) \qquad \boldsymbol{F} = \mathrm{q}(\boldsymbol{E} + \boldsymbol{v} \times \boldsymbol{B})$$

für die Lorentz-Kraft, durch die damit die Elektrodynamik terminologisch an das Forschungsprogramm der klassischen Mechanik angeschlossen wird. Wir haben also nun zu zeigen, wie über (3-29) die Feldgrößen und die Größe „Ladung" als experimentelle Invarianten durch die Größen „Kraft" und „Geschwindigkeit" definiert werden.

In der Elektrodynamik werden physikalische Systeme erforscht, die aufgrund einer Eigenschaft G mechanische, optische und thermische Wirkungen auf andere Systeme ausüben, die ebenfalls die Eigenschaft G besitzen, wobei die verschiedenen Wirkungen gesetzmäßig miteinander verknüpft sind. Der erste Schritt im Aufbau der Elektrodynamik, den wir hier in systematischer Absicht idealtypisch rekonstruieren, besteht daher darin, die Eigenschaft G der Systeme durch eine Meßgröße q zu beschreiben, so daß die Wirkungen, die von Systemen mit der Eigenschaft G ausgehen, und ihre gesetzmäßigen Verknüpfungen als Funktionen der Größe q dargestellt und vorausberechnet werden können. Wird eine solche Wirkung bereits durch eine Meßgröße w quantitativ beschrieben, so soll für Systeme mit der Eigenschaft G das Experimentalgesetz $\mathrm{w} = \Phi(\mathrm{q})$ gelten. Im Fall der klassischen Elektrodynamik ist das Coulombsche Gesetz das fragliche Experimentalgesetz:

$$(3\text{-}30) \qquad \boldsymbol{F} = \frac{1}{4\pi\epsilon_0} \frac{\mathrm{q}_1\mathrm{q}_2}{|\boldsymbol{r}|^3}\, \boldsymbol{r}.$$

In der Physik und der Wissenschaftstheorie der Physik ist man sich weitgehend einig darüber, daß elektrische Ladungen über die Kraftwirkungen geladener Körper auf eine Probeladung experimentell in Versuchen bestimmt werden können, für die (3-30) die darstellende Gleichung ist. Wir haben daher zunächst zu fragen, wie die Größe „Ladung" im Einklang mit (3-30) als experimentelle Invariante der mechanischen Größe „Kraft" bestimmt werden kann.

Sowohl das Coulombsche Gesetz als auch das Newtonsche Gravitationsgesetz sind $1/r^2$-Gesetze. Diese formale Übereinstimmung zwischen beiden Gesetzen ist natürlich sofort bemerkt worden und hat Anlaß zu Überlegungen gegeben, ob die formale Verwandtschaft nicht auf einen tieferen, etwa methodologischen Zusammenhang der beiden Gesetze hindeuten könnte. Es waren besonders Hugo Dingler und Bruno Thüring[33], die methodologische Gründe dafür anführen zu können glaubten, warum das Newtonsche Gravitationsgesetz ein $1/r^2$-Gesetz sein müsse. Die Überlegungen von Dingler und Thüring zum Gravitationsgesetz lassen sich in gleicher Weise auch für das Coulombsche Gesetz anstellen. Das bietet uns die Gelegenheit, unsere wissenschaftstheoretische Diskussion des Aufbaus der Elektrodynamik zu verbinden mit einer kritischen Diskussion zentraler Gründe, die Dingler in seiner „methodischen Philosophie der Physik" für den unrevidierbaren Status des Gravitationsgesetzes und damit für den unrevidierbaren Status der klassischen Newtonschen Physik anführt.

Nach Dingler ist das Newtonsche Gravitationsgesetz die „ideale Abhängigkeitsgestalt einfachster Art"[34]. Das Newtonsche Gravitationsgesetz stelle die mit den wenigsten Bestimmungen auskommende, daher „einfachste Gestalt" und damit die Grundidee der (kausalen) „Abhängigkeit" zwischen zwei physikalischen Gegebenheiten oder „Umständen" dar, die deshalb in das „eindeutige System" der methodisch aufgebauten Physik einzuführen sei. Dingler vertritt die These, daß nur die fortwährende Exhaustion von $1/r^2$-Gesetzen der Newtonschen Form eine immer besser reproduzierbare Beherrschung kausaler Abhängigkeiten zwischen „eindeutig gemachten" physikalischen Umständen erlaube. Das Newtonsche Gravitationsgesetz sei von daher der „Baustein" für jede „Kausalanalyse" im „eindeutigen System" der Physik.

Die Argumentation, die Dingler dafür vorträgt, daß das Newtonsche Gesetz „die ideale Abhängigkeitsgestalt einfachster Art" sei, ist im Grunde vom speziellen Fall des Gravitationsgesetzes unabhängig. Dingler selber hat etwa in seinem Buch „Grundlagen der angewandten Geometrie" aus dem Jahre 1911 ganz unabhängig von einer Rekonstruktion der Dynamik $1/r^2$-Gesetze als Form der Kausalgesetze aus einer an der Idee der Einfachstheit orientierten methodischen Definition der kausalen Abhängigkeit herzuleiten versucht[35]. Wir werden daher diesen Herleitungsversuch auf den uns eigentlich interessierenden Fall der Anfänge der Elektrodynamik und des Coulombschen Gesetzes übertragen.

Dingler argumentiert[36] folgendermaßen: Der Wert der Größe w in der

Umgebung des Systems S soll von einer bestimmten Ausprägung der Systemeigenschaft G, quantitativ beschrieben durch einen bestimmten Wert der Größe q, abhängig sein. Dabei wird natürlich unterstellt, daß das System S und ein Teil seiner Umgebung hinreichend isoliert sind gegen solche Umstände, die gleichfalls kausal relevant für w und seine Veränderung sein können. Wenn also w in der Umgebung von S *nur* von q abhängen darf, so kann insbesondere die Beschaffenheit des Raumes zwischen S und der Stelle, an der w gemessen wird, keinen Einfluß auf w und seine Veränderung haben. Desgleichen darf auch die Richtung, in der die Stelle, an der w gemessen wird, von S aus liegt, keinen Einfluß auf den Wert der Größe w haben. Daraus folgert Dingler ganz zu Recht, daß w überall auf der Oberfläche einer Kugel mit dem Radius r und dem System S als Mittelpunkt zu einem festen Zeitpunkt den gleichen Wert haben muß.

Nach dieser sicher zutreffenden Vorüberlegung führt Dingler den Begriff der *Gesamtwirkung* des Systems S mit der Systemeigenschaft G ein. Er setzt die Gesamtwirkung gleich mit dem jeweiligen Wert der Größe q. Wegen der aus der Idee der kausalen Abhängigkeit gefolgerten w-Homogenität der Oberflächen von Kugeln um das System S soll sich, so Dingler weiter, die auf jeder Kugeloberfläche um das System S „vereinigte“ Gesamtwirkung gleichmäßig verteilen, so daß der Wert von w auf einer Flächeneinheit der Kugeloberfläche bestimmt ist durch

$$w = \frac{q}{4\pi r^2}$$

Nun bringt Dingler ein Einfachstheitsargument vor: „Es ist der am wenigsten Bestimmungen benötigende Ansatz, wenn die *Gesamtwirkung* der Differentialkugel auf allen zu ihr konzentrischen Kugelflächen gleich ist“[37]. Daraus folgt, daß der Wert von w auf einer Flächeneinheit einer zweiten konzentrischen Kugel um S mit dem Radius r′

$$w' = \frac{q}{4\pi r'^2}$$

ist. Also verhalten sich die Wirkungen w und w′, gemessen auf den Oberflächen zweier konzentrischer Kugeln um S mit den Radien r und r′, wie $1/r^2 : 1/r'^2$. Die funktionale Abhängigkeit der Größe w von der Größe q ist ein $1/r^2$Gesetz.

In dieser Herleitung der $1/r^2$-Gesetze als notwendige Form von „Kausalgesetzen“ ist das fragwürdige Glied der Begriff der Gesamtwirkung. Die Größe q wird eingeführt, um quantitativ-funktional die „Fähigkeit“ eines Systems mit der Systemeigenschaft G, in seiner Umgebung w-Wirkungen hervorrufen zu können, darzustellen. Die Gesamtwirkung von S – das jedenfalls besagt doch das Vorverständnis des Wortes „Gesamtwirkung“ – ist die Gesamtheit der w-Werte und ihrer Veränderungen, die gleichzeitig in der Umgebung von S wegen eines bestimmten Wertes q bewirkt und gleichzeitig an verschiedenen Stellen der S-Umgebung gemessen werden können. An zwei verschiedenen Stellen mit unterschiedlichem Abstand zum System kann w dabei durchaus verschiedene Werte annehmen. Daß beide Werte „kausal" darauf zurückgehen, weil die Größe q des Systems S einen bestimmten Wert hat, besagt zunächst nicht mehr, als daß die Größe w sich an den beiden Stellen in Abhängigkeit von einer Veränderung von q nach dem Gesetz

$$\text{(3-31)} \qquad w = \Phi(q, r)$$

ändert. Die Gleichsetzung von q mit der „Gesamtwirkung" auf *einer* Oberfläche einer konzentrischen Kugel folgt weder aus dem Begriff der Gesamtwirkung noch aus der angegebenen methodischen Funktion der Größe q. Ebensowenig ist aus dem Begriff der Gesamtwirkung einsichtig zu machen, warum die so willkürlich festgesetzte „Gesamtwirkung" auf allen konzentrischen Kugeloberflächen gleich sein soll.

Tatsächlich liegt die Schwierigkeit einer experimentellen Messung der Größe q mit Hilfe der Werte der Größe w in der Umgebung des Systems S letztlich darin, *daß q eine dem System zukommende Größe sein soll, die für dasselbe System zum selben Zeitpunkt* auch nur *einen Wert annehmen darf.* Für die Größe w hingegen können an verschiedenen Stellen in der Umgebung von S durchaus verschiedene Werte gemessen werden. Methodisch einsichtig ist nur die w-Homogenität jeweils *einer* konzentrischen Kugeloberfläche. Um die Eindeutigkeit der Größe q für ein und dasselbe System zu einem festen Zeitpunkt zu garantieren, müßte man sich auf die Messung von w an einer bestimmten, irgendwie ausgezeichneten Stelle beschränken. Die Auszeichnung einer bestimmten Stelle ist jedoch insofern willkürlich, da ja der Wert von w an einer anderen Stelle genauso dem Umstand kausal geschuldet sein soll, daß sich in der „Nähe" das System mit einer bestimmten quantitativen Ausprägung der Größe q befindet.

Diese Schwierigkeit wird lösbar, wenn man statt der Wirkung eines Systems auf seine Umgebung das Verhältnis der Wirkungen zweier Systeme betrachtet. Unter sonst gleichen Bedingungen bestimmt man den Wert von w an einer bestimmten Stelle r_0 in Bezug auf das System S, anschließend setzt man S' an die Stelle von S und bestimmt den Wert von w wieder an der Stelle r_0. Würde man dieses Verfahren an einer anderen Stelle r_1 wiederholen, so muß der Unterschied zwischen w_1 und w'_1 an der Stelle r_1 und der Unterschied zwischen w_0 und w'_0 an der Stelle r_0 jedesmal nur darauf zurückführbar sein, daß sich einmal das System S mit dem Wert q, das andere Mal das System S' mit dem Wert q' an derselben Stelle in der Umgebung von r_0 und r_1 befindet. Das Verhältnis w_i zu w'_i, gemessen an verschiedenen Stellen r_i, darf *nur* von dem Verhältnis von q zu q' abhängen und ist somit eine *ortsunabhängige Konstante.*

Das Verhältnis der Werte von q für zwei Systeme S und S′ kann also gemessen werden durch

$$(3\text{-}32)\qquad \frac{q}{q'} = \frac{w}{w'},$$

falls gilt:

$$(3\text{-}33)\qquad \operatorname{grad}\frac{w}{w'} = 0.$$

Durch die Gradientenbedingung (3-33) ist noch nicht eindeutig bestimmt, in welcher Weise die Größe w abhängt vom Abstand zum System S, für das die Größe q eine bestimmte quantitative Ausprägung hat. Insbesondere folgt nicht, daß w vom Abstand zum System S in einem $1/r^2$-Gesetz stehen müßte. Nur das Umgekehrte ist richtig, daß bei einem $1/r^2$-Gesetz die Gradientenbedingung und die Definition erfüllt sind. Dingler kann also keineswegs einsichtig begründen, warum die „ideale Abhängigkeitsgestalt einfachster Art“ ein $1/r^2$-Gesetz sein muß.

Bevor wir endgültig zur ausschließlichen Erörterung der Elektrodynamik zurückkehren, sei noch auf eine scheinbare Schwierigkeit aufmerksam gemacht. Ein System mit einer bestimmten quantitativen Ausprägung von q übt w-Wirkungen nur auf solche Systeme in seiner Umgebung aus, für die die Größe q ebenfalls einen von Null verschiedenen Wert hat. Das jedoch führt nicht auf einen Zirkel der Messungen, denn man bestimmt das Verhältnis der w-Wirkungen zweier Systeme S und S′ gemäß (3-32) relativ zu demselben System S_0 („Probekörper“). (3-32) kann daher auch so geschrieben werden:

$$(3\text{-}34)\qquad \operatorname{grad}\frac{w}{w'} = 0 \rightarrow \frac{q}{q'} = \frac{w}{w'} = \frac{\dfrac{q}{q_0}}{\dfrac{q'}{q_0}}$$

Sehr unterschiedliche experimentelle Versuchsanordnungen genügen der Gradientenbedingung (3-33). Sie alle kommen daher im Prinzip für erste experimentelle Bestimmungen von Ladungen in Frage. Jedoch erst nachdem sich die Physiker für eine bestimmte Versuchsanordnung entschieden haben, die die Gradientenbedingung erfüllt, kann das Ladungsverhältnis zweier geladener Körper durch das Verhältnis der Kräfte, die beide auf dieselbe Probeladung ausüben, also durch

$$(3\text{-}35)\qquad \operatorname{grad}\frac{|F|}{|F'|} = 0 \rightarrow \frac{q}{q'} = \frac{|F|}{|F'|}$$

experimentell bestimmt werden. Durch die Gradientenbedingung allein steht noch nicht das Gesetz fest, wie die Kraft, die zwischen zwei Ladungen wirkt, von deren räumlichen Abstand abhängt. Die physikalische Elektrizitätslehre begann historisch mit experimentellen Ladungsmessungen, die das Coulombsche Gesetz (3-35) realisierten. Die experimentelle Realisierung des Coulombschen Gesetzes zeigt also an, daß es den Physikern hinreichend gelungen ist, Ladungen so zu isolieren, daß die Wechselwirkungen zwischen ihnen nicht durch andere Kräfte gestört werden. Die Gradientenbedingung in (3-35) beinhaltet gerade die Forderung nach hinreichender Isolierung der Ladungen, ohne die Ladungen gar nicht experimentell untersucht und zum Gegenstand einer eigenen Theorie gemacht werden können. Nach (3-35) sind Ladungen unter solchen Experimentierbedingungen zu messen, wo das Verhältnis der Kräfte, das zwei Ladungen jeweils auf eine dritte Probeladung ausüben, bei willkürlicher Veränderung des Abstandes zwischen Ladung und Probeladung eine experimentelle Invariante relativ zu den beiden geladenen Körpern ist[38].

Nach (3-35) gilt für die Kräfte $\boldsymbol{F}_1(\boldsymbol{r}_0)$ und $\boldsymbol{F}_2(\boldsymbol{r}_0)$, die eine feste Ladung q_0 auf zwei Ladungen q_1 und q_2 an der Stelle r_0 zu einem festen Zeitpunkt ausübt:

$$\frac{|\boldsymbol{F}_1(\boldsymbol{r}_0)|}{|\boldsymbol{F}_2(\boldsymbol{r}_0)|} = \frac{q_1}{q_2},$$

woraus folgt, daß

$$\frac{|\boldsymbol{F}_1(\boldsymbol{r}_0)|}{q_1} = \frac{|\boldsymbol{F}_2(\boldsymbol{r}_0)|}{q_2}$$

bei willkürlicher Veränderung der Ladung q an demselben Ort relativ zur Feld erzeugenden Ladung eine experimentelle Invariante ist. Also kann durch

$$\text{(3-36)} \qquad \frac{\boldsymbol{F}(\boldsymbol{r})}{q} = \boldsymbol{E}(\boldsymbol{r}) \text{ bzw. } \boldsymbol{F}(\boldsymbol{r}) = q\,\boldsymbol{E}(\boldsymbol{r})$$

eine neue theoretische Größe „elektrische Feldstärke" definiert werden. Damit ist der erste Summand der Formel (3-29) für die Lorentz-Kraft als definierende Gleichung der Feldgröße $\boldsymbol{E}$ hergeleitet.

Ersetzt man in (3-36) den Kraftterm nach dem Coulombschen Gesetz (3-30) durch den Ausdruck

$$\frac{1}{4\pi\epsilon_0} \frac{q_1 q_2}{|\boldsymbol{r}|^3} \boldsymbol{r}$$

und wendet das Prinzip der linearen Superposition für elektrische Felder darauf an, so folgt unmittelbar der Gaußsche Satz vom Hüllenfluß,

(3-37) $\operatorname{div} \boldsymbol{E} = 4\pi\rho$,

also die Maxwellsche Gleichung der Elektrostatik.

Der zweite Summand von (3-29) führt die Größe $\boldsymbol{B}$ als experimentelle Invariante ein. In elektromagnetischen Experimenten fand man sehr bald heraus, daß ein elektrischer Strom (bewegte Ladungen) oder ein Magnet eine spezifische Kraft auf andere bewegte Ladungen ausübt. Diese Kraft $\boldsymbol{F}$ ist also eine Funktion Ψ der Ladung q, der Geschwindigkeit $\boldsymbol{v}$ und der Parameter $i_1,\ldots,i_n$ des erzeugenden Stromes I. Variiert man im Experiment nur die Ladungen und ihre Geschwindigkeiten, nicht aber den erzeugenden Strom I, so gilt der Satz:

(3-38) Zu jedem festen Strom I gibt es eine Funktion Φ_i, so daß für die auf Ladungen q_1 und q_2 mit den Geschwindigkeiten $\boldsymbol{v}_1$ und $\boldsymbol{v}_2$ ausgeübten Kräfte $\boldsymbol{F}_1$ und $\boldsymbol{F}_2$ gilt:

$$\frac{|\boldsymbol{F}_1|}{\Phi_i(q_1, |\boldsymbol{v}_1|)} = \frac{|\boldsymbol{F}_2|}{\Phi_i(q_2, |\boldsymbol{v}_2|)}.$$

(3-38) läßt sich sogar verschärfen zu

(3-39) Es gibt eine Funktion Φ, so daß für jeden Strom I und die durch ihn auf Ladungen q_1 und q_2 mit den Geschwindigkeiten $\boldsymbol{v}_1$ und $\boldsymbol{v}_2$ ausgeübten Kräfte $\boldsymbol{F}_1^i$ und $\boldsymbol{F}_2^i$ gilt:

$$\frac{|\boldsymbol{F}_1^i|}{\Phi(q_1, |\boldsymbol{v}_1|)} = \frac{|\boldsymbol{F}_2^i|}{\Phi(q_2, |\boldsymbol{v}_2|)}.$$

Dann kann durch

(3-40) $\boldsymbol{F} = \Phi(q, |\boldsymbol{v}|)\, \boldsymbol{B}$

eine neue theoretische Größe $\boldsymbol{B}$ eingeführt werden, die eine Funktion des erzeugenden Stromes ist. Aufgrund einschlägiger experimenteller Erfahrungen ist in (3-40) das Produkt q $|\boldsymbol{v}|$ einzusetzen. Da außerdem die Richtung der Kraft stets senkrecht ist zur Richtung der Geschwindigkeit, kann die Richtung von $\boldsymbol{B}$ so gewählt werden, daß schließlich (3-40) übergeht in den zweiten Summanden der Lorentz-Kraft, also in

(3-41) $\boldsymbol{F} = q\boldsymbol{v} \times \boldsymbol{B}$.

(3-41) ist die einführende Gleichung für die Feldgröße „magnetische Flußdichte", wobei relativ zum gleichen erzeugenden Strom der Ausdruck

$$\frac{|F|}{q\ |v|}$$

bei willkürlicher Variation von Ladung und Geschwindigkeit eine experimentelle Invariante ist, wie sie für die Einführung einer neuen theoretischen Größe B erforderlich ist.

3.7 Zusammenfassung

Das Forschungsprogramm der klassischen Physik ist zunächst für die Mechanik, die experimentelle Theorie der Bewegung physikalischer Körper formuliert. Im Zentrum der Mechanik steht die Grundgleichung (3-8) bzw. (3-11) mit dem Beschleunigungsverhältnis bewegter Körper als grundlegender experimenteller Invariante und den Größen „träge Masse" und „Kraft" als den theoretischen Grundgrößen. Aber das Forschungsprogramm der klassischen Physik leitet nicht nur die theoretische und experimentelle Behandlung der Bewegungsphänomene an, sondern auch die Erforschung aller übrigen, nicht-mechanischen Phänomene. Im Grunde kommt zu den Fundamentalgesetzen (3-8) bis (3-11), den Anwendungsregeln (3-13) und (3-14) und zu der Exhaustionregel (3-15) der Mechanik nur noch eine *forschungsheuristische* Regel hinzu, und das Forschungsprogramm der Mechanik ist zugleich das Forschungsprogramm für die Theorien nicht-mechanischer Phänomene.

(3-42) Ein nicht-mechanischer Phänomenbereich P wird quantifiziert über die experimentellen Invarianten geometrischer, kinematischer und mechanischer Größen, die an den Experimentierapparaturen gemessen werden können, über die die P-Phänomene im Hinblick auf die einschlägigen Quasiordnungen reproduziert und willkürlich manipuliert werden.

(3-13), (3-14) und (3-42) stellen zusammen sicher, daß neben den geometrischen und kinematischen Beobachtungsgrößen alle theoretischen Größen für die mechanischen und nicht-mechanischen Laborphänomene schrittweise explizit definiert werden als experimentelle Invarianten, die aus den jeweils schon eingeführten Größen gebildet werden, beginnend mit den theoretischen Grundgrößen „träge Masse" und „Kraft". Der tiefere forschungsheuristische Sinn der Regel (3-42) ist, daß die experimentelle Physik einen Phänomenbereich von Anfang an unter dem Aspekt erforscht, immer besser und zuverlässiger technisch über ihn zu verfügen. (3-42) trägt dem Umstand Rechnung, daß wir alle Phänomene nur technisch beherrschen, indem wir direkt mechanische Veränderungen hervorrufen.

Jede Experimentierklasse $\{V\}$ ist durch mindestens eine theoretische Größe τ charakterisiert, deren einführende Gleichung $\tau = \Theta(\tau_1,...,\tau_n,b,...)$ zugleich die Form der darstellenden Gleichung von $\{V\}$ angibt, wenn $\Theta(...)$ als experimentelle Invariante in $\{V\}$ realisiert ist. Verschiedene Versuchsklassen können durch dieselbe theoretische Größe charakterisiert sein, bloß daß jeweils in die einführende Gleichung für die Variable der theoretischen Größe unterschiedliche Werte oder Funktionsterme eingesetzt werden müssen, damit die Gleichung in die darstellende Gleichung der jeweiligen Versuchsklasse übergeht.

Im Definiens einer theoretischen Größe kommt immer mindestens eine Größe vor, deren Werte nicht willkürlich von den Experimentatoren gewählt werden können, sondern die sich auf bestimmte Werte „gesetzmäßig und von alleine" einstellt, sobald bestimmte experimentelle Rahmen- und Anfangsbedingungen hergestellt sind, und nur solche Werte, eingesetzt in das Definiens der theoretischen Größe, legen den Wertverlauf der betreffenden theoretischen Größe fest. Die Frage, welche Werte die theoretischen Größen und damit letztlich die Beobachtungsgrößen im Definiens einer bestimmten theoretischen Größe τ in Abhängigkeit voneinander annehmen, kann daher stets auch so beantwortet werden, daß man angibt, *welche Wertverläufe für τ möglich sind. Damit werden die Wertverläufe von τ selber zu theoretischen Objekten im Sinne Drieschners gemacht.* Dazu stellt man τ als Funktion $\tau(m_1,...,m_n)$ anderer Parameter – häufig der Zeit und des Ortes – dar. Die möglichen Wertverläufe von τ sind dann alle Lösungen einer Differentialgleichung

$$(3\text{-}43) \qquad \Gamma(\frac{\partial\tau}{m_i}, \frac{\partial^2\tau}{m_i m_j}, ..., m_1, ..., m_n, \tau) = 0,$$

in der (erste und höhere) (partielle) Ableitungen von τ nach den Parametern $m_1,...,m_n$ vorkommen.

Von der Möglichkeit, Wertverläufe theoretischer Größen wie eigenständige physikalische Objekte zu behandeln, ist in der klassischen Physik vor allem bei den Feldgrößen E und B der Elektrodynamik Gebrauch gemacht worden. Die Maxwellschen Gleichungen sind dabei Gleichungen vom methodologischen Status der Gleichung (3-43). Die elektromagnetischen Felder sind eigenständige, theoretisch induzierte physikalische Objekte neben den physikalischen Körpern, mit denen es die Mechanik zu tun hat.

4. DIE RELATIVISTISCHE REVISION DES FORSCHUNGS-PROGRAMMS DER KLASSISCHEN PHYSIK

„Dieser Zwang, die Bedeutung von feststehenden und vertrauten Begriffen zu ändern, ist der Brennpunkt der revolutionären Wirkung der Einsteinschen Theorie“, schreibt Thomas Kuhn in „Die Struktur wissenschaftlicher Revolutionen“[1] und formuliert damit eine Auffassung, die sich inzwischen mehrheitlich durchgesetzt hat. Die Physik erlebt einen revolutionären Umbruch, wenn nicht bloß das eine oder andere Verlaufsgesetz modifiziert wird, sondern wenn die Grundgleichung des bisherigen Forschungsprogramms preisgegeben wird. Das ist im Fall der Quantenmechanik so gewesen, ist hier aber nicht unser Thema. Auch in der Relativitätstheorie wird die Grundgleichung (3-11) der Newtonschen Physik revidiert. Nun wird von der überwiegenden Mehrheit der Physiker diese Revision der *dynamischen* Grundgleichung interpretiert als sekundäre Folge einer *primär veränderten Kinematik*, also des Teils der Mechanik, in dem noch gar keine theoretischen Größen in unserem Sinne vorkommen. Die spezielle und die allgemeine Relativitätstheorie haben demzufolge in erster Linie die grundlegenden Begriffe von Raum und Zeit von Grund auf verwandelt, die in der klassischen Physik noch für unumstößlich gehalten wurden.

Im ersten Kapitel haben wir uns mit dem operativen Sinn der Begriffe von Raum und Zeit im Kontext des Experimentierens beschäftigt und haben dort für eine methodologische Auszeichnung der geometrischen und kinematischen Begriffe argumentiert: Sie sind die Kategorien, unter die die Gegenstände in den Experimenten notwendigerweise fallen; jedes physikalische Ereignis findet *per definitionem* „in Raum und Zeit“ statt, und erst über seine räumlichen und zeitlichen „Koordinaten“ kann es überhaupt als *dasselbe* physikalische Ereignis identifiziert werden. Es erscheint daher eher fraglich, ob die geometrischen und kinematischen Begriffe der klassischen Physik durch die Relativitätstheorie überhaupt zur Disposition gestellt werden können, jedenfalls insofern die Relativitätstheorie beansprucht, eine Experimentalwissenschaft zu sein. Daß physikalische Ereignisse jedenfalls per definitionem räumlich und zeitlich bestimmt sind, hat eine wichtige methodische Konsequenz: Wenn Gesetze über den Verlauf eines physikalischen Vorgangs aufgestellt und durch Messungen überprüft werden sollen, so kann dieser Vorgang nicht selber dazu benutzt werden, allererst ein System von Raum-Zeit-Koordinaten zu konstruieren; andernfalls wird die *methodisch-pragmatische Ordnung*[2] verletzt. Im folgenden werden wir der Frage nachgehen, inwiefern die relativistische Revision der klassischen Physik mit dem Prinzip der methodisch-pragmatischen Ordnung zu vereinbaren ist.

4.1. Die Spezielle Relativitätstheorie

4.1.1 Invarianzen und Relativitätsprinzip

Es sei $m = \Psi(m_1,...,m_n)$ ein physikalisches Gesetz und $T = (T_1,...,T_n)$ ein System von Transformationen für die Größen $m_1,...,m_n$. Das Gesetz heißt *invariant*[3] bezüglich der Transformation T, wenn gilt:

(4-1) $$\Psi(m_1,...,m_n) = m = \Psi(T_1(m_1),...,T_n(m_n)).$$

Genauso ist eine Differentialgleichung invariant bezüglich der Transformation T, wenn mit jeder Lösung $y(x_1,...,x_n)$ auch die Funktion $y(T_1(x_1), ...,T_n(x_n))$ eine Lösung der Differentialgleichung ist. Die T-Invarianz von Gesetzen ist eine mathematisch beweisbare Eigenschaft der Formeln selber. Jedoch liefert der mathematische Beweis der T-Invarianz keineswegs schon ihre physikalische Interpretation.

In der klassischen Mechanik gilt ein (spezielles) *Relativitätsprinzip*, das folgendermaßen formuliert werden kann:

(4-2) Wenn relativ zu einem Bezugssystem I die Gesetze der klassischen Mechanik und Elektrodynamik gelten und wenn I' ein gegenüber I geradlinig gleichförmig bewegtes Bezugssystem ist, so gelten auch relativ zu I' wieder dieselben Gesetze der klassischen Mechanik und Elektrodynamik[4].

Wie eine genauere Analyse des Relativitätsprinzip zeigt, vereinigt es in sich zwei Teilbehauptungen, die in einem unterschiedlichen Verhältnis zu Invarianzeigenschaften der mechanischen und elektrodynamischen Gesetze stehen. Die eine Teilbehauptung bezieht sich auf den Sachverhalt, daß in zwei zueinander gleichförmig geradlinig bewegten Bezugssystemen die gleichen Experimente durchgeführt werden. Als Beispiel diene etwa ein irdisches Labor und eine relativ zur Erde bewegte Rakete. In dem irdischen Labor wie in der Rakete können die Physiker jeweils ein Pendel frei aufhängen und in Schwingungen versetzen. Es stellt sich dann die Frage, ob die Schwingungsvorgänge in beiden Laborsystemen gleich verlaufen. Oder die Physiker machen sowohl im irdischen Labor wie auch in der Rakete Fallversuche, und wieder erhebt sich die Frage, ob Körper in beiden Systemen gleich fallen. In diesen und anderen Fällen wird gefragt, ob in zwei zueinander bewegten Bezugssystemen Experimente bei ansonsten gleichen Rahmen- und Anfangsbedingungen (immer auf das eigene jeweilige System bezogen) auf die gleiche Weise ablaufen und deshalb durch die gleichen Gesetze theoretisch berechnet und vorausberechnet werden können. Das (spezielle) Relativitätsprinzip antwortet darauf:

(4-3) Sind I und I′ zwei geradlinig gleichförmig zueinander bewegte Bezugssysteme und läuft ein Vorgang V in I bei den Rahmen- und Anfangsbedingungen A nach dem Gesetz G ab, so läuft bei entsprechend gleichen Rahmen- und Anfangsbedingungen A′ in I′ ein entsprechender Vorgang V′ wieder nach dem Gesetz G ab.

Die Physiker können also anhand der einschlägigen Experimente, die sie in I und I′ jeweils ausführen, nicht entscheiden, ob die beiden Systeme sich relativ zueinander bewegen. Doch impliziert die Behauptung (4-3) nicht die These, daß die in beiden Systemen geltenden Gesetze invariant gegenüber der Transformation sein müssen, nach der sich die Raum-Zeit-Koordinaten in den beiden Systemen transformieren. Denn (4-3) behauptet nicht etwas über ein und dasselbe Ereignis, nur einmal in den Koordinaten von I, das andere Mal in den Koordinaten von I′ beschrieben, sondern über zwei verschiedene Ereignisse, deren Raum-Zeit-Koordinaten x, y, z, t bzw. x′, y′, z′, t′ jeweils auf I bzw. I′ bezogen sind, so daß rein zahlenmäßig gilt: $x = x'$, $y = y'$, $z = z'$ und $t = t'$. Deshalb ist (4-3) damit verträglich, daß die in beiden Systemen geltenden Experimentalgesetze nicht invariant sind gegenüber der Transformation, nach der sich die Raum-Zeit-Koordinaten *ein und desselben* Ereignisses in den beiden Systemen auseinander berechnen. Das Relativitätsprinzip, eingeschränkt auf die These (4-3) über den gleichen Verlauf von Experimenten unter gleichen Rahmen- und Anfangsbedingungen, impliziert nicht eine bestimmte Invarianzeigenschaft der einschlägigen physikalischen Gesetze.

Von dem bisher betrachteten Fall ist der folgende zu unterscheiden: In zwei zueinander bewegten Bezugssystemen I und I′ beobachten die Physiker den raum-zeitlichen Verlauf *ein und desselben* Ereignises. Die Raum-Zeit-Koordinaten x′, y′, z′, t′ des Ereignisses in I′ transformieren sich aus den Raum-Zeit-Koordinaten x, y, z, t des Ereignisses in I nach der Transformation T. Jetzt fragt sich, ob das besagte Ereignis durch dasselbe Gesetz theoretisch berechnet und vorausberechnet werden kann, gleichgültig, ob es in I-Koordinaten oder I′-Koordinaten beschrieben wird. Das Spezielle Relativitätsprinzip antwortet für diesen Fall:

(4-4) Wenn I und I′ zwei gleichförmig geradlinig zueinander bewegte Bezugssysteme sind und ein Ereignis bezogen auf I nach dem Gesetz G abläuft, so läuft das Ereignis bezogen auf I′ wiederum nach demselben Gesetz G ab.

(4-4) impliziert allerdings, daß das Gesetz G invariant sein muß gegenüber der Transformation T, die für die Raum-Zeit-Koordinaten desselben Ereignisses in beiden Bezugssystemen gilt. Andernfalls können die Verlaufsfunktion $\Psi(x,y,z,t)$ des Ereignisses in I und die Verlaufsfunktion $\Psi(x',y',z',t') = \Psi(T(x),T(y),T(z),T(t))$ des Ereignisses in I′ nicht Lösungen derselben Differentialgleichung sein. Natürlich ist (4-4) so zu lesen, daß die Physiker in I und I′ jeweils unabhängig voneinander mit Längenmeßgeräten und Uhren den raum-zeitlichen Verlauf desselben Ereignisses ausmessen und dabei feststellen, daß das Ereignis in beiden Bezugssystemen nach demselben Gesetz abläuft.

Von den beiden eben behandelten Fällen ist ein weiterer Fall zu unterscheiden: Relativ zu einem Bezugssystem I werden Experimente durchgeführt und Gesetze aufgestellt, die sich mathematisch als T-invariant erweisen. Nun will man diese Experimente in einem gegenüber I relativ gleichförmig geradlinig bewegten Bezugssystem I′ beschreiben. Man kann sich überlegen, welche Raum-Zeit-Koordinaten in I′ eingeführt oder konstruiert werden müssen, damit dasselbe Ereignis in I′ nach denselben Gesetzen abläuft wie in I. Die Antwort ist klar: Die Raum-Zeit-Koordinaten eines Ereignisses in I′ müßten sich aus seinen Koordinaten in I nach T transformieren, dann könnte das Ereignis in I und I′ nach demselben Gesetz „erklärt" werden. Der Satz

(4-5) Wenn in einem Bezugssystem I ein Ereignis nach einem T-invarianten Gesetz abläuft, so bleibt dieses Gesetz in einem gegenüber I geradlinig gleichförmig bewegten Bezugssystem I′ gültig, wenn man die Raum-Zeit-Koordinaten des Ereignisses relativ zu I′ gerade so wählt, daß sich die I′ -Koordinaten aus den I-Koordinaten nach T transformieren.

ist also ein nicht-empirischer, streng beweisbarer Satz.

Es fragt sich, welchen Sinn es machen soll, in I′ mit Hilfe der Raum-Zeit-Koordinaten von I neue Raum-Zeit-Koordinaten theoretisch zu induzieren? (4-5) kann in *Gedankenexperimenten* benutzt werden, um neue Gesetze zu finden. Ein klassisches Beispiel dafür ist Huygens' Ableitung des Impulserhaltungssatzes: Huygens unterstellte, daß die „wahren" Stoßgesetze, gelten sie im Bezugssystem S, auch in jedem gegenüber S bewegten Bezugssystem S′ gelten müssen. Dabei stand aber für Huygens bei seiner Analyse schon fest, daß sich die Raum-Zeit-Koordinaten eines Ereignisses in zwei zueinander geradlinig gleichförmig bewegten Bezugssystemen nach der Galilei-Transformation transformieren. Er machte sich bei seiner Herleitung also die Norm zunutze, daß die „wahren" Gesetze der Mechanik galilei-invariant sein sollen. Diese Norm konnte er damit begründen, daß die Gesetze der Mechanik nicht vom Bewegungszustand des Beobachters abhängen sollen. Diese Interpretation ist nur möglich, weil die Galilei-Transformation schon erkannt war als die Transformation, die zwischen den Raum-Zeit-Koordinaten eines Ereignisses in zwei zueinander gleichförmig geradlinig bewegten Bezugssystemen besteht.

4.1.2 Die Spezielle Relativitätstheorie als Revision des Forschungsprogramms der klassischen Dynamik

Bei der methodologischen Herleitung der Grundgleichung (3-8) bzw. (3-11) der klassischen Mechanik im dritten Kapitel wurde weder auf das Relativitätsprinzip noch auf die kinematisch begründete Galilei-Transformation Bezug genommen. Trotzdem ist mathematisch elementar beweisbar, daß die Newtonsche Grundgleichung (3-8) bzw. (3-11) invariant bezüglich der Galilei-Transformation ist. Insbesondere ist die Kraft eine galilei-invariante Größe. Die Galilei-Invarianz ist daher eine notwendige formale Bedingung, die der Term einer Kraft erfüllen muß, soll er mit dem Forschungsprogramm der klassischen Physik verträglich sein. Diese Betrachtung stützt sich lediglich auf die Invarianz, insofern sie eine rein mathematische Eigenschaft der entsprechenden Bewegungsgleichungen ist, und präjudiziert noch keine Antwort auf die Frage, ob das Relativitätsprinzip gilt und ob die Galilei-Invarianz die Transformation der Raum-Zeit-Koordinaten zwischen zwei relativ zueinander bewegten Bezugssystemen bestimmt.

Genauso wie rein mathematisch der Nachweis geführt werden kann, daß die Newtonsche Mechanik galilei-invariant ist, kann auch die Lorentz-Invarianz der Maxwellschen Gleichungen mathematisch nachgewiesen werden. Die unterschiedlichen Invarianzeigenschaften der Bewegungsgleichungen der klassischen Mechanik und der Feldgleichungen der klassischen Elektrodynamik wären nicht weiter von Belang, wenn beide Theorien nicht in fundamentaler Weise methodisch miteinander verknüpft wären. Die Lorentzkraft $\boldsymbol{F} = q(\boldsymbol{E} + \boldsymbol{v} \times \boldsymbol{B})$ verknüpft definitorisch die elektromagnetischen Feldgrößen $\boldsymbol{E}$ und $\boldsymbol{B}$ mit der Newtonschen Kraft $\boldsymbol{F}$. Dadurch werden Mechanik und Elektrodynamik Teiltheorien einer umfassenden Theorie der Bewegungen ungeladener und geladener Massenpunkte. Die Lorentz-Invarianz der Gleichungen für die Feldgrößen $\boldsymbol{E}$ und $\boldsymbol{B}$ überträgt sich auf die Lorentz-Kraft, obwohl diese als Kraft eigentlich galilei-invariant sein müßte. Insofern ist es durchaus nachzuvollziehen, daß für Einstein die unterschiedlichen Invarianzen der mechanischen Bewegungsgleichungen und der elektrodynamischen Feldgleichungen zu einem Problem wurden, das nach einer Lösung rief.

Zwar bedient sich die Elektrodynamik des Kraftbegriffs der klassischen Mechanik und ist insofern methodisch von der Mechanik abhängig, doch ist es trotzdem nicht zirkulär, die Lorentz-Invarianz der hochbewährten Feldgleichungen der klassischen Elektrodynamik zum Anlaß zu nehmen, das Forschungsprogramm der klassischen Physik an einer entscheidenden Stelle zu revidieren: An die Stelle der galilei-invarianten Grundgleichung tritt nun eine neue, lorentz-invariante Grundgleichung, die die alte Grundgleichung im Rahmen der Meßgenauigkeit dort als Spezialfall beibehält, wo die alte Theorie unbestreitbar erfolgreich ist. Statt (3-8) wird Grundgleichung des neuen Forschungsprogramms die Bewegungsgleichung

(4-6) $$\frac{dp_{rel}}{dt} = \Sigma\, F(r, \dot{r}, t)$$

Dabei ist die Größe „p_{rel}“ definiert durch

(4-7) $$p_{rel} = \frac{m_r v}{\sqrt{1 - v^2/c^2}}.$$

m_r ist die Ruhmasse des Körpers, also die Masse, die der Körper hat, wenn er im Bezugssystem ruht. Die Ruhmasse kann gemessen werden durch Stöße bei niedrigen Stoßgeschwindigkeiten relativ zur Lichtgeschwindigkeit und der Zusatzbedingung, daß die Körper nach dem Stoß im Bezugssystem ruhen.

Diese Revision tastet keine methodologische Bestimmung des Forschungsprogramms der klassischen Mechanik an, auf die nur um den Preis verzichtet werden kann, das Ziel einer prognostisch gehaltvollen experimentellen Dynamik zu verfehlen. Die Newtonsche Form der Bewegungsgleichung ist zwar besonders einfach, aber wieder sind die Lösungen der Bewegungsgleichung (4-6) die Bahnfunktionen bewegter Körper. Um die Bahnen bewegter Körper vorherzusagen, werden Bewegungsgleichungen überhaupt nur aufgestellt. Wird die Grundgleichung (3-11) revidiert, so wird damit auch gemäß (3-12) das Beschleunigungsverhältnis als grundlegende experimentelle Invariante der Dynamik fallengelassen. Insbesondere muß dann nicht mehr (3-17) gelten, daß das Verhältnis der Geschwindigkeitsänderungen stoßender Körper eine von den Anfangsgeschwindigkeiten unabhängige Konstante ist.

Im dritten Kapitel haben wir bereits darauf verwiesen, daß (3-17) zum Testfall für das Forschungsprogramm der klassischen Physik insgesamt gemacht werden kann: Wenn sich im kategorialen Rahmen des Forschungsprogramms der klassischen Physik Stoßvorgänge als eigenständige dynamische Versuchsklasse sollen rekonstruieren lassen, dann muß (3-17) sich realisieren lassen, und jeder experimentelle Befund, der (3-17) widerspricht, wird als störende Intervention weiterer Kräfte exhauriert. Mißlingt es allerdings, den Impulserhaltungssatz schließlich bei Stößen doch hinreichend gut zu realisieren, so kann dies die Physiker u.U. dazu zwingen, das Beschleunigungsverhältnis als grundlegende experimentelle Invariante zu verwerfen, da schon für einen so einfach zu realisierenden und zentralen dynamischen Vorgang wie den Stoß das Verhältnis der Geschwindigkeitsänderungen nicht invariant gehalten werden kann gegenüber den Ausgangsgeschwindigkeiten.

Die Hochenergiephysiker z.B. versichern uns, daß bei Stößen mit Teilchen sehr hoher Geschwindigkeiten nicht die klassischen Impulse erhalten bleiben und daher der klassische Impulserhaltungssatz nicht zu richtigen quantitativen Prognosen führt. Vielmehr sind die relativistischen Impulse

(4-7) bei solchen Stoßvorgängen Erhaltungsgrößen. Da sich die relativistischen Impulse gegenüber den klassischen Impulsen bei Stößen prognostisch besser bewähren, kann der relativistische Impuls den methodischen Platz im Forschungsprogramm einer Dynamik einnehmen, den bisher der klassische Impulsbegriff innehatte. Dies führt direkt auf die revidierte Bewegungsgleichung (4-6).

Unsere methodologische Rekonstruktion der Forschungsprogramme der klassischen Mechanik und Elektrodynamik weist demnach einen Weg auf, den Übergang von der klassischen zur relativistischen Mechanik direkt als *Revision des Forschungsprogramms der Dynamik* zu vollziehen, eine Revision die notwendig wird, weil die mechanischen Bewegungsgleichungen und die elektrodynamischen Feldgleichungen unterschiedliche Invarianzen besitzen, die miteinander unverträglich sind. Nach dieser Darstellung revidiert die Spezielle Relativitätstheorie die klassische Dynamik.[5] Die Revision der Dynamik wird nicht veranlaßt durch die „Entdeckung", daß die Lorentz-Transformation die „wahre" Transformation für die Raum-Zeit-Koordinaten ein und desselben Ereignisses in zwei geradlinig gleichförmig zueinander bewegten Bezugssystemen ist. Dies aber ist der wesentliche Teil der Begründung, die Einstein selber und in seiner Nachfolge die Mehrheit der Physiker für den Übergang zur relativistischen Physik anführen. Wir werden uns also dieser Begründung nun näher zuwenden müssen.

4.1.3 Die Spezielle Relativitätstheorie als Revision der klassischen Kinematik

Aus der bekannten Fallsudie von Holton über den Versuch von Michelson-Morley als „experimentum crucis"[6] wissen wir, daß für Einstein nicht so sehr Experimente ausschlaggebend für eine Revision der klassischen Mechanik gewesen sind. Anlaß zur Revision war ihm die oben schon erwähnte Unverträglichkeit zwischen klassischer Mechanik und Elektrodynamik. Die klassische Mechanik ist galilei-invariant, die Maxwellsche Elektrodynamik ist lorentz-invariant. Einstein war durchdrungen von der „Idee der Einheit der Natur", die ihren „Widerschein" in der Mathematik der „Naturgesetze" findet, und deshalb stand für Einstein fest, daß, solange physikalische Theorien sich in einer so fundamentalen Eigenschaft wie der Transformationsinvarianz noch voneinander unterscheiden, man die „wahren Naturgesetze" noch nicht gefunden hatte. Die „Einheit der Natur" verlangt die Einheitlichkeit der Naturgesetze hinsichtlich ihrer Transformationseigenschaften.

Wie wir oben gesehen haben, impliziert das Spezielle Relativitätsprinzip (4-2) insbesondere den Satz (4-4). Der Satz hat nun seinerseits den Satz

(4-8) Wenn relativ zu zwei Bezugssystemen I und I′ derselbe Vorgang nach denselben Gesetzen abläuft, so müssen die Gesetze invariant sein bezüglich der Transformation, nach der sich die Raum-Zeit-Koordinaten des einen Systems aus den Raum-Zeit-Koordinaten des anderen transformieren.

zur Folge. In der klassischen Physik gilt der folgende Satz über die Transformation der Raum-Zeit-Koordinaten von zwei relativ gleichförmig geradlinig bewegten Bezugssystemen:

(4-9) Ist I ein Bezugssystem mit den Raum-Zeit-Koordinaten x, y, z, t und ist I′ ein gegenüber I mit der Geschwindigkeit v geradlinig gleichförmig bewegtes Bezugssystem mit den Raum-Zeit-Koordinaten x′, y′, z′, t′, so transformieren sich die Raum-Zeit-Koordinaten in I (bei geeigneten Anfangsbedingungen) nach der Galilei-Transformation

$$x' = x - vt$$
$$y' = y$$
$$z' = z$$
$$t' = t$$

Die Sätze (4-2), (4-8) und (4-9) implizieren den Satz

(4-10) Die Gesetze der Mechanik und Elektrodynamik müssen galilei-invariant sein.

Tatsächlich jedoch ist die klassische Elektrodynamik nicht galilei-invariant, sondern invariant gegenüber der Lorentz-Transformation

(4-11) $$x' = \frac{x - vt}{\sqrt{1 - v^2/c^2}} \qquad y' = y,\ z' = z$$

$$t' = \frac{t - \frac{v}{c^2}x}{\sqrt{1 - v^2/c^2}}$$

Insgesamt ergibt sich der folgende Satz:

(4-12) Die folgenden vier Behauptungen sind unverträglich miteinander:
(A) Die Raum-Zeit-Koordinaten ein und desselben Vorgangs in zwei gleichförmig geradlinig zueinander bewegten Bezugssystemen transformieren sich nach der Galilei-Transformation.
(B) Es gilt das Relativitätsprinzip (4-2).
(C) Es gelten die Bewegungsgleichungen der klassischen Mechanik.
(D) Es gilt die klassische Elektrodynamik Maxwells.

Vom logischen Standpunkt aus betrachtet läßt die Unverträglichkeit der vier Behauptungen in (4-12) zunächst den Schluß zu, daß mindestens eine der vier Aussagen nicht wahr sein kann. Welche der Aussagen verworfen werden muß, das ist noch offen. Aus (4-12) lassen sich ganz unterschiedliche Konsequenzen ziehen. Bekanntlich hat Einstein wider alle Erwartung klassischer Physiker die Behauptung (A) preisgegeben. Er verwirft die Behauptung von der Geltung der Galilei-Transformation unter zwei Voraussetzungen:[7]

(4-13) In zwei geradlinig gleichförmig zueinander bewegten Bezugssystemen gilt für die Ausbreitung *desselben* Lichtsignals das Gesetz, wonach das Signal in beiden Systemen dic Geschwindigkeit c hat.

(4-14) Wenn für die raum-zeitliche Ausbreitung desselben Vorgangs in zwei zueinander bewegten Bezugssystemen dasselbe T-invariante Gesetz gilt, so müssen sich die Raum-Zeit-Koordinaten der beiden Systeme nach T transformieren.

Aus diesen beiden Sätzen folgert Einstein:

(4-15) Die Raum-Zeit-Koordinaten von zwei geradlinig gleichförmig zueinander bewegten Bezugssystemen transformieren sich nach den Gleichungen der Lorentz-Transformation.

Der Satz impliziert nun zusammen mit den Sätzen (4-2) und (4-8) den Satz:

(4-16) Die Bewegungsgleichungen der Mechanik müssen lorentz-invariant sein.

Satz (4-16) begründet die Forderung, die galilei-invarianten Bewegungsgleichungen der klassischen Mechanik durch lorentz-invariante zu ersetzen. Gleichungen der Form (4-6) genügen dieser Forderung. Die Behauptungen (4-2), (4-15), die Feldgleichungen der klassischen Elektrodynamik und die lorentz-invarianten Bewegungsgleichungen sind miteinander verträglich. Das ist die Einsteinsche Lösung des durch den Satz (4-12) aufgeworfenen Problems, eine Lösung, die sich einer Revision der klassischen Kinematik verdankt. Erst die Revision der Kinematik zieht dann eine entsprechende Revision der Dynamik nach sich.

Es fragt sich, inwiefern die Herleitung der Lorentz-Transformation aus dem Gesetz von der Konstanz der Lichtgeschwindigkeit kinematisch zu heißen verdient. Bis zur Speziellen Relativitätstheorie jedenfalls meinte man, daß sich die Transformation der Raum-Zeit-Koordinaten in zwei gleichförmig geradlinig zueinander bewegten Bezugssystemen bereits aus den *Definitionen der kinematischen Größen „Länge“, „Dauer“ und „Geschwindigkeit“*

apriori müsse herleiten lassen. Auch zweifelte niemand daran, daß aus den Definitionen der Kinematik allein die Galilei-Transformation folge. Dagegen macht Einstein geltend, daß die für eine Herleitung der Transformationsgleichungen benötigten Definitionen solange nicht vollzählig beisammen sind, als noch eine operationale Definition der Gleichzeitigkeit zweier Ereignisse an verschiedenen Orten fehlt. Und eine operational praktikable Definition der Gleichzeitigkeit vermißt Einstein in der klassischen Kinematik. Diese Definitionslücke will Einstein mit der folgenden Gleichzeitigkeitsdefinition schließen:

(4-17) Zwei Ereignisse an den Orten A und B sind gleichzeitig, wenn mit ihnen gleichzeitig (am selben Ort (!)) ausgesendete Lichtsignale einen Beobachter in der Mitte zwischen A und B gleichzeitig erreichen; bzw.: Ein in der Mitte zwischen den Orten A und B ausgesendetes Lichtsignal wird in A und B (per definitionem) gleichzeitig eintreffen.

Damit ist die Ausbreitung von Licht ein kinematisch ausgezeichneter Vorgang, weil Lichtsignale bei der Feststellung der Gleichzeitigkeit zweier Ereignisse an verschiedenen Orten benutzt werden. Stellen wir uns nun zwei relativ geradlinig gleichförmig zueinander bewegte Bezugssysteme S und S′ vor, und Orte A und B auf der x-Achse von S und Orten A′ und B′ auf der parallelen x′-Achse von S′, so daß die Entfernung von A nach B der Entfernung von A′ nach B′ gleich ist. In A, B, A′ und B′ seien Uhren aufgestellt, die synchronisiert werden sollen nach Definition (4-17). Stellen wir uns dazu weiter vor, jeweils in der Mitte zwischen $\overline{AB}$ bzw. $\overline{A'B'}$ seien Orthogonale h und h′ zu den jeweiligen x-Achsen der beiden Systeme errichtet, die nach Voraussetzung zueinander parallel sind. g sei eine Parallele zu den beiden x-Achsen, die genau in der Mitte zwischen den beiden Achsen liegt. Während sich S und S′ relativ zueinander bewegen, werde zu dem Zeitpunkt, an dem h und h′ gerade miteinander koinzidieren, vom Schnittpunkt zwischen h bzw. h′ und g ein Lichtsignal ausgesendet, das bei Erreichen der Orte A, B, A′ und B′ die dort aufgestellten Uhren jeweils in Gang setzt.

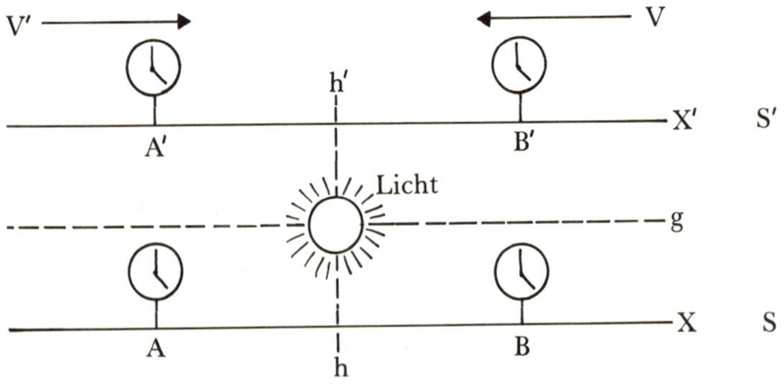

Die S-Physiker werden von ihren Uhren in A und B behaupten, daß sie gemäß (4-17) gleichzeitig in Gang gesetzt wurden und daß sich das Lichtsignal relativ zu ihrem System in allen Richtungen mit der gleichen Geschwindigkeit per definitionem ausbreitet. Dasselbe werden die S'-Physiker über die Uhren in A' und B' und über dasselbe Lichtsignal relativ zu ihrem System S' behaupten. In beiden Systemen hat dasselbe Lichtsignal aufgrund von (4-17) gleiche Geschwindigkeit in beiden Richtungen. So weit, so gut.

Wenn nun die S-Physiker nicht nur das Lichtsignal, sondern auch noch das zu ihnen relativ bewegte Bezugssystem S' beobachten, so werden sie nach der Auffassung der Relativitätstheorie zu folgendem Ergebnis kommen: Das Lichtsignal wird zuerst in B' (vgl. Zeichnung), dann per definitionem gleichzeitig in A und B und dann in A' ankommen. Die Uhren in S' gehen von S aus beurteilt nicht synchron. Zu diesem Ergebnis kommen mit der gleichen Argumentation auch die S'-Physiker in Bezug auf S. Diese These der Relativitätstheorie ist bekannt als *Relativität der Gleichzeitigkeit.* Die Relativität der Gleichzeitigkeit ergibt sich allerdings nur, wie man leicht einsieht, wenn die S-Physiker bzw. die S'-Physiker jeweils das klassische Additionstheorem der Geschwindigkeiten benutzen. Und dies ist im Rahmen der Relativitätstheorie eine völlige Ungereimtheit, wie immer wieder zu Recht hervorgehoben wird[8], weil die Relativitätstheorie gerade mit dem Anspruch auftritt zu zeigen, daß das klassische Additionstheorem der Geschwindigkeiten nicht gilt. Trotzdem kann uns diese Ungereimtheit auf einen Aspekt aufmerksam machen, auf den in den Analysen zur Relativitätstheorie selten geachtet wird.

Machen wir uns die Situation noch einmal klar: Wenn die S-Physiker sich fragen, ob das Lichtsignal L, das die Orte A und B per definitionem gleichzeitig erreicht, auch in A' und B' gleichzeitig ankommt oder nicht, so müssen sie die Wörter „gleichzeitig", „später als" usw. notwendigerweise auf ihr eigenes Uhrensystem beziehen, und dafür stehen zunächst nur die relativ zueinander ruhenden S-Uhren zur Verfügung. Sie können also die obige Frage nur so beantworten, daß sie festzustellen versuchen, welche Zeit ihre Uhren, etwa in A oder B gerade anzeigen, wenn das Lichtsignal L in A' oder B' eintrifft. Wieder handelt es sich um ein Problem der Gleichzeitigkeit an verschiedenen Orten. Nach Definition (4-17) müßte man ein weiteres Lichtsignal L' genau zu dem Zeitpunkt von der Mitte zwischen A und A' absenden, daß es in A' genau gleichzeitig mit dem Lichtsignal L ankommt. In A wäre dann die Zeit abzulesen, die die Uhr dort bei der Ankunft von L' anzeigt. Allein, Definition (4-17) ist gar nicht anwendbar, weil sich A und A', während sich das Licht ausbreitet, selber relativ zueinander bewegen. Die Frage der S-Physiker ist solange nicht beantwortbar, wie nicht unabhängig von (4-17) auch noch eine Definition der Synchronizität von Ereignissen an verschieden, relativ zueinander bewegten Orten verabredet worden ist. Oder kürzer: (4-17) definiert nur die Synchronizität relativ zueinander ruhender Uhren, es fehlt eine Definition für die Synchronizität relativ zueinander bewegter Uhren. (4-17) jedenfalls legt die erforderliche Definition noch keineswegs eindeutig fest.

Die S-Physiker stehen somit vor der Aufgabe, in den Orten des Systems S′ Uhren aufzustellen, die relativ zu den S-Uhren in S bewegt sind, aber nach einem festzulegenden Synchronisationsverfahren mit den in S ruhenden Uhren synchronisiert sind. Wir müssen also zunächst in S′ die S′-Uhren, die dort von den S′-Physikern nach (4-17) synchronisiert werden, von diesen neuen S-Uhren der Physiker aus S unterscheiden. Die Frage, die sich die S-Physiker stellen, lautet also genauer: Sind zwei Ereignisse in A′ und B′, die nach den dort aufgestellten S′-Uhren gleichzeitig ablaufen, auch gleichzeitig nach den ebenfalls in A′ und B′ aufgestellten S-Uhren? Die Antwort auf diese Frage hängt ersichtlich an der Definition der Synchronizität der relativ zueinander bewegten S-Uhren in S und S′.

Nun ist es logisch einwandfrei möglich und mit (4-17) verträglich, die mit S′ fest verbundenen S-Uhren mit den in S ruhenden Uhren gerade auf der Grundlage des klassischen Additionstheorems der Geschwindigkeiten zu synchronisieren. Das heißt etwa: Wenn sich A′ auf der Verbindungsgerade von A und A′ mit konstanter Geschwindigkeit $\vec{v}$ von A entfernt und wenn zum Zeitpunkt t_A in A ein Lichtsignal losgeschickt wird, so geht die S-Uhr in A′ per definitionem synchron mit der S-Uhr in A, falls für den Zeitpunkt $t_{A'}$, den die Uhr in A′ bei der Ankunft des Lichtsignals gerade anzeigt, gilt:

$$t_{A'} = t_A + \frac{L}{c-v}$$ (L ist die Entfernung zwischen A und A′ zu dem Zeitpunkt, an der das Lichtsignal A verläßt)

Was bloß wie eine fehlerhafte Argumentation im Rahmen der Relativitätstheorie erschien, nämlich daß das klassische Additionstheorem bei der Herleitung der Relativität der Gleichzeitigkeit noch in Ansatz gebracht wird, läßt sich jetzt doch folgendermaßen verstehen: Trotz der Definition (4-17) brauchen die S-Physiker noch eine Definition der Gleichzeitigkeit von Ereignissen an relativ zueinander bewegten Orten (Uhren), und es ist nun logisch möglich, die Synchronizität zueinander bewegter Uhren gerade nach Maßgabe des klassischen Additionstheorem der Geschwindigkeiten zu definieren.

Die S′-Physiker würden in diesem Falle freilich feststellen, daß die bei ihnen aufgestellten S-Uhren ihrer Kollegen aus S anders gehen als ihre nach (4-17) synchronisierten S′-Uhren. Eine ähnliche Argumentation wie für die S-Physiker ist auch von den S′-Physikern aus möglich. Aber selbstverständlich ist eine Synchronizitätsdefinition auf der Grundlage des klassischen Additionstheorems der Geschwindigkeiten nur eine von vielen Möglichkeiten. Genauso gut können sich die S-Physiker entschließen, einfach die S′-Uhren der S′-Physiker als ihre S-Uhren in S′ zu übernehmen. Und genau darauf läuft der Vorschlag der Relativitätstheorie hinaus: Relativ zueinander bewegte Systeme S und S′ von Uhren werden so miteinander synchronisiert, daß auch relativ zu den (untereinander ruhenden) S′-Uhren sich ein Lichtsignal nach allen Richtungen hin mit der konstanten Geschwindigkeit c fortbewegt, wie das für dasselbe Lichtsignal relativ zu den (untereinander ruhenden) S-Uhren in S der Fall ist.

Aus diesen Überlegungen lassen sich nun drei Folgerungen ziehen, die alle drei in Widerspruch zu Thesen stehen, die in der üblichen kinematischen Interpretation der Speziellen Relativitätstheorie behauptet werden:

1) Das klassische Additionstheorem der Geschwindigkeiten ist *logisch unabhängig* von der Gleichzeitigkeitsdefinition (4-17). Ein wie immer auch formuliertes Additionstheorem für die Geschwindigkeitsüberlagerung ist Teil einer von (4-17) unabhängigen Definition für die Gleichzeitigkeit von Ereignissen an zwei verschiedenen, relativ zueinander bewegten Orten. Es ist logisch miteinander verträglich, die Gleichzeitigkeitsdefinition (4-17) für Ereignisse an verschiedenen, aber zueinander ruhenden Orten zu akzeptieren und trotzdem das klassische Additionstheorem der Geschwindigkeiten beizubehalten[9].
2) Wird das Gesetz von der Konstanz der Lichtgeschwindigkeit zur Grundlage für eine Synchronizitätsdefinition relativ zueinander bewegter Uhren, so *ist die Gleichzeitigkeit von Ereignissen gerade nicht mehr relativ.* Denn die S-Physiker können die Frage, ob zwei Ereignisse in S′, die relativ zu den nach (4-17) synchronisierten Uhren gleichzeitig stattfinden, auch von ihrem System S aus beurteilt gleichzeitig sind, nur beantworten, indem sie prüfen, welche Zeit die von ihnen in S′ etablierten und mit ihren in S ruhenden Uhren nach einem bestimmten Verfahren synchronisierten S-Uhren jeweils anzeigen. Wählen die S-Physiker gerade eine Synchronisationsdefinition, die es ihnen ermöglicht, die S′-Uhren der S′-Physiker zu benutzen, sind auch für sie alle Ereignisse gleichzeitig, die relativ zu den S′-Uhren in S′ gleichzeitig sich ereignen.
3) Nur wenn das Gesetz von der Konstanz der Lichtgeschwindigkeit zur Grundlage für die Synchronisierung relativ zueinander bewegter Uhren gemacht wird, verdient die Herleitung der Lorentz-Transformation aus dem Gesetz von der Konstanz der Lichtgeschwindigkeit überhaupt, kinematisch genannt zu werden. *Genau in diesem Falle aber ist das Gesetz von der Konstanz der Lichtgeschwindigkeit kein empirisches Gesetz mehr.* Würden Raum-Zeit-Messungen Resultate ergeben, die scheinbar unverträglich mit dem Gesetz sind, so müßten und könnten diese Abweichungen immer als Störungen der Meßstäbe und Uhren erklärt werden, kurz: das Gesetz von der Konstanz der Lichtgeschwindigkeit müßte in jedem Falle exhauriert werden.

Immer wieder wird der empirische Status des Gesetzes von der Konstanz der Lichtgeschwindigkeit betont. Es werden verschiedene experimentelle „Beweise“ für das Gesetz angeführt. Vorweg läßt sich jedoch gleich festhalten, daß es kein direktes Experiment zum Gesetz von der Konstanz der Lichtgeschwindigkeit gibt. Direkt würde dieses Gesetz nachgewiesen, wenn Physiker in zwei zueinander gleichförmig geradlinig bewegten Bezugssystemen die Geschwindigkeit ein und desselben Lichtsignals jeweils relativ zu ihrem Bezugssystem messen und dabei feststellen würden, daß das Licht relativ zu beiden Systemen dieselbe Geschwindigkeit hat. In beiden Systemen müßten dazu jeweils unabhängig voneinander und ohne Rückgriff auf das Gesetz von der Konstanz der Lichtgeschwindigkeit Meßverfahren zur Bestimmung von Längen und Dauern operational eingeführt sein.

Der berühmte Michelson-Morley-Versuch[10], der immer wieder als experimenteller Beleg für das Gesetz von der Konstanz der Lichtgeschwindigkeit ins Feld geführt wird, ist offensichtlich gar kein direktes Experiment im eben erläuterten Sinne, und analysiert man den Versuch etwas genauer, so bestätigt er darüber hinaus direkt nur die viel schwächere These, daß sich Licht relativ zur Erde in allen Richtungen mit der gleichen Geschwindigkeit ausbreitet. Die experimentellen Befunde werden weit über das hinaus, was sie direkt zeigen, interpretiert, beruft man sich auf den Michelson-Morley-Versuch für die Behauptung, es gäbe gewichtige experimentelle Bestätigungen für das Gesetz von der Konstanz der Lichtgeschwindigkeit.

Betrachten wir noch ein Beispiel, das immer wieder angeführt wird als „glänzende Bestätigung" des Satzes von der Konstanz der Lichtgeschwindigkeit. Beim π^0-Mesonen-Zerfall stoßen hochenergetische Protonen mit ruhenden Atomkernen zusammen, dabei entstehen Elementarteilchen, die mit hoher Geschwindigkeit auseinanderfliegen. Unter diesen Teilchen befinden sich auch π^0-Mesonen, deren Strahl man von den übrigen Teilchen separieren kann und die sich mit einer Geschwindigkeit von $v = 0{,}99975\ c$ bewegen. Bereits nach $2\ 10^{-16}$ Sekunden zerfallen die Mesonen in zwei energiereiche Photonen, die im Ruhsystem der Mesonen mit Lichtgeschwindigkeit emittiert werden. Berechnet man die Geschwindigkeit der Photonen relativ zum Laborsystem, in dem sich die Mesonen mit der Geschwindigkeit $v = 0{,}99975\ c$ bewegen, nach dem relativistischen Additionstheorem der Geschwindigkeiten, so ergibt sich wieder die Lichtgeschwindigkeit c, die dann im Labor auch tatsächlich gemessen wird.

Wie gesagt, wird dieses tatsächlich durchgeführte Experiment als eine eindrucksvolle Bestätigung des Gesetzes von der Konstanz der Lichtgeschwindigkeit gewertet[11]. Selbstverständlich ist offenkundig, daß es sich bei diesem Experiment um ein indirektes Experiment handelt. Ich sehe einmal völlig davon ab, daß Elementarteilchen überhaupt keine direkt beobachtbaren Objekte sind, daß wir es hier gar nicht direkt, nämlich von den Phänomenen her, mit Bewegungen von Teilchen zu tun haben, sondern lediglich für bestimmte experimentelle Resultate *kinematische Modelle* konstruieren. Selbst wenn man diese Probleme nicht weiter betrachtet, läßt sich das Experiment sofort folgendermaßen interpretieren: Relativ zum Laborsystem I werden Objekte (Mesonen) raum-zeitlich vermessen. Rein theoretisch-rechnerisch betrachtet man diese Objekte selber als ein raum-zeitliches Bezugssystem I′, relativ zu dem man theoretisch-hypothetisch einen kinematischen Vorgang (Photonenemission) annimmt. Die Raum-Zeit-Koordinaten in I′ werden nun gerade so gewählt, daß sich die raumzeitliche Beschreibung des kinematischen Vorgangs relativ zum Laborsystem nach der Lorentz-Transformation ergibt. Mit anderen Worten: Im System I′ werden gar keine Raum-Zeit-Messungen unabhängig von I durchgeführt, sondern es wird mit Hilfe der Lorentz-Transformation von I aus in I′ ein System von Raum-Zeit-Koordinaten *theoretisch induziert*, um letztlich mit diesem theoretischen Zwischenschritt ein Ergebnis für Messungen im System I vorherzusagen.

Wir haben bei diesem Experiment also genau den Fall einer theoretischen Konstruktion von Raum-Zeit-Koordinaten mit Hilfe der Lorentz-Transformation vor uns, durch die das angeblich empirische Gesetz von der Konstanz der Lichtgeschwindigkeit zu einer bloß logischen Folge der theoretischen Konstruktion des Systems der Raum-Zeit-Koordinaten wird. Warum man im System I′ Raum-Zeit-Koordinaten mit Hilfe der Lorentz-Transformation aus den Koordinaten von I theoretisch konstruiert, dafür kann nun und braucht man sich nicht auf das Gesetz von der Konstanz der Lichtgeschwindigkeit zu berufen. Es reicht, das heuristische Prinzip (4-5) zu benutzen. Es werden die Raum-Zeit-Koordinante in I′ gerade so konstruiert, daß für ein und denselben Vorgang jeweils in I und I′ dieselben lorentz-invarianten Gesetze der Mechanik und Elektrodynamik gelten und anwendbar sind. Durch Anwendung der lorentz-invarianten Gesetze auf das System I′ wird ein Vorgang relativ zu I′ theoretisch vorhergesagt und dann relativ zu I nach entsprechender Umrechnung mit Hilfe der Lorentz-Transformation gemessen. Da jedoch der Vorgang nie unabhängig von I relativ zu I′ raum-zeitlich vermessen wird, so bestätigt das Experiment letztlich nur die Richtigkeit der lorentz-invarianten Gesetze der *Dynamik* und Elektrodynamik im Laborsystem I. Versuche zum π^0-Mesonen-Zerfall sind letztlich Bestätigungen der relativistischen *Dynamik* und nicht Versuche zur sogenannten relativistischen Kinematik.

Aber angenommen einmal, es würden direkte Experimente zum Gesetz von der Konstanz der Lichtgeschwindigkeit gemacht. In diesem Falle müßten Raum-Zeit-Koordinaten in zwei Systemen unabhängig voneinander durch operationale Meßvorschriften für Längen-, Dauer- und Gleichzeitigkeitsmessungen etabliert sein. Aufgrund dieser operationalen Definitionen der einschlägigen kinematischen Größen müßte sich dann schon zeigen lassen, daß sich die Raum-Zeit-Koordinaten jedenfalls nicht nach den Gleichungen von Galilei transformieren, da sonst der angeblich empirische Nachweis der Konstanz der Lichtgeschwindigkeit methodisch unweigerlich als Störung gedeutet werden müßte. Hier sind nun zwei Fälle zu unterscheiden: Entweder aus den kinematischen Definitionen folgt schon die Lorentz-Transformation als die kinematisch richtige Transformation der Raum-Zeit-Koordinaten ein und desselben Ereignisses in den zwei relativ zueinander bewegten Bezugssystemen, oder die Transformation der Raum-Zeit-Koordinaten ist noch nicht durch die kinematischen Definitionen determiniert. Im ersteren Fall hätten wir damit eine Begründung der Lorentz-Transformation, die von dem Gesetz von der Konstanz der Lichtgeschwindigkeit ganz unabhängig wäre. Man hätte sich dann nicht mehr auf die Herleitung aus dem Gesetz von der Konstanz der Lichtgeschwindigkeit zu berufen, wollte man die Lorentz-Transformation kinematisch begründen.

Im zweiten Fall liegt die an sich schon sehr unwahrscheinliche Möglichkeit vor, daß zwar aufgrund der operationalen Definitionen der kinematischen Größen in beiden zueinander bewegten Bezugssystemen I und I′ die Raum-Zeit-Koordinaten desselben Ereignisses und auch die Relativgeschwindigkeit der beiden Bezugssysteme zueinander gemessen werden können, daß aber trotzdem die Transformation zwischen den I-Koordinaten und I′-Koordinanten ein und desselben Ereignisses nicht determiniert ist[12]. Hier bleibt nun nichts anderes übrig, als einen bestimmten physikalischen Vorgang auszuwählen, ihn unter genau bestimmten Experimentierbedingungen in I und I′ raum-zeitlich zu vermessen und aufgrund der Meßergebnisse die Transformation zwischen I- und I′-Koordinaten festzulegen.

Hat man sich einmal für einen bestimmten Vorgang entschieden, so wird durch die Vermessung dieses Vorgangs unter genau angegebenen Experimentierbedingungen die Transformation der Raum-Zeit-Koordinaten zwischen den beiden Systemen für alle anderen Vorgänge *definiert*. Das Gesetz von der Ausbreitung des definierenden Vorgangs in I und I′ ist aber nun empirisch unwiderlegbar durch indirekte Experimente, weil jetzt jede Abweichung von diesem Gesetz sowieso als Störung der Raum-Zeit-Messungen gedeutet werden muß. Angenommen nun, man wählt als Vorgang zur Festlegung der Transformation nicht die Ausbreitung eines Lichtsignals, dann müßte unter Verweis auf diesen anderen Vorgang und nicht durch Herleitung aus dem Gesetz von der Konstanz der Lichtgeschwindigkeit die Lorentz-Transformation kinematisch begründet werden. Oder aber man wählt die Lichtausbreitung, dann wird durch das Gesetz von der Konstanz der Lichtgeschwindigkeit die Transformation von Raum-Zeit-Koordinaten zwischen geradlinig gleichförmig bewegten Bezugssystemen allererst definiert.

Wir können unsere Überlegungen dahingehend zusammenfassen, daß die „offizielle“ kinematische Leseart der Speziellen Relativitätstheorie in sich unstimmig ist, weil nach ihr die folgenden Behauptungen wahr sind, von denen wir zu zeigen versucht haben, daß sie falsch oder nicht miteinander verträglich sind:

1) Die Herleitung der Lorentz-Transformation aus dem Gesetz von der Konstanz der Lichtgeschwindigkeit ist kinematisch zu nennen, weil sie erzwungen wird durch die in der klassischen Kinematik fehlende Gleichzeitigkeitsdefinition (4-17).
2) Das Gesetz von der Konstanz der Lichtgeschwindigkeit ist ein empirisches, durch experimentelle Befunde bestätigtes Gesetz.

3) Die Gleichzeitigkeit von Ereignissen an verschiedenen Orten ist relativ zum Bezugssystem.

4.1.4 Zwei Interpretationen der Speziellen Relativitätstheorie

Obwohl die „offizielle" Lesart der Speziellen Relativitätstheorie m. E. nicht haltbar ist, läßt sich sehr wohl eine konsistente kinematische Interpretation aus den vorangegangenen Überlegungen ableiten. Die zentralen Behauptungen dieser *kinematischen* Interpretation lauten:

(4-18) (1) Die Gleichzeitigkeit von Ereignissen an verschiedenen, aber zueinander ruhenden Uhren wird nach (4-17) definiert.
(2) Das Gesetz von der Konstanz der Lichtgeschwindigkeit ist nicht-empirischer Bestandteil einer Definition der Gleichzeitigkeit von Ereignissen an verschiedenen, zueinander bewegten Uhren.
(3) Aus (2) folgt, daß sich die Raum-Zeit-Koordinaten ein und desselben Ereignisses in zwei zueinander geradlinig gleichförmig bewegten Bezugssystemen nach der Lorentz-Transformation transformieren.
(4) Es gelten die lorentz-invarianten Gleichungen der relativistischen Mechanik und der Elektrodynamik.
(5) Wenn in einem Bezugssystem I die lorentz-invarianten Gesetze der Mechanik und Elektrodynamik gelten und wenn I' ein relativ zu I geradlinig gleichförmig bewegtes Bezugssystem ist, so gelten für alle Ereignisse dieselben Gesetze auch relativ zu I'.

Von dieser kinematischen Interpretation ist die *dynamische Interpretation*, die wir in 4.1.2 gegeben haben, unabhängig. Ihre zentralen Thesen lauten:

(4-19) (1) Die Gleichzeitigkeit von Ereignissen an verschiedenen, aber zueinander ruhenden Uhren wird nach (4-17) definiert.
(2) Das klassische Additionstheorem ist nicht-empirischer Bestandteil einer Definition der Gleichzeitigkeit von Ereignissen an verschiedenen, relativ zueinander bewegten Uhren.
(3) Aus (2) folgt, daß sich die Raum-Zeit-Koordinaten eines Ereignisses in zwei relativ zueinander geradlinig gleichförmig bewegten Bezugssystemen nach der Galilei-Transformation transformieren[13].
(4) Es gelten die lorentz-invarianten Gesetze der relativistischen Mechanik und der Maxwellschen Elektrodynamik.
(5) Wenn unter Rahmen- und Anfangsbedingungen A relativ zum Bezugssystem I die Experimente nach den Gesetzen der rela-

tivistischen Mechanik und Elektrodynamik ablaufen und wenn I′ ein gegenüber I geradlinig gleichförmig bewegtes Bezugssystem ist, so laufen gleiche Experimente bei entsprechend in gleicher Weise auf I′ bezogenen Rahmen- und Anfangsbedingungen A′ nach denselben Gesetzen wie in I ab.

(6) Wenn I und I′ zwei geradlinig gleichförmig zueinander bewegte Bezugssysteme sind und wenn in I ein Vorgang nach den Gesetzen der relativistischen Mechanik und Maxwellschen Elektrodynamik abläuft, so läuft derselbe Vorgang beschrieben in I′-Koordinaten nach denselben Gesetzen ab, falls man die Raum-Zeit-Koordinaten von I′ durch Anwendung der Lorentz-Transformation auf die Koordinaten in I konstruiert.

Im dynamischen Teil sind die beiden Versionen der Speziellen Relativitätstheorie gleichwertig: Jeder experimentell prüfbare Satz der Dynamik folgt genau dann aus der kinematischen Fassung der Speziellen Relativitätstheorie, wenn er aus der dynamischen Interpretation folgt. Falsifiziert ein dynamisches Experiment die dynamische Interpretation, so falsifiziert es auch die kinematische.

Die dynamische Interpretation verzichtet ganz auf das Gesetz von der Konstanz der Lichtgeschwindigkeit. Trotzdem zwingt dieser Verzicht angesichts der experimentellen Befunde noch nicht einmal zu der Hypothese, Kontraktionen und Dilatationen seien „Realeffekte“, die kausal durch die Relativbewegung der Maßstäbe und Uhren gegenüber ausgezeichneten Bezugssystemen bewirkt werden. Solchen Hypothesen ist der Vorwurf gemacht worden, bloße immunisierende Ad-Hoc-Hypothesen zu sein. Der Michelson-Morley-Versuch verlangt eine solche Erklärung, will man auf dem Boden der klassischen Kinematik bleiben, erst, falls man ihn im Sinne des Gesetzes von der Konstanz der Lichtgeschwindigkeit deutet. Dazu aber besteht direkt überhaupt kein Anlaß. Direkt stützt der Michelson-Morley-Versuch einen Satz, der völlig im Einklang mit der klassischen Kinematik steht.

Die entscheidende Differenz zwischen den beiden Interpretationen betrifft die Behauptungen (4-18) (2) und (4-19) (2). Es handelt sich jedoch hierbei *nicht um eine empirisch entscheidbare Differenz*, es geht vielmehr um die Angemessenheit oder Unangemessenheit einer Definition der Synchronizität relativ zueinander bewegter Uhren. Wir wollen die Diskussion um eine angemessene Gleichzeitigkeitsdefinition hier auf sich beruhen lassen, da es uns nur um die Frage ging, inwiefern die Spezielle Relativitätstheorie das Forschungsprogramm der klassischen Physik revidiert, ohne mit dem Prinzip der methodischen Ordnung in Konflikt zu geraten. Zwar revidieren die kinematische Version (4-18) und die dynamische Version (4-19) der Speziellen Relativitätstheorie das Forschungsprogramm der klassischen Physik mit einer jeweils unterschiedlichen Begründung, aber gleichwohl beide, ohne das Prinzip der methodisch-pragmatischen Ordnung zu verletzen.

4.2. Die Allgemeine Relativitätstheorie

Auch die Allgemeine Relativitätstheorie revidiert die Grundgleichung (3-8) bzw. (3-11) des Forschungsprogramms der klassischen Physik, weil sie darauf verzichtet, die Bewegungen von Körpern in Gravitationsfeldern durch Kraftgesetze der Form (3-8) zu erklären. Dies soll im folgenden zunächst genauer gezeigt werden. Anschließend soll das im ersten Kapitel entwickelte „experimentalistische" Verständnis der Begriffe von Raum und Zeit mit der vorherrschenden Deutung der Allgemeinen Relativitätstheorie konfrontiert werden.

4.2.1 Träge und schwere Masse in der klassischen Physik

Rüdiger Inhetveen schreibt in einem Papier mit dem Titel „Constructive General Relativity": „We might look for some properties that are shared by all real bodies, as for example the facts that
1) all real bodies possess a certain volume
2) all real bodies resist on attempts to change their actual states of motion
3) all real bodies act on other real bodies, even if at distance
4) all real bodies are acted upon by other real bodies, even if at distance."[14]

Weiter legt Inhetveen dar, daß die vier Eigenschaften in der klassischen Physik der Reihe nach durch die vier Begriffe „Dichte", „träge Masse", „aktive Gravitationsmasse" und „passive Gravitationsmasse" quantitativ beschrieben werden. Der Begriff der Dichte läßt sich definitorisch auf den Begriff der trägen Masse zurückführen[15]. Die Größen „aktive Gravitationsmasse" und „passive Gravitationsmasse" dürfen aus Gründen der Symmetrie[16] miteinander gleich gesetzt werden. So bleibt nur noch das Problem, wie sich träge und schwere Masse zueinander verhalten.

Unterscheiden lassen sich beide Größen klar voneinander. Den Begriff der trägen Masse haben wir ausführlich im dritten Kapitel erörtert. Wir haben ihn dort als theoretische Größe rekonstruiert, die durch das Beschleunigungsverhältnis der Körper unter geeigneten Rahmenbedingungen definiert wird und das unterschiedliche Bewegungsverhalten von Körpern quantifiziert. Der Begriff der schweren Masse bezeichnet das Vermögen physikalischer Körper, Kräfte auf andere Körper in ihrer räumlichen Umgebung auszuüben bzw. selber den von anderen Körpern in ihrer Umgebung ausgehenden Kraftwirkungen zu unterliegen. Methodologisch betrachtet haben wir diese Situation schon bei der Einführung des Begriffs der Ladung kennengelernt. Der Begriff der schweren Masse (im folgenden abgekürzt durch „m^s") wird eingeführt nach den gleichen Überlegungen, die wir im dritten Kapitel zum Begriff der Ladung angestellt haben. Demnach wird das Verhältnis der schweren Massen m_1^s und m_2^s zweier Körper K_1 und K_2 definiert als das Verhältnis der Kräfte $\boldsymbol{F}_{31}$ und $\boldsymbol{F}_{32}$, die derselbe Probekörper K_3 auf die beiden Körper K_1 und K_2 jeweils ausübt:

$$(4\text{-}20) \qquad \frac{m_1^s}{m_2^s} = \frac{|\boldsymbol{F}_{31}|}{|\boldsymbol{F}_{32}|} .$$

Das dazugehörige Gesetz (vgl. 3.6), das bekannte Newtonsche Gravitationsgesetz

$$(4\text{-}21) \qquad \mathrm{F} = \mathrm{f}\,\frac{m_1^s\, m_2^s\, \boldsymbol{r}}{|\boldsymbol{r}|^3} ,$$

stellt insbesondere sicher, daß das Verhältnis der Kräfte in (4-20) eine ortsunabhängige Konstante ist. Dies muß methodisch bei der Einführung des Begriffs der schweren Masse gefordert werden. Zur Begründung sind die Überlegungen aus dem dritten Kapitel zum Begriff der Ladung sinngemäß zu wiederholen.

In der klassischen Physik gilt die Äquivalenz von träger und schwerer Masse in homogenen Gravitationsfeldern. Ein Gravitationsfeld ist homogen, wenn alle Körper in der Nähe eines dritten Körpers K_3 gleich beschleunigt werden. In einem homogenen Gravitationsfeld folgt für zwei Körper K_1 und K_2 mit den schweren Massen m_1^s und m_2^s mit Hilfe der Newtonschen Grundgleichung für Kräfte:

$$(4\text{-}22) \qquad \frac{m_1^s}{m_2^s} = \frac{|\boldsymbol{F}_{31}|}{|\boldsymbol{F}_{32}|} = \frac{m_1^t\, |\boldsymbol{b}_1|}{m_2^t\, |\boldsymbol{b}_2|} .$$

Da im homogenen Gravitationsfeld die Beschleunigungen $\boldsymbol{b}_1$ und $\boldsymbol{b}_2$ gleich sind, folgt

$$(4\text{-}23) \qquad \frac{m_1^s}{m_2^s} = \frac{m_1^t}{m_2^t} ,$$

also die Gleichheit von träger und schwerer Masse.

Das Gravitationsgesetz (4-21) ist logisch mit der grundlegenden galileiinvarianten Bewegungsgleichung der klassischen Mechanik verträglich, nicht jedoch mit der grundlegenden lorentz-invarianten Bewegungsgleichung der relativistischen Mechanik. Nach der Revision der klassischen Dynamik stellt sich daher die Aufgabe, die Gravitationstheorie neu zu formulieren, so daß sie mit der Speziellen Relativitätstheorie verträglich ist.

Es erwies sich sehr bald als unmöglich, an die Stelle des Gravitationsgesetzes einfach ein anderes, nun lorentz-invariantes Kraftgesetz zu setzen.

Einstein wählte daher einen ganz neuen Weg, um die erforderliche Revision der klassischen Gravitationstheorie zu bewerkstelligen.

4.2.2 Die Revision des Forschungsprogramms der klassischen Physik in der Gravitationstheorie durch die Allgemeine Relativitätstheorie[17]

In homogenen Gravitationsfeldern ist es überflüssig, ein Kraftgesetz der Newtonschen Form aufzustellen. Wie wir im dritten Kapitel ausführlich dargelegt haben, ergibt sich diese Form ja gerade deshalb, weil unter sonst gleichen Bedingungen verschiedene Körper in aller Regel verschieden bewegt und beschleunigt werden. Im Fall des homogenen Gravitationsfeldes aber werden alle Körper gerade gleich beschleunigt. Daher ergeben sich die Bahnen der Körper in einem homogenen Gravitationsfeld durch die Integration der einfacheren Bewegungsgleichung $\ddot{r} = b$, wobei b die durch das Gravitationsfeld bewirkte Beschleunigung ist.

Wenn relativ zu einem Bezugssystem K ein homogenes Gravitationsfeld gemessen wird, in dem die Körper die Beschleunigung b erfahren, so verschwindet dieses Gravitationsfeld für alle Körper zugleich, sobald ihre Bewegungen von einem Bezugssystem K′ aus beschrieben werden, das gegenüber K um b beschleunigt ist. Homogene Schwerefelder lassen sich durch Übergang zu einem geeignet beschleunigten Bezugssystem wegtransformieren. Das unterscheidet die Graviationswirkung von anderen Kräften, die immer nur für einige, nie aber für alle Körper zugleich durch geeigneten Übergang zu einem neuen Bezugssystem wegtransformiert werden können. Transformiert man ein homogenes Gravitationsfeld weg, so erscheinen die Bewegungen der Körper im neuen Bezugssystem nunmehr als kräftefreie, unbeschleunigte Trägheitsbewegungen. Es gilt auch das Umgekehrte: Wenn relativ zu einem Bezugssystem K kein Schwerefeld vorhanden ist, so läßt sich ein homogenes Schwerefeld „erzeugen“, indem die Bewegungen von einem Bezugssystem K′ aus beschrieben werden, das gegenüber K konstant beschleunigt ist.

Untersucht man weit ausgedehnte Raumgebiete (wie in der Astrophysik), so hat man es in der Regel mit inhomogenen Gravitationsfeldern zu tun. Schränkt man jedoch die Betrachtung eines inhomogenen Gravitationsfeldes auf ein hinreichend kleines Raumgebiet während einer hinreichend kleinen Zeitspanne ein, so liegt ein lokal homogenes Gravitationsfeld vor. Man kann daher ein räumlich und zeitlich ausgedehntes Gravitationsfeld auch untersuchen als ein System verschiedener räumlich-zeitlich lokal homogener Gravitationsfelder.

Nach den eben vorgestellten Überlegungen sind im Rahmen der klassischen Physik die beiden folgenden Übergänge mathematisch-logisch möglich:

(A)	Relativ zum Bezugssystem K ist ein homogenes Schwerefeld vorhanden	— Koordinatentransformation →	Relativ zum Bezugssystem K′, das gegenüber K beschleunigt ist, ist kein Schwerefeld vorhanden
(B)	Relativ zum Bezugssystem K′ ist kein Schwerefeld vorhanden	— Koordinatentransformation →	Relativ zu dem gegenüber K′ beschleunigten Bezugssystem K ist ein Schwerefeld vorhanden

Trotz dieser logisch-mathematischen Übergänge, wonach jedes der beiden Systeme K und K′ einmal als ruhend, das andere Mal als beschleunigt anzusehen ist, läßt sich nach der klassischen Physik ein „ruhendes" von einem beschleunigten Bezugssystem dadurch unterscheiden, daß unter gleichen Rahmen- und Anfangsbedingungen Experimente in beiden Systemen unterschiedlich verlaufen. Die beiden Systeme sind nicht gleichberechtigt.

Einstein stellt an den Anfang seiner neuen Theorie der Gravitation die These, daß es angesichts der beiden Übergänge (A) und (B) nicht möglich ist, physikalisch, d.h. durch den Ausgang von Experimenten zu entscheiden, welches der beiden Systeme K und K′ im Schwerefeld „wirklich ruht" und welches „beschleunigt" zu ihm ist. Einstein formuliert diese These als das (Einsteinsche) *Äquivalenzprinzip*:

(4-24) Die Wirkungen eines beschleunigten Bezugssystems lassen sich physikalisch nicht unterscheiden von den Wirkungen eines Schwerefeldes.

Nach dem Äquivalenzprinzip sind Trägheit und Gravitation voneinander ununterscheidbar, es gilt die Äquivalenz von träger und schwerer Masse. Das Äquivalenzprinzip läßt sich als ein Prinzip auffassen, das nicht direkt geprüft wird, sondern das lediglich ein „heuristischer Zwischenschritt" ist auf dem „Rateweg" zu einem neuen Forschungsprogramm für die Gravitationstheorie. Denn aus dem Prinzip läßt sich sofort das eigentliche Forschungsprogramm der Allgemeinen Relativitätstheorie heuristisch begründen: Statt wie bisher die Bewegungen eines Körpers in einem Schwerefeld mit Hilfe von Kraftgesetzen zu beschreiben und vorauszuberechnen, werden nach dem Programm der Allgemeinen Relativitätstheorie die Bewegungen jeweils lokal auf ein geeignetes Bezugssystem bezogen, relativ zu dem das in seiner Umgebung herrschende homogene Schwerefeld wegtransformiert ist, die Körper also eine Trägheitsbewegung ausführen. Die Aufgabe besteht darin, ausgehend von einem Koordinatensystem jeweils für jede Stelle zu jedem Zeitpunkt eine geeignete (lokale) Koordinatentransformation durchzuführen, die zu einem Bezugssystem führt, relativ zu dem lokal kein Schwerefeld vorhanden ist. Die für jede Stelle und jeden Zeitpunkt unterschiedlichen lokalen Transformationen der Raum-Zeit-Koordinaten sind durch das Schwerefeld bestimmt, das seinerseits auf der Verteilung der Massen im Raum beruht. Damit läuft die Aufgabe der Gravitationstheorie darauf hinaus, die Koordinatentransformationen herzuleiten aus Gleichungen über die Verteilung der Massen (Materie) im Raum. Unter dem Stichwort „Geometrisierung der Schwerkraft" hat man sich nichts anderes als die methodologische Norm vorzustellen, die Gravitationsfelder durch geeignete Transformationen der Raum-Zeit-Koordinaten zu beschreiben.

Nach dem Äquivalenzprinzip sind beliebig zueinander bewegte Bezugssysteme gleichberechtigt. Im Gegensatz zum Speziellen Relativitätsprinzip, wonach lediglich geradlinig gleichförmig zueinander bewegte Bezugssysteme ununterscheidbar sein sollen, hebt das *Allgemeine Relativitätsprinzip* diese Auszeichnung der geradlinig gleichförmigen Bewegungen auf. Mathematisch hat diese Gleichbehandlung beliebiger Bezugssysteme zur Folge, daß die Kovarianz der Gesetze bei Übergängen zu beliebig bewegten Bezugssystemen nur gewährleistet ist, falls die Gesetze als Gleichungen zwischen Tensoren geschrieben werden, da nur Tensoren allgemein invariante Größen darstellen. Somit stellt das Forschungsprogramm der Allgemeinen Relativitätstheorie die Aufgabe, einen Tensor, der gebildet ist aus Transformationen der Raum-Zeit-Koordinaten, zu verknüpfen mit einem Tensor, der die Verteilung der Massen im Raum angibt. An dieser Stelle bezieht Einstein die Spezielle Relativitätstheorie in die Überlegungen ein: Die Verteilung der Massen im Raum ist nach der Speziellen Relativitätstheorie direkt verknüpft mit dem Energieinhalt im Raum. Insgesamt ergibt sich daraus die Aufgabe, eine Tensorgleichung der folgenden Form zu finden:

(4-25) $$\begin{pmatrix} \text{Tensor, der durch} \\ \text{Transformationen} \\ \text{der Raum-Zeit-} \\ \text{Koordinaten be-} \\ \text{stimmt ist} \end{pmatrix} = \begin{pmatrix} \text{Tensor, der durch} \\ \text{den Energieinhalt} \\ \text{des Raumes be-} \\ \text{stimmt ist} \end{pmatrix}$$ [18]

Durch die Angabe von drei Koordinaten sollen Raumstellen eindeutig identifiziert werden können. Den Koordinaten eines Euklidischen Koordinatensystems läßt sich entnehmen, ob eine Raumstelle *zwischen* zwei anderen *liegt*. Insofern spricht man von der topologischen Funktion der Koordinaten. Außerdem lassen sich bei Euklidischen Koordinatensystemen aus den Koordinaten *Abstände* von Raumstellen bestimmen. Dies nennt man die *metrische Funktion* der Koordinatensysteme.

In der Speziellen Relativitätstheorie ist der „Raum-Zeit-Abstand"[19]

(4-26) $$ds^2 = dx_1^2 + dx_2^2 + dx_3^2 - c^2 dt^2$$

eine Invariante. Setzt man $dx_4 = i\,c\,dt$, so ergibt sich

$$(4\text{-}27) \qquad ds^2 = dx_1^2 + dx_2^2 + dx_3^2 + dx_4^2 \,.$$

ds heißt *Linienelement*.

Sei S eine Raum-Zeit-Stelle mit den Koordinanten x_1, x_2, x_3, x_4 relativ zu einem Bezugssystem K. Nach dem Programm der Allgemeinen Relativitätstheorie wird S auf ein neues Bezugssystem K′ bezogen, so daß relativ zu K′ in der Umgebung von S kein Schwerefeld herrscht. S habe in K′ die Raum-Zeit-Koordinaten x, y, z, l. Die Transformation von K zu K′ lautet:

$$(4\text{-}28) \qquad (T) \qquad \begin{aligned} x &= x(x_1,x_2,x_3,x_4) \\ y &= y(x_1,x_2,x_3,x_4) \\ z &= z(x_1,x_2,x_3,x_4) \\ l &= l(x_1,x_2,x_3,x_4) \end{aligned}$$

Nach der oben entwickelten Aufgabenstellung ist mit Hilfe der Transformation T ein Tensor zu bilden. Ein solcher Tensor wäre etwa der Fundamentaltensor, der für ein Bezugssystem die Metrik der „Raum-Zeit-Abstände“ festlegt. Es läßt sich der Übergang von K zu K′ in der Umgebung der Stelle S als Wahl einer lokalen Metrik vollziehen, die durch die Transformation T bestimmt ist, wenn K als ein bloß topologisches Bezugssystem aufgefaßt wird, das noch gar nicht mit einer Metrik ausgestattet ist. K ist also ein System beliebiger Gaußscher Koordinaten. Die durch T zu bestimmende Metrik ergibt sich folgendermaßen: Nach elementaren Regeln der Differentiation liefert die Transformation T

$$(4\text{-}29) \qquad dx = \frac{\partial x}{\partial x_1}\,dx_1 + \frac{\partial x}{\partial x_2}\,dx_2 + \frac{\partial x}{\partial x_3}\,dx_3 + \frac{\partial x}{\partial x_4}\,dx_4$$

und entsprechend für dy, und dz und dl. Daraus folgt nach Quadrieren, entsprechender Umordnung und Umbenennung der Faktoren, die bei den Ausdrücken $dx_i dx_j$ stehen:

$$(4\text{-}30) \qquad ds^2 = dx^2 + dy^2 + dz^2 + dl^2 = \sum_{i=1}^{4} \sum_{k=1}^{4} g_{ik}\,dx_i dx_k$$

Die g_{ik} heißen metrische Koeffizienten. Die metrischen Koeffizienten legen durch

$$(4\text{-}31) \qquad ds^2 = \sum_{i=1}^{4} \sum_{k=1}^{4} g_{ik}\,dx_i dx_k$$

lokal (um S) eine Metrik fest und sind ihrerseits als Ableitungen der Transformation durch diese bestimmt. Da an einer anderen Stelle S' eine andere lokale Transformation durchgeführt werden muß, um dort das Schwerefeld lokal wegzutransformieren, sind die metrischen Koeffizienten Funktionen der Raum-Zeit-Parameter, d.h.

(4-32) $g_{ik} = g_{ik}(x_1, x_2, x_3, x_4)$.

Als Form der aufzustellenden Tensorgleichung (4-25) schlägt Einstein (nach sehr langwierigen und komplizierten Überlegungen und Berechnungen, die eine große mathematische Leistung darstellen) schließlich die folgenden *Feldgleichungen* vor:

(4-33) $$\underbrace{R_{ik} - \frac{1}{2} g_{ik} R}_{\text{Größen für die metrische Struktur}} = \underbrace{-\kappa T_{ik} - \Lambda g_{ik}}_{\text{Größen für die Verteilung der Materie im Raum}}$$ [20]

Sehr ähnlich den Anweisungen der klassischen Mechanik läßt sich jetzt für die Gravitationstheorie ein allgemeines Lösungsschema angeben: Um die Bahnen physikalischer Objekte in Schwerefeldern zu bestimmen, ist erstens aus einer hypothetisch angenommenen Verteilung der Materie der Energie-Impuls-Tensor T_{ik} zu bestimmen und in Gleichung (4-33) einzusetzen. Zweitens sind die Gleichungen zu integrieren, wodurch man die g_{ik} erhält, aus denen sich drittens die geodätischen Bahnen berechnen lassen. Aus den Bahnen lassen sich punktuelle Meßwerte für Phänomene, die als Gravitationswirkungen hypothetisch erklärt werden sollen, vorausberechnen.

Damit haben wir skizziert, wie durch die Allgemeine Relativitätstheorie die Behandlung von Gravitationserscheinungen im Rahmen des Forschungsprogramms der klassischen Physik abgelöst wird. Mit den Feldgleichungen (4-33) wird also tatsächlich das Forschungsprogramm der klassichen Physik für die allgemeine Gravitationstheorie revidiert. Die Feldgleichungen (4-33) werden jedoch von den Physikern viel weitreichender interpretiert. Sie lesen die Gleichungen als die Behauptung, daß die Geometrie des physikalischen Raumes (besser: der „Raumzeit") bestimmt sei durch die Verteilung der Materie im Raum. Und die Lösungen g_{ik} der Feldgleichungen werden als Metrik einer nicht-euklidischen Geometrie aufgefaßt, die wegen der Verteilung der Materie im Raum „gilt". Im folgenden wollen wir fragen, ob diese Interpretation berechtigt ist angesichts des Anspruchs der Allgemeinen Relativitätstheorie, selber eine *experimentelle* Theorie zu sein.

4.2.3 Die Eliminierung des „absoluten Raumes" als „Entgeometrisierung" der Raum-Zeit-Koordinaten

Wer das Wort „Koordinaten" hört, denkt vermutlich sofort an Kartesische Koordinatensysteme der euklidischen analytischen Geometrie. Punkten im Raum werden Koordinaten zugeordnet aufgrund rein geometrischer Konstruktionen. Von Lorenzen stammt der Vorschlag, Koordinatensysteme nicht mit drei orthogonal aufeinanderstehenden und in einem Punkt sich schneidenden Geraden zu konstruieren, sondern durch quadratische Würfelgitter, denen jeweils Koordinaten zugeordnet werden. Wird in einem Gitterpunkt noch eine Uhr angebracht, so haben die Gitterpunkte neben den drei räumlichen Koordinaten außerdem eine vierte zeitliche Koordinate[21]. In diesem Sinne jedoch sind die Gitterpunkte und Koordinaten ideale, durch theoretische Konstruktion entstandene Objekte.

Nun wollte Einstein mit dem Gedanken Ernst machen, den nicht operationalisierbaren und eher metaphysischen Gedanken des absoluten Raumes endgültig aus der Physik zu verbannen. Einstein verabschiedet damit die Idee des Raumes als eines Behälters, in dem die physikalischen Objekte sich befinden und jeweils einen durch bloße Konstruktion auf der Basis der euklidischen Geometrie definierten Ort haben. Der Raum ist nicht die Gesamtheit geometrisch konstruierter „idealer" Punkte (Orte), sondern er ist die Gesamtheit der relativen Lagen und Lageveränderungen (Bewegungen) realer physikalischer Objekte. Dieser Begriff des physikalischen Raumes läßt sich noch einmal durch den Raumbegriff rekonstruieren, den wir bereits im ersten Kapitel entwickelt haben. Dort haben wir den Raum als die Gesamtheit räumlicher Sachverhalte definiert, wobei ein räumlicher Sachverhalt dargestellt wird durch eine Aussage über physikalische Körper, ihre Oberflächen, Kanten, Stellen, die nur Prädikate enthält, die mit dem zweistelligen Grundprädikat „berühren" explizit definiert werden können. Wird der physikalische Raum so verstanden, ist es erst einmal konsequent, die Raum-Zeit-Koordinaten zu „entgeometrisieren", sie also allein durch reale physikalische Objekte zu bestimmen. Freilich hat man es dann nicht mehr mit einer (analytischen) Geometrie zu tun (s. weiter unten), sondern mit einer empirischen analytisch-physikalischen Koordinatentheorie. Doch was sind dann Raum-Zeit-Koordinaten?

Um diese Frage zu beantworten, wollen wir untersuchen, ob die Raum-Zeit-Koordinaten sich unabhängig von einer schon vorausgesetzten Geometrie definieren lassen als physikalische Größen, die den Raum (in dem von uns definierten Sinne) beschreiben. Gehen wir von einem euklidisch konstruierten Würfelgitter aus, so können wir uns überlegen, wie wir durch eine Art „Entgeometrisierung" der Würfelgitter zu einem rein physikalischen Koordinatensystem gelangen. Zunächst einmal müßten die geometrisch konstruierten Gitterpunkte durch reale physikalische Körper ersetzt werden. Zweitens treten an die Stelle der geraden Quadratseiten, auf denen man zum benachbarten Gitterpunkt gelangt, die beliebig krummlinigen Bahnen, auf denen ausgezeichnete reale physikalische Körper von einem Objekt zum benachbarten gelangen. Betrachten wir ein einfaches zweidimensionales Beispiel:

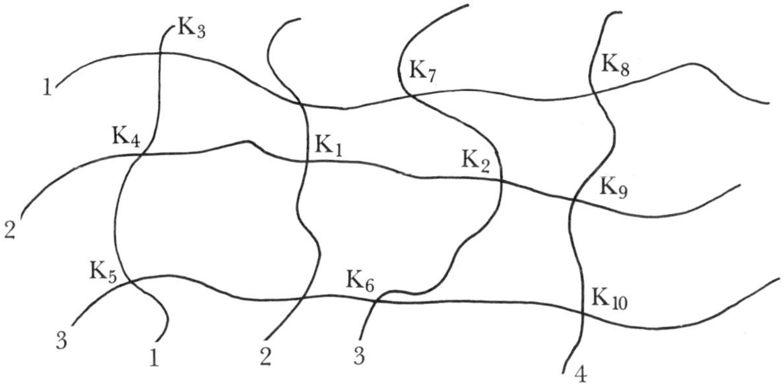

Das Bild zeigt ein System von Körpern und ein Netz von Wegen, auf denen physikalische Objekte nach den physikalischen Gesetzen von einem der physikalischen Körper zum nächsten gelangen können. Den Wegen sind Zahlen zugeordnet gemäß der räumlichen Zwischenrelation: Wenn also der Weg W mit der Nummer n zwischen den Wegen W′ und W″ mit den Nummern n′ und n″ liegt, so ist $n' < n < n''$. Einem Körper K werden dann die Nummern der Wege zugeordnet, an deren Kreuzung er sich befindet. Der Körper K_1 und K_2 in unserer Zeichnung haben die Nummern (2,2) und (2,3). Die Koordinaten informieren bereits darüber, welche Objekte benachbart sind und welche Objekte zwischen welchen anderen liegen. Sind außerdem die Koordinaten von zwei Körpern bekannt, so kann den Koordinaten entnommen werden, wie man, d.h. auf welchen physikalisch möglichen Wegen man von einem Objekt zum anderen sich bewegen kann.

In unserem Beispiel sind den Koordinaten nicht konstruierte Gitterpunkte eines euklidischen Würfelgitters zugeordnet, sondern sie kennzeichnen die räumliche Lage realer physikalischer Objekte zueinander und die physikalisch möglichen Wege, auf denen man zu ihnen gelangt. Die Entfernungen zwischen zwei benachbarten Objekten, versteht man darunter die Länge des physikalisch möglichen Verbindungsweges, sind natürlich ganz unterschiedlich. Denken wir uns einmal den krummlinigen Verbindungsweg zwischen zwei Körpern jeweils ersetzt durch einen ansonsten beliebig verlaufenden Polygonzug, der die einzig mögliche Weise darstellt, die zur Längenmessung benutzten Meßstäbe hintereinander zu legen und so von dem einen Körper zum benachbarten zu gelangen. Die Anzahl der hintereinander gelegten Meßstäbe ist dann die Länge der physikalisch realen Distanz zwischen zwei Objekten. Will man die Distanz zwischen zwei benachbarten physikalischen Objekten durch ihre Koordinaten ausdrücken, so ist die Distanz von zwei Objekten immer eine andere Funktion ihrer Koordinaten. Neben den Koordinaten braucht man also noch die jeweilige Funktion zur Berechnung der Distanz zwischen den Objekten mit den entsprechenden Koordinaten. Dieses System von Koordinaten und Funktionen der Koordinaten beschreibt den realen physikalischen Raum, ohne euklidische analytische Geometrie zu benutzen.

Unser Beispiel läßt sich in naheliegender Weise verallgemeinern zu einer Definition physikalischer Raum-Zeit-Koordinaten:

(4-34) Raum-Zeit-Koordinaten sind realen physikalischen Objekten (Ereignissen) zugeordnete Zahlentupel, so daß den Zahlentupeln mit Hilfe von „Abstandsfunktionen" der Koordinaten zu entnehmen ist, wie man räumlich und zeitlich mit Hilfe ausgezeichneter physikalischer Objekte sich von einem Objekt zum anderen bewegen kann.

Versteht man die Raum-Zeit-Koordinaten im Sinne von (4-34) und unter der „Metrik" das oben an unserem Beispiel erläuterte Verfahren der „Abstandsbestimmung", so kann man die metrischen Koeffizienten in den Feldgleichungen (4-33) als Größen auffassen, die die Metrik des physikalischen Raumes beschreiben.

Unser obiges Beispiel lebt natürlich davon, daß man bereits eine vollständige und direkte Kenntnis aller physikalischen Objekte und der überhaupt möglichen Bahnen sich verschafft hat. Erst dann können ja den Objekten und Bahnen gemäß ihrer topologischen Lage Zahlen als Koordinaten zugeordnet werden. Diese Kenntnis ist für den astrophysikalischen Raum, mit dem sich die Allgemeine Relativitätstheorie befaßt, unerreichbar. Die Raum-Zeit-Koordinaten im Sinne der Definition (4-34) können lediglich indirekt und hypothetisch bestimmt werden. Für physikalische Objekte oder Ereignisse, auf die mit Hilfe physikalischer Theorien geschlossen wird, werden hypothetisch bestimmte Raum-Zeit-Koordinaten angenommen, mit denen in der Theorie solange weitergerechnet wird, bis Raum-Zeit-Koordinaten, also die räumliche und zeitliche Lage von Objekten und Ereignissen im *Experimentierraum der Physik* vorausberechnet werden können. Der astrophysikalische Raum kann nur indirekt erforscht werden, indem Signale, die uns von dort erreichen, im *Experimentierraum* und relativ zu den dort sich befindenden Experimentierapparaturen und Geräten registriert und vermessen werden.

Unsere Überlegungen zeigen, daß bei Einführung rein physikalischer Raum-Zeit-Koordinaten (4-34) die g_{ik} der Feldgleichungen (4-33) theoretische Größen sind, mit denen die räumlichen und zeitlichen Abstände physikalischer Ereignisse berechnet und vorausberechnet werden. Allerdings ist die Frage, wie Längen und Dauern *gemessen* werden, damit überhaupt noch nicht entschieden. Und ebenso ist noch nicht ausgemacht, ob die Längenmessung methodisch nicht die euklidische Geometrie voraussetzt[22]. Wir wollen jedoch diese Probleme hier nicht aufgreifen. Uns interessiert, ob unsere Überlegungen bereits die These rechtfertigen, die Verteilung der Materie induziere nach (4-33) eine „nicht-euklidische 'Geometrie' der Raumzeit".

4.2.4 Geometrie und „physikalische Geometrie"

In seinem Aufsatz „Geometrie und Erfahrung" äußert Einstein über das auch auf die Geometrie gemünzte Verhältnis von Mathematik und Erfahrung: „Insofern sich die Sätze der Mathematik auf die Wirklichkeit beziehen, sind sie nicht sicher, insofern sie sicher sind, beziehen sie sich nicht auf die Wirklichkeit"[23]. Und etwas später sagt er, man fühle sich zu der „Auffassung hingedrängt, die Poincarés Standpunkt charakterisiert: Die Geometrie (G) sagt nichts über das Verhalten der wirklichen Dinge aus, sondern nur die Geometrie zusammen mit dem Inbegriff (P) der physikalischen Gesetze. Symbolisch können wir sagen, daß nur die Summe (G) + (P) der Kontrolle der Erfahrung unterliegt. Es kann also (G) willkürlich gewählt werden, ebenso Teile von (P); all diese Gesetze sind Konventionen. Es ist zur Vermeidung von Widersprüchen nötig, den Rest von (P) so zu wählen, daß (G) und das totale (P) zusammen den Erfahrungen gerecht wird. ... Sub specie aeterni hat Poincaré mit dieser Auffassung nach meiner Meinung recht"[24].

Natürlich ist an Einsteins Äußerung seine Zustimmung zu der These Poincarés bemerkenswert, daß es kein experimentelles Ergebnis gäbe, das sich nicht auch im Einklang mit der euklidischen Geometrie interpretieren lasse. Das schwächt die Brisanz der relativistischen „Revolution" der Geometrie um einiges ab. Für uns aber ist eher das sich in dem Zitat ausdrückende Geometrieverständnis bedeutsam. Einsteins Auffassung von der Geometrie läßt sich in drei Thesen zusammenfassen: 1. Die Geometrie sagt als Teil der Mathematik „nichts über die Wirklichkeit" aus. 2. Die Geometrie kann auf die „physikalische Wirklichkeit" nur angewendet werden, indem zu den geometrischen Sätzen empirische Naturgesetze hinzugenommen werden: Geometrie und Naturgesetze führen erst zu einer „physikalischen Geometrie". 3. Als „physikalische Geometrien" stehen nicht-euklidische Geometrien gleichrangig neben der euklidischen Geometrie; zwischen ihnen wird nach Einfachheit und empirischer Bewährung der Theorien entschieden.

Der ersten These liegt ganz offensichtlich ein formalistisches Mathematikverständnis zugrunde, demzufolge die Geometrie deshalb nichts über die „Wirklichkeit" aussagt, weil sie als noch uninterpretierter, formaler Rechenkalkül keine inhaltlichen Aussagen über bestimmte Sachverhalte macht. So besehen, steht hinter Einsteins These auch der terminologische Vorschlag, jeden formalen Rechenkalkül einer „n-dimensionalen, differenzierbaren Mannigfaltigkeit" ganz unbeschadet seiner inhaltlichen Interpretierbarkeit eine „Geometrie" zu nennen. Ebensowenig wie dieser Sprachgebrauch läßt sich allerdings die Frage verbieten, ob ein solcher Sprachgebrauch wirklich dem Verständnis der Sache dienlich ist. Gibt es nicht doch sinnvolle Minimalkriterien dafür, eine Theorie als „Geometrie" zu bezeichnen?

Ein erstes Kriterium hat Einstein selber angeführt, es betrifft den Status geometrischer Sätze: Zumindest die Sätze der von der „physikalischen Geometrie" unterschiedenen „reinen" (mathematischen) Geometrie sollen erfahrungsunabhängig gelten. Bei den Definitionen der geometrischen Begriffe und bei den Beweisen der geometrischen Sätze darf nicht auf bestimmte, nur empirisch nachweisbare Sachverhalte Bezug genommen werden. Ein zweites Kriterium betrifft die Frage, von welchem Gegenstandsbereich die Geometrie eigentlich eine Wissenschaft ist? Einstein sagt dazu: „Die Geometrie handelt von Gegenständen, die mit den Worten Gerade, Punkt usw. bezeichnet werden. Irgendeine Kenntnis oder Anschauung wird von diesen Gegenständen nicht vorausgesetzt, ... Unter „Punkt", „Gerade" usw. sind in der axiomatischen Geometrie nur inhaltsleere Begriffschemata zu verstehen. Was ihnen Inhalt gibt, gehört nicht zur Mathematik."[25] Hier formuliert Einstein natürlich genau das formalistische (Miß)Verständnis der Geometrie[26]. Die Antwort auf die Frage nach dem Gegenstandsbereich der Geometrie wird auf die Anwendung „der axiomatischen Geometrie" verschoben. Man kann sich die Antwort leicht machen und sagen, daß jedes Modell der formal-axiomatischen Geometrie ein geometrischer Gegenstandsbereich ist. Aber hier wird die Antwort wirklich irreführend, denn im Grunde hat doch jeder Geometer und Physiker ein inhaltliches Verständnis von dem Gegenstandsbereich der Geometrie: Im engeren und eigentlichen Sinne handeln geometrische Aussagen von *räumlichen* Sachverhalten.

Was räumliche Sachverhalte sind, haben wir im ersten Kapitel zu klären versucht, indem wir uns gerade auf den Kontext der experimentellen Physik bezogen haben. Legt man unsere dort gegebene Definition des Raumes zugrunde, so folgt daraus für die geometrischen Aussagen, daß alle geometrischen Termini explizit definierbar sein müssen mit Hilfe der Grundbegriffe „Körper", „Stelle", „Fläche" und „berühren".

Nur eine Theorie, die diese beiden Minimalkriterien erfüllt, verdient die Bezeichnung „Geometrie". Die *einzige* Theorie, die diese Minimalkriterien erfüllt, ist die *euklidische Geometrie*. Dies ist das wichtigste Ergebnis der Untersuchungen von Dingler[27] und im Anschluß an ihn der Konstruktivisten (Lorenzen, Janich, Inhetveen)[28] zur Geometrie, die inzwischen folgende im Detail ausgearbeiteten Resultate erbracht haben: Beginnend mit den Grundbegriffen „Körper", „Fläche", „Kante", „Stelle" und „berühren" lassen sich die geometrischen Termini „Ebene", „Gerade", „Winkel", „Winkelhalbierende" usw. sowie die Relationen „indizieren", „orthogonal" und die topologische Zwischenrelation explizit und ohne Bezugnahme auf physikalische Körperindividuen definieren. Die Geometrie untersucht die geometrischen Eigenschaften räumlicher Figuren, die konstruiert werden können durch iterierte Anwendung der folgenden drei Grundkonstruktionen: Zwischen zwei Punkten wird die Verbindungsgerade gezogen; durch einen Punkt wird die Orthogonale zu einer vorgegebenen Geraden errichtet; ein Winkel wird durch eine Gerade halbiert. Die geometrischen Eigenschaften sind dabei alle Eigenschaften und Relationen von und zwischen Ebenen, Geraden und Punkten, die explizit definiert werden können mit den Grundbegriffen „orthogonal", „liegt zwischen" und „liegt in". Die Forderung des zweiten Minimalkriteriums, nämlich daß bei den Aussagen über die konstruierten Figuren keine physikalischen Körperindividuen ausgezeichnet werden dürfen, führt direkt auf das sogenannte *Formprinzip*[29]. Das Formprinzip liefert Sätze, die mit dem Parallelenpostulat der euklidischen Geometrie logisch äquivalent sind.

Im Gegensatz zur euklidischen Geometrie sind die sogenannten nicht-euklidischen Geometrien und physikalisch-analytischen Koordinatentheorien keine Geometrien. Sie sind lediglich uninterpretierte, formale mathematische Strukturtheorien. Geometrien im Sinne unserer beiden Minimalkriterien werden sie erst durch eine *nachträgliche* Interpretation, *die methodisch die euklidische Geometrie voraussetzt*. Denn für die nicht-euklidischen „Geometrien" gibt es nur im zweidimensionalen Fall räumliche Modelle („Raum" hier im Sinne unserer obigen Definition verstanden) auf der Basis konstruierbarer euklidischer Figuren bei willkürlicher Umdeutung der protogeometrisch definierten Grundbegriffe („Gerade", „Ebene" usw.). Die sowieso auf den 2-dimensionalen Fall beschränkte Interpretation sogenannter nicht-euklidischer „Geometrien" und n-dimensionaler differenzierbarer Mannigfaltigkeiten als Theorien, die räumliche Sachverhalte betreffen, gelingt nur auf der Grundlage der euklidischen Geometrie, die damit als einzige vollständig und von Anfang an eine inhaltliche Geometrie im Sinne der beiden Minimalkriterien ist.

Nicht-euklidische Geometrien, wirklich verstanden als Aussagen über den physikalischen Raum (z.B. den Experimentierraum), sind nur denkbar als *Abweichungen von der Euklidizität im Zwei-Dimensionalen unter der methodischen Voraussetzung der euklidischen Geometrie.*

Wer auf die Frage „Was sagt im Gegensatz zur klassichen Physik die Allgemeine Relativitätstheorie über die Geometrie des physikalischen Raumes?" zur Antwort gibt: „Nach der Allgemeinen Relativitätstheorie bewirkt die Verteilung der Materie eine nicht-euklidische Geometrie der physikalischen Raumzeit", der verwendet in der Antwort die zentralen Begriffe „Raum" und „Geometrie" anders, als sie auf der Basis der klassischen Physik in der Frage gemeint waren: „Krümmung des Raumes" oder gar der „Raumzeit" ist überhaupt kein räumlicher und damit erst recht kein geometrischer Sachverhalt. Auch ist die Behauptung, die Verteilung der Materie bewirke eine Krümmung der Raumzeit – eine Behauptung, die immer wieder zu lesen ist – ein semantisches Unding: Der Kausalprädikator „bewirken" ist nur anwendbar auf reale physikalische Sachverhalte; die Verteilung der Materie ist ein solcher physikalischer Sachverhalt, während die „Krümmung der Raumzeit" kein räumlicher oder kinematischer Sachverhalt ist, es sei denn, man „definiert" den Begriff des Raumes nun einfach um als „n-dimensionale, differenzierbare Mannigfaltigkeit". Von einer inhaltlichen Revision der Raum- und Zeitvorstellungen der klassischen Physik durch die Allgemeine Relativitätstheorie kann keine Rede sein, solange klassische Physik und Relativitätstheorie mit den Wörtern „Raum" und „Geometrie" jeweils etwas Unterschiedliches meinen.

Gegen diese Feststellung läßt sich einwenden, daß der Übergang von der klassischen Physik zur Relativitätstheorie eine „Begriffsrevolution" darstelle, die auf der Einsicht in die Unzulänglichkeiten der Begriffe von „Raum" und „Geometrie" in der klassischen Physik beruhe. Aber können denn wirklich die der klassischen Physik zugrundegelegten Begriffe von Raum und Zeit als unzureichend aufgegeben werden? Die Kritik am „absoluten Raum" und der „absoluten Zeit" Newtons ist ja richtig. Aber zwingt diese Kritik schon dazu, von „Raumzeit" nur noch als „n-dimensionaler, differenzierbarer Mannigfaltigkeit" zu reden?

Die oben rekonstruierte Rede von „Raum" ist nicht einfach willkürlich, so daß man sich genausogut einer anderen Redeweise anbequemen könnte, sondern sie ist ja eingeführt im Kontext des Handelns und des Umgangs mit physikalischen Objekten, eines Handelns, auf das die Physik als Experimentalwissenschaft und damit auch die Allgemeine Relativitätstheorie angewiesen bleiben. Den experimentalwissenschaftlichen Gebrauch des Wortes „Raum" zu ersetzen durch „n-dimensionale, differenzierbare Mannigfaltigkeit" ist gleichbedeutend mit dem Verlust der terminologischen Mittel, die für die verständige Orientierung der Physik als experimentelles Erkenntnisunternehmen unerläßlich sind. Die herkömmliche Interpretation der Allgemeinen Relativitätstheorie und der heute durchgängige Gebrauch des Wortes „Geometrie" sind im Gegensatz dazu eher angetan, die theoretischen Grundlagen der Experimentiertechnik, auf die die Allgemeine Relativitätstheorie als experimentell überprüfbare Theorie auch angewiesen bleibt, zu verdecken und zu verschleiern. Das betrifft besonders die Frage nach der in den Experimentierapparaturen und Meßinstrumenten „verkörperten" Geometrie.

Es war Hugo Dingler, der die Frage nach der „Realgeltung" der (euklidischen) Geometrie in ganz neuartiger Weise beantwortet hat. Die Geometrie wird auf die „Wirklichkeit" angewendet, indem die explizit definierten geometrischen Formen an realen physikalischen Körpern durch ihre manuell-technische Bearbeitung *realisiert* werden. Insofern die Definitionen und Sätze der Geometrie benutzt werden als normative Vorschriften, physikalische Körper so zu bearbeiten, daß sie die Definitionen und Sätze der Geometrie hinreichend genau erfüllen, kann man von der *technischen Geometrie* sprechen. Die technische Geometrie ist euklidisch, denn, wie die obigen Überlegungen zeigen, gibt es nicht-euklidische technische Geometrien höchstens in dem schwachen Sinne, daß Realisate einer technischen euklidischen Geometrie anschließend durch entsprechende Uminterpretation geometrischer Termini beschrieben werden können als räumlich realisierte Modelle einer sogenannten nicht-euklidischen „Geometrie".

Die Unterscheidung zwischen Geometrie und technischer Geometrie ist für das Verständnis der Physik von außerordentlicher Bedeutung. Es ist eine technik- und physikgeschichtliche Tatsache, daß die Experimentierapparaturen und Meßinstrumente der Physik insbesondere so bearbeitet werden, daß sie hinreichend gute Realisate der explizit definierbaren geometrischen Formen (Ebene, Gerade usw.) sind. Im ersten Kapitel haben wir die Gründe dargelegt, warum die Experimentiergeräte und Meßinstrumente geometrisch geformt sein sollen. Hiervon sind selbstverständlich die Experimentier- und Meßapparaturen nicht auszunehmen, mit denen die Physiker Signale aus dem astrophysikalischen Raum registrieren und vermessen.

Ebenfalls scheint es mir ein nicht zu bezweifelndes technik- und physikgeschichtliches Faktum zu sein, daß die Geräteherstellung ausdrücklich darauf abzielt, im Rahmen der erforderlichen Genauigkeit Euklidizität der Geräte zu erzwingen. Die Experimentierapparate und Meßinstrumente im Experimentierraum der Physik dürfen als hinreichend gute Realisate der euklidischen Geometrie angesehen werden. Lorenzen sagt: „Jede Technik im neuzeitlichen Sinne ist abhängig von klassischer Geometrie und Kinematik"[30]. An der Richtigkeit dieser These hat sich durch die Allgemeine Relativitätstheorie nichts geändert, denn die Experimentierapparaturen und Meßinstrumente werden, seit es die Allgemeine Relativitätstheorie gibt, nicht nach anderen technischen Anweisungen gebaut, es wird nur mit den Meßergebnissen anders gerechnet.

Die normativ verstandene Euklidizität der technischen Geometrie unserer wissenschaftlichen Geräteherstellung schließt an sich keineswegs die Möglichkeit aus, daß in „großen" astrophysikalischen Dimensionen Oberflächen von realen physikalischen Körpern und Bahnen realer physikalischer Körper stets gekrümmt sind, auch wenn dies erstens nie direkt festgestellt werden kann und zweitens jedes indirekte „Indiz" auch physikalisch interpretiert werden kann im Einklang mit der Annahme der „Euklidizität des physikalischen Raumes". Trotzdem ist die Feststellung über Krümmungen der Oberflächen und Bahnen eine logisch sinnvolle Aussage über den physikalischen Raum im oben definierten Sinne.

Mit den letzten Überlegungen ist schon angesprochen, welche geometrischen Aussagen über den physikalischen Raum aus den nicht-euklischen physikalisch-analytischen Koordinatentheorien geschlußfolgert werden können. Für diese nicht-euklidischen Koordinatentheorien gilt, was wir oben allgemein über die geometrische Interpretierbarkeit sogenannter nicht-euklidischen Geometrien gesagt haben, nämlich daß in ihnen nur Abweichungen von der Euklidizität im Zweidimensionalen festgestellt werden können. Aus der Allgemeinen Relativitätstheorie können also über den physikalischen

Raum bestenfalls Folgerungen gezogen werden, wie z.B. die folgenden: Alle Oberflächen, die von hinreichend ausgedehnten physikalischen Körpern gebildet werden, sind gekrümmt; wegen der Anwesenheit anderer Massen sind die wirklichen Bahnen physikalischer Körper in einem durch reale physikalische Objekte markierten Bezugssystem niemals euklidische Geraden, sondern verlaufen stest gekrümmt. Diese Sätze jedoch sind mit der euklidischen Geometrie, auch mit der konstruktiv verstandenen euklidischen Geometrie *völlig vereinbar*, weil die Geometrie als nicht-empirische Formentheorie nichts über die (astrophysikalische) Realisierbarkeit geometrischer Formen und nichts über den physikalischen Raum (immer verstanden im Sinne des obigen terminologischen Vorschlags) aussagt.

Damit ergibt sich das folgende Interpretationsdilemma für die Allgemeine Relativitätstheorie: Entweder wird eine inhaltlich gemeinte Rede von „Raum“ und „Geometrie“ aufgegeben zugunsten der Bezeichnung bloßer Rechenformalismen im mathematischen Apparat der theoretischen Physik als „Geometrie“, dann kann schon aus semantischen Gründen nicht von einer Revision der klassischen Raum-Zeit-Theorien geredet werden und die Allgemeine Relativitätstheorie verliert terminologisch den Anschluß an ihre eigene experimentell-technische Grundlage, die ja keineswegs schon durch Veränderung der Terminologie des mathematischen „Überbaus“ der Theorie verändert wird oder gar verschwindet. Oder man behält sinnvollerweise ein inhaltliches Verständnis von Raum und Zeit auf der Basis experimentellen Handelns bei (was eine Kritik an Konzeptionen des „absoluten Raumes“ und der „absoluten Zeit“ ausdrücklich einschließt), dann läßt sich nicht nur aufgrund der Experimente die Euklidizität des physikalischen Raums nicht widerlegen (was auch Einstein zugibt), sondern es gibt sogar den unverzichtbaren methodischen Primat der euklidischen Geometrie überhaupt für die geometrische Interpretierbarkeit der physikalisch-analytischen Koordinatentheorien, die selbst bei „nicht-euklidischer“ Interpretation mit der euklidischen Geometrie verträglich sind. Das aber widerspricht gerade der gängigen Deutung der Allgemeinen Relativitätstheorie.

Das Dilemma, das wir soeben aufzuzeigen versucht haben, macht natürlich nur denjenigen Interpreten zu schaffen, die die Allgemeine Relativitätstheorie um jeden Preis als Revision aller bisherigen Vorstellungen über Raum und Zeit verstanden wissen wollen. Denjenigen, die sich damit bescheiden, in der Allgemeinen Relativitätstheorie nicht mehr als ein allerdings raffiniert ersonnenes methodisch-heuristisches Forschungsprogramm für eine von Newton abweichende allgemeine Theorie der Gravitation zu sehen, machen die Zugeständnisse an die euklidische Geometrie keine Schwierigkeiten.

ANMERKUNGEN

Einleitung

1. Vgl. etwa den geringen Umfang der Artikel zum Stichwort „Experiment“ in „Historisches Wörterbuch der Philosophie“ (Hrsg.: Ritter, Gründer); „Enzyklopädie Philosophie und Wissenschaftstheorie“ (Hrsg.: Mittelstraß); „Handbuch wissenschaftstheoretischer Begriffe“ (Hrsg.: Speck); „Wissenschaftstheoretisches Lexikon“ (Hrsg.: Braun, Radermacher); in „The Encyclopedia of Philosophy“ (Editor: Edwards) findet sich überhaupt kein Artikel zum Experiment.

2. Vgl. Dingler (1928); im nicht paginierten Vorwort heißt es: „Eine eigentliche „Philosophie des Experiments“ ist meines Wissens noch niemals geschrieben worden. So dürfte diese Schrift zugleich die Bedeutung einer Pioniertat auf diesem Gebiet haben.“

3. Hier sind zu nennen Duhem (1978) mit seinem berühmten Buch „Ziel und Struktur der physikalischen Theorien“, in dem im achten Kapitel „Das Experiment“ und im zehnten Kapitel „Die physikalische Theorie und das Experiment“ wissenschaftstheoretische Überlegungen zum Experiment angestellt worden, und Mach (1976), der vor allem in seinem Buch über die Mechanik den Einfluß der Geräteherstellung und Technik auf die experimentellen Physik gewürdigt hat.

Anders als die systematische Wissenschaftstheorie hat die Wissenschaftsgeschichte die herausragende Bedeutung des Experiments für die neuzeitliche Physik herausgearbeitet. Die Geschichte des Aufstiegs der neuzeitlichen Physik belegt sehr deutlich, daß eigentlich das Experimentieren nicht mit dem Theorieideal der „akademischen“ Philosophie zu vereinbaren war und gegen diese erst durchgesetzt und hoffähig gemacht werden mußte. Ein Propagandist der „Experimentellen Philosophie“ wie Francis Bacon hat selber gar keinen Hehl daraus gemacht, daß die „Experimentelle Philosophie“ einen Bruch mit der „Philosophie der Alten“ darstellt. Insofern belegt die Geschichte der Durchsetzung der experimentellen Methode sehr deutlich, daß Wissensbildung durch Experimente ein Gegenmodell von Erkenntnis zur klassischen Philosophie darstellt. Einen guten Überblick zur Geschichte der Durchsetzung der experimentellen Methode geben Krafft (1982), besonders das Kapitel 2 „‘Mechanik’ und ‘Physik’ in die Antike und beginnender Neuzeit“, Krohn (1977), besonders die Abschnitte 3.1. bis 3.7., und natürlich das „Standardwerk“ Dijksterhuis (1956). Zu Francis Bacon vgl. auch den informativen Artikel von Krohn (1981).

4. Duhem (1978), S. 192, Hervorhebung im Original.

5. Dingler (1951), S. 50.

6. Kant: Kritik der reinen Vernunft, 2. Auflage. Akademieausgabe, B 232.

7. Im „opus postumum“ räumt Kant selber dem leibgebundenen physischen Handeln eine viel größere Bedeutung für eine Theorie der Erfahrung ein als in der „Kritik der reinen Vernunft“.

8. Vgl. Dingler (1938), S. 292.

9. Von dem bekannten Experimentalphysiker Pohl wird berichtet, daß er sich in seinen Vorlesungen für die Frage nach der Definition der Grundgrößen und Meßinstrumente, mit denen gemessen wird, für unzuständig erklärte und darauf verwies, man könne solche Apparaturen ja „gebrauchsfertig“ in einem entsprechenden Fachgeschäft erwerben. Dinglers Darstellung ist also keine Karikatur.

10. Vgl. Dingler (1928), S. 47.

11. A.a.O., S. 47.

12. Vgl. die Zwischenüberschrift in Dingler (1928), S. 46; historisch macht Dingler eine eigentümliche Synthese von Kantianismus und Empirismus für den „empirischen Matrizenapriorismus" verantwortlich. „Der seit der Mitte des neunzehnten Jahrhunderts zur unbewußten Universalreligion gewordene Empirismus ... suchte sich mit den kantischen Überlegungen irgendwie ins Gleichgewicht zu setzen. Das Produkt ist das vorliegende. Man verstand unter „apriori" einfach den Umstand, daß der Verstand vor aller Erfahrung bzw. vor jeder Benutzung experimenteller wissenschaftlicher Resultate in der Lage ist, Gedankenschematismen, *Gedankenmatrizen* in beliebiger Zahl und verschiedenster Art herzustellen. Die Vorstellung solcher Gedankenmatrizen war aus dem Vorhandensein der *nichteuklidischen Geometrien* entstanden .... Damit war eine Interpretation des kantischen Aprioribegriffs gewonnen, welche gleichzeitig dem herrschenden Empirismus volle Rechnung trug." (Dingler (1928), S. 41f., Hervorhebung im Original).

„Empirischer Matrizenapriorismus" bezeichnet also nach Dingler die Auffassung, daß in der Theorie beliebige formal-axiomatische mathematische Systeme erfunden und bereitgestellt werden, aus deren Vielzahl dann nach dem Gesichtspunkt der Einfachheit und empirischen Bewährung durch die Meßdaten ein geeignetes System ausgewählt wird.

13. Die schematische Schrittfolge ist die Abwandlung eines ähnlichen Schemas, daß Dingler (1969), S. 209 im Zusammenhang mit einer Diskussion der nicht-euklidischen Geometrie folgendermaßen formuliert:

„1) Meßapparate (unbeachteter Herstellungsweise)
2) aus diesen Messungszahlen, Messungstabellen (notwendig beschränkter Genauigkeit)
3) aus diesem eine Kurve (durch Interpolation und Glättung)
4) aus dieser eine mathematische Funktion (ausgewählt unter unendlich vielen, die alle die gleiche empirische Kurve darstellen, neue Glättung)
5) aus dieser Differentialgleichung D, welche (evtl. innerhalb der Genauigkeit) die Funktion 4. als Lösung enthält
6) Ableitung von D aus sonst beliebigen Prämissen P
7) P wird als Aussage über die innere Struktur der „Welt" ausgesprochen".

14. Zur Geschichte des Wiener Kreises vgl. Kraft (1968) und Schleichert (1975).

15. Der Begriff des Forschungsprogramms ist von Lakatos entwickelt worden in seinem großen Aufsatz „Falsification and the Methodology of Scientific Research Programmes" (vgl. Lakatos 1974). Weitere Überlegungen zum Begriff des Forschungsprogramms finden sich in dem Aufsatz „Die Geschichte der Wissenschaft und ihre rationalen Rekonstruktionen" (vgl. Lakatos (1974a). Eine gute Darstellung der Beziehungen von Lakatos' „Methodologie wissenschaftlicher Forschungsprogramme" zur Wissenschaftsphilosophie von Popper und Duhem findet sich bei Schäfer (1974).

16. Lakatos (1974), S. 129 (Hervorhebung im Original).

17. A.a.O., S. 129f. (Hervorhebung im Original).

18. Lakatos (1974), S. 130 (Hervorhebungen im Original).

19. Popper bezeichnet Dingler – ob zu Recht oder zu Unrecht, sei hier einmal dahingestellt – als Konventionalisten und sagt dann in der „Logik der Forschung": „Jedesmal, wenn ein gerade „klassisches" System durch Experimente bedroht ist, die *wir* als Falsifikationen deuten werden, wird der Konventionalist sagen, das System stehe unerschüttert da. Die auftretenden Widersprüche erklärt er damit, daß wir es noch nicht zu handhaben verstehen, und beseitigt sie durch ad hoc eingeführte Hilfshypothesen oder durch Korrektur an den Meßinstrumenten (Popper (1984). S. 49, Hervorhebung im Original). Hier beschreibt Popper, wenn auch nicht sehr genau, das Dinglersche Exhaustionsverfahren. Anschließend setzt er sich mit folgenden Argumenten von der Position der Konventionalisten ab: „*Wir* hoffen, mit Hilfe eines neu zu errichtenden wissenschaftlichen Systems neue Vorgänge zu entdecken: an dem falsifizierenden Experiment haben wir höchstes Interesse, wir buchen es als Erfolg, denn es eröffnet uns Aussichten in eine neue Welt von Erfahrungen; wir begrüßen es, wenn diese uns neue Argumente gegen die neuen

Theorien liefert. Aber dieser Neubau, dessen Kühnheit wir bewundern, ist für den Konventionalisten ein „Zusammenbruch der Wissenschaft" (Dingler)." (A.a.O., Hervorhebung im Original; vgl. auch Fußnote 22).

20. Dingler entwickelt in „Die Methode der Physik", III. Kapitel, 1. Abschnitt unter der Überschrift „Systemlehre" die Idee eines „eindeutig-methodischen Systems" der Physik (vgl. Dingler (1938), S. 192ff.). Das „eindeutig-methodische System" hat in vielerlei Hinsicht große Ähnlichkeit mit Lakatos' „Methodologie wissenschaftlicher Forschungsprogramme". Das „eindeutig-methodische System" Dinglers ist das Forschungsprogramm der klassischen Physik, verbunden mit der These von dessen prinzipieller Unrevidierbarkeit. Zur Uneindeutigkeit des Terminus „Eindeutigkeit" bei Dingler vgl. Inhetveen (1984).

21. Dingler (1938), S. 146, Hervorhebung im Original.

22. Eine Beschreibung des Exhaustionsverfahrens taucht fast in jeder wissenschaftstheoretischen Schrift von Dingler auf; vgl. neben den im Text zitierten Darstellungen aus Dingler (1938) z.B. auch Dingler (1919), S. 28ff. oder Dingler (1964), S. 223ff., 258ff. Eine ausführlichere, mit schönen Belegen aus der Wissenschaftsgeschichte illustrierte Darstellung der Rolle des Exhaustionsverfahrens findet sich bei May (1949), S. 37–43; vgl. auch May (1949a). Das Exhaustionsprinzip steht nicht nur zur Induktion in Gegensatz, sondern scheint auch den verschiedenen Falsifikationsprinzipien zu widersprechen. Auch bei Lakatos wird das Exhaustionsprinzip de facto, wenn auch nicht in der expliziten terminologischen Bezeichnung, eingeführt als Kritik an verschiedenen Varianten des Falsifikationismus. Ströker (1968) hat in einem Aufsatz gezeigt, daß ein reines Falsifikationsprinzip, dem nicht Verfahren der Exhaustion zur Seite treten, die Theoriebildung nicht regulieren kann und insofern unstimmig ist, als dann doch induktive Verfahren der Bewährung von Gesetzeshypothesen zugelassen werden müssen, obwohl die Falsifikation gerade aufgrund einer Kritik der Induktion entwickelt worden ist. An anderer Stelle (Ströker 1973, S. 105) schreibt Ströker: „Jedoch gilt es für uns das praktizierte Wissenschaftsverfahren zu verfolgen, das von Exhaustionen tatsächlich in mannigfacher Weise Gebrauch macht. Sie spielen jedoch nicht nur eine weitaus größere und bedeutsamere Rolle als die rationalistische Wissenschaftstheorie einsieht oder zugestehen möchte; sie haben auch einen völlig anderen Sinn, als ihnen von der Gegenposition ... unterstellt wird." Die von Ströker angesprochene „Gegenposition" sieht in der Exhaustion nur ein Verfahren, durch bloße ad-hoc-Hypothesen den „empirischen Gehalt" erfahrungswissenschaftlicher Theorien ständig zu verringern, bis sie völlig gegen empirische Widerlegungsversuche immunisiert sind. Das hat in Wirklichkeit nichts mit der Intention exhaurierender Verfahren zu tun und ist eine reine Karikatur, die der kritische Rationalismus vom Exhaustionsverfahren zeichnet. Die Einführung von exhaurierender Störhypothesen („ad-hoc-Hypothesen") unterliegt nach den Vorstellungen Dinglers sehr strengen Auflagen. In einem Aufsatz mit dem Titel „Hugo Dingler. Die Exhaustionsmethode und das Prinzip der „Einfachheit" faßt Nymann Dinglers Überlegungen sehr gut zusammen: „1. Die Exhaustion, so wie sie von Dingler empfohlen wird, ist gewissen einschränkenden Bedingungen unterworfen; z.B. denjenigen, daß das Prinzip, das „Gesetz", das durch diesen methodischen Griff verteidigt und erhärtet wird, einem schon gewonnenen systematischen Zusammenhang angehört, d.h. als Glied in ein solches eingehen soll. 2. Die Einschränkung, daß die Hilfshypothese niemals aufgrund eines starren Dogmas eingeführt werden darf, oder aufgrund eines querköpfigen Entschlusses, das fragliche Prinzip oder „Gesetz" um jeden Preis gegen Messungen und „Ablesungen" aufrecht zu erhalten. Ganz im Gegenteil muß vom Forscher die eingeführte Hilfshypothese immer als streng verpflichtende Forderung empfunden werden, mit allen zur Zeit zur Verfügung stehenden Mitteln den vorausgesetzten „störenden Kräften" nachzugehen ..." (Nyman (1956), S. 157, Hervorhebung im Original). Noch einmal wird die Nähe von Lakatos' negativer Heuristik eines Forschungsprogramms deutlich. Daß die „Störhypothesen", die zur

Exhaustion von Fundamentalgesetzen eines Forschungsprogramms eingeführt werden, nicht beliebig immunisierende Hilfsannahmen sein dürfen, kommt in der im Text gegebenen Formulierung des Exhaustionsverfahrens dadurch zum Ausdruck, daß die Störungen selber letzten Endes auf die zu exhaurierenden Fundamentalgesetze müssen zurückgeführt werden können; genau in diesem Sinne schöpft erst das Exhaustionsverfahren den vollen „empirischen Gehalt" der Fundamentalgesetze aus (exhaurieren = ausschöpfen).

23. Dingler verwendet zwar nicht den Ausdruck „Forschungsprogramm", aber mit dem Begriff eines „eindeutig methodischen Systems" der Physik meint er ein System von Forschungsanweisungen und Grundgesetzen, die der Physik zugrundeliegen, was ziemlich genau dem Begriff eines Forschungsprogramms bei Lakatos entspricht. Zu den unrevidierbaren Grundgesetzen (Fundamentalgesetzen) des „eindeutig methodischen Systems" rechnet Dingler das Gravitationsgesetz. Dingler verweist darauf, daß das Gravitationsgesetz exhauriert werden müsse. Er hält es für eine „Legende", daß die „Fundamente" des Gravitationsgesetzes „einfach aus Erfahrung entnommen seien" (Dingler (1938), S. 297). „Hier ist nun entscheidend der Beweis, daß diese Entnahme aus der Erfahrung nicht möglich ist. ... Der Kern dieses Beweises läuft immer wieder darauf hinaus, daß alle die natürlichen Gebilde, an denen man diese Fundamente entnehmen zu können glaubt, selbst schon äußerst spezielle Fälle darstellen. Macht man sich von der unbewußten Voreingenommenheit frei, welche darin liegt, gerade nur diese speziellen Fälle ins Auge zu fassen, so erkennt man, daß die Natur selbst dem unvoreingenommenen Auge nicht nur diese, *sondern ungezählte andere Fälle darbietet*, daß sie im unvoreingenommenen Aspekt sehr viel mehr, ja, oft alle beliebigen Fälle zeigt. Dem, der z. B. noch nicht auf die allgemeine Gravitation eingestellt ist, bietet die Natur keineswegs nur fallende Körper dar, sondern auch steigende, ja sich in jeder beliebigen Richtung bewegende. Wie will er also „aus der Erfahrung" feststellen, daß alle Körper fallen? *Erst wenn er sich entschlossen hat*, alle Körper „als fallend zu betrachten", kann er auch die Bewegung steigender Körper als ein verstecktes Fallen erklären, und er erhält eine einheitliche, methodische Behauptung aller Körper in dieser Hinsicht. Das kommt aber nicht aus der Erfahrung, sondern *aus einer geistigen Entscheidung* und aus einer geistigen Interpretation des unmittelbar Erlebten heraus. Diese geistige Entscheidung ist aber nicht aus der Erfahrung beweisbar, sondern, wie wir sagen, nur aus methodischen, d. h. geistigen Prinzipien heraus. Es ist ein Beispiel von Exhaustion". (Dingler (1938), S. 298, Hervorhebung im Original).

24. Dingler (1932), S. 34.

25. Vgl. Quine: Zwei Dogmen des Empirismus, in: Quine (1979), S. 47ff.

26. Wittgenstein (1974), S. 437.

27. Hübner (1978), S. 71, Hervorhebungen im Original.

28. Von einer „pragmatisch-epistemischen Wende" der modernen Wissenschaftstheorie spricht Stegmüller. Wer, orientiert an der ursprünglich griechischen Wortherkunft von „Pragmatik", sich von der „pragmatischen Wende" der Analytischen Wissenschaftstheorie erhofft, daß das Erkennen als Handeln und im Experiment als technisches Handeln in den Blick gerät, wird enttäuscht. Das Verständnis von „Pragmatik" stammt nämlich unzweifelhaft aus der Unterteilung der modernen Semiotik in Syntaktik, Semantik und eben Pragmatik. Pragmatik ist dabei definiert als die Lehre von der Beziehung der Zeichenbenützer zu den Zeichen. Pragmatik bedeutet in der Wissenschatstheorie demzufolge, daß die wissenschaftstheoretischen Analysen darauf Bezug nehmen, wie die Wissenschaftler (Zeichenbenutzer) Theorien (Zeichen) verwenden. Die Verwendung der Zeichen wird dabei in der historischen und soziologischen Dimension betrachtet. Stegmüller charakterisiert in diesem Sinne die „Pragmatik" der Wissenschaftshteorie, wenn er sagt: „Die Deutung der Wissenschaftstheorie als einer *Metatheorie der empirischen Wissenschaften* hat in einer entscheidenden Hinsicht, nämlich in Bezug auf die zu benützenden Hilfsmit-

tel, zu einer fehlerhaften Orientierung an der *Metamathematik* geführt. Man meinte, mit logischen Hilfsmitteln allein auskommen und auf pragmatische Begriffe gänzlich verzichten zu können. Das ist nicht richtig: Selbst wenn man Wissenschaftsphilosophie nicht als historische, sondern als systematische Disziplin auffaßt, so drängt alles in die Richtung auf eine *systematische Pragmatik*, in der mit nicht logischen Begriffen gearbeitet wird, wie: Wissenssituation von Personen und deren Wandel; subjektiver Glaube von Personen zu bestimmten Zeiten; Hintergrundwissen, das zu einer bestimmten historischen Zeit verfügbar ist u. dgl.“ (Stegmüller, „Vom dritten bis sechsten (siebten?) Dogma des Empirismus“, Eröffnungsvortrag des 7. Internationalen Wittgenstein-Symposiums, zitiert nach dem Abdruck des Vortrags in: Information Philosophie, 4 (1983), Hervorhebungen dort).

29. Vgl. zum Zusammenhang von Apparaten und physikalischem Wissen auch die Aufsätze Tetens (1982) und Tetens (1984a).

30. Böhme/van den Daele/Krohn (1978), S. 347.

31. Dinglers Philosophie der Physik ist wohl am besten dargestellt in seinem Hauptwerk „Die Methode der Physik“, Dingler (1938); vgl. aber auch Dingler (1964) und Dingler (1969).

32. Dingler hat seine Kritik an der Relativitätstheorie verschiedentlich vorgetragen, so in Dingler (1921) und (1922). In seinem Buch „Der Zusammenbruch der Wissenschaft und der Primat der Philosophie“ (1931, 2. Aufl.) hat Dingler die Relativitätstheorie in Zusammenhang gebracht mit Auflösungserscheinungen der Idee strenger Wissenschaft, die er meinte in seiner Gegenwart diagnostizieren zu können. Zur Einschätzung der Dinglerschen Kritik an der Relativitätstheorie vgl. auch den Beitrag von Janich (1984).

33. Dingler hat sich nicht systematisch mit der Quantenphysik auseinandergesetzt; die ausführlichsten Diskussionsbemerkungen finden sich in Dingler (1938); dort benutzt er auch den zitierten Ausdruck von der „Forschungsfront“ der Physik.

34. Eine methodologische Herleitung bestimmter formaler Eigenschaften physikalischer Begriffe und Theorien aus zentralen Bestimmungen des physikalischen Experiments ist eine Zweck-Mittel-Argumentation: Es wird nachgewiesen, daß die physikalischen Begriffe und Theorien die betreffenden formalen Eigenschaften besitzen müssen (Mittel), damit die prognostisch gehaltvolle quantitative Darstellung reproduzierbarer Experimente (Zweck) erreicht werden kann.

1. Das physikalische Experiment

1. In diesem Abschnitt setze ich Überlegungen fort, die ich in meiner Dissertation „Bewegungsformen und ihre Realisierungen – Wissenschaftstheoretische Untersuchungen zu einer technikorientierten Rekonstruktion der klassischen Mechanik“ (Erlangen 1977) zum ersten Mal allerdings noch, wie es sich mir heute darstellt, in unzureichender Weise angestellt habe.

2. Beispiele für Verläufe sind das biologische Wachstum von Pflanzen und Tieren, die Bewegungen eines Körpers beim freien Fall, das Oxidieren eines chemischen Stoffes, das Verfärben der Blätter im Herbst. Verläufe können beschrieben werden als zeitliche Abfolge von Situationen S, S′, S″, S‴, ..., wobei die nachfolgende Situation immer eine Veränderung gegenüber der vorangehenden darstellt; zu weiteren Einzelheiten des Begriffs eines Verlaufs vgl. Tetens (1977).

3. Der Terminus „Sachverhalt“ wird hier als Abstraktor verwendet (vgl. Kamlah/Lorenzen (1975)), wonach zwei inhaltsgleiche Aussagen denselben Sachverhalt beschreiben. Im Gegensatz zu Situationen sind Sachverhalte stets explizit durch Aussagen beschrieben.

4. Dingler (1932), S. 21.

5. v. Wright (1974), S. 68.

6. A.a.O., S. 44.

7. Stegmüller (1979), S. 108; Stegmüller beruft sich dabei auf Toumela, der als Erster den Ausdruck „interventionistische Auffassung der Kausalität" vorgeschlagen habe.

8. Nach der Sprachtheorie der „Logischen Propädeutik" (Kamlah/Lorenzen (1975)) gehört das Wort „Handlung" zu den exemplarisch bestimmten Prädikatoren. Diese werden durch Beispiel und Gegenbeispiel gelernt. Nun ist es eine Eigenheit des Wortes „Handlung" und der speziellen Handlungsprädikatoren, etwa des Prädikators „einen Brief schreiben", daß sie *zusammen mit dem Vollzug* der entsprechenden Handlungen gelernt werden. Dabei werden als Sprechakte nicht nur konstative Behauptungen der Form „dies ist eine Ausführung der Handlung h" geäußert, sondern wesentlich werden die Handlungsbegriffe von Anfang an in *Aufforderungen* verwendet. Damit ist eine erste und wichtige terminologische Bestimmung des Handlungsbegriffs gesetzt: Zu Handlungen kann jemand aufgefordert werden. So ist das Handeln schon unterschieden vom Verhalten. Beispiele für Verhalten sind stolpern, husten, atmen. Die soziale Institution der Aufforderung und verwandte Institutionen wie Befehlen, Bitten, Erlauben etc. setzen voraus, daß der Aufgeforderte es prinzipiell auch unterlassen kann, der Aufforderung nachzukommen und die Handlung auszuführen.

Handlungen werden vielfach unterteilt. Für die Wissenschaftstheorie der Physik ist die folgende Unterteilung wichtig: Man kann *Handlungen symbolischer Interaktion* von *technischen Handlungen* unterscheiden. Beispiele für Handlungen symbolischer Interaktion sind: jemanden etwas durch Gesten zu verstehen geben, jemanden etwas fragen, eine Unterschrift leisten; technische Handlungen sind: einen Ball hochwerfen, den Lichtschalter anknipsen, einen Nagel in die Wand schlagen, einen Berg erklimmen. Zu der Unterscheidung von Verhalten und Handlung vgl. zum Beispiel Kamlah (1972), besonders S. 49ff.; zur Unterscheidung von technischen und symbolischen Handlungen vgl. Kambartel (1978); zum Begriff der technischen Handlung vgl. auch Danto (1979); zur Rolle technischer oder poietischer Handlungen für die Grundlegung der Physik vgl. Mittelstrass (1974) und Janich (1981).

Für die Wissenschaftstheorie des Experiments sind allein die technischen Handlungen von Belang. Damit soll keineswegs geleugnet werden, daß das Physiktreiben ein kollektives menschliches Unternehmen ist, das ohne symbolische Interaktionen der Physiker natürlich nicht zustandekommen würde.

9. v. Wright (1974), S. 68f.

10. Die Wendung „unmittelbare Wirkung" wird in der in dieser Arbeit angegebenen Bedeutung das erste Mal terminologisch in meiner Dissertation (Tetens (1977)) verwendet. Die Terminologie von v. Wright ist sicher einfacher. Janich (1981), S. 75ff. macht die Unterscheidung von analytisch zweckbestimmten und synthetisch zweckbestimmten Handlungen. Diese Terminologie scheint mir allerdings nicht besonders glücklich gewählt zu sein. Abgesehen von den „Selbstzweckhandlungen" (Janich) sind Handlungen immer zweckbestimmt. Worauf Janichs Unterscheidung eigentlich abzielt, betrifft im Ernst gar nicht die Handlungen, sondern die als Zwecke ausgezeichneten Wirkungen der Handlungen. Bestimmte Wirkungen folgen bereits aus der Beschreibung der Handlung (Türe schließen – Tür ist geschlossen, die Handlung, eine Tür zu schließen, ist im Hinblick auf den Zweck, den Sachverhalt herbeizuführen, daß die Tür geschlossen ist, analytisch zweckbestimmt), andere Wirkungen treten erst aufgrund eines Verlaufs ein und können ohne Rekurs auf empirisches Wissen nicht bereits aus der Beschreibung der Handlung logisch gefolgert werden (die Handlungen sind dann in Bezug auf solche Wirkungen synthetisch zweckbestimmt).

11. Daß der Zusammenhang zwischen der Beschreibung der Handlung und der Beschreibung der unmittelbaren Wirkung terminologischer Natur ist, läßt sich auch daran ablesen, daß die Handlung als *mißglückt* gilt, ist die unmittelbare Wirkung nicht mit Beendigung der Handlung eingetreten. Steht das Fenster nicht offen, so hat jemand das

Fenster nicht geöffnet, sondern lediglich *versucht*, das Fenster zu öffnen, wie wir dann sagen.

12. v. Wright (1974), S. 69.

13. A.a.O., S. 70.

14. A.a.O., S. 72.

15. Vgl. Mill (1968) „System der deduktiven und induktiven Logik", Band 2, Drittes Buch, Kapitel VIII.

16. Losee (1977), die Schemata zu Mills vier Methoden der experimentellen Forschung finden sich auf S. 141f.

17. Mill (1968), S. 103f.

18. A.a.O., S. 91f.

19. A.a.O., S. 90.

20. A.a.O., S. 99.

21. v. Wright (1974), S. 74.

22. v. Wright (1974), S. 72.

23. A.a.O., S. 44.

24. Diese Überlegungen zur Herleitung der differentiellen Form der physikalischen Gesetze habe ich zum ersten Mal in einer noch mangelhaften Version vorgetragen in Tetens (1984), S. 152f.

25. Wir bezeichnen mit „w'", „w''" usw. die partiellen Ableitungen der Größe $w = w(t, y, z, t)$ nach den Raumparametern x, y, z und mit „$\dot{w}$", „$\ddot{w}$" usw. die verschiedenen zeitlichen Ableitungen von w.

26. Thüring (1978), S. 155.

27. Eine solche Ausnahme, die historisch für die Entwicklung der Physik sehr wichtig geworden ist, ist natürlich das Planentensystem der Sonne. Es verhält sich wie ein über einen enormen Zeitraum regelmäßig ablaufendes, ungestörtes und hinreichend gegen andere Systeme isolierbares „Laborsystem".

28. Dingler (1933) schreibt (S. 50): „Da wir stets nur eine endliche Zahl von bewußten Einzelhandlungen ausüben können und ausgeübt haben können, so folgt, daß wir bei allen Vorgängen, die wir willkürlich genau zu wiederholen in der Lage sind, niemals *alle* Bedingungen willkürlich selbst bewußt als solche in der Hand haben können, daß wir stets zuletzt auf einer Schicht von Bedingungen aufbauen müssen, die wir *ungeprüft* als konstant oder erfüllt annehmen müssen. Diese Schicht sei die „*Schicht der Vertrauensbedingungen*" genannt" (Hervorhebung im Original).

29. Galilei, Il Saggiatore, Edizione Nazionale VI, S. 220, zitiert nach Fölsing (1983), S. 14.

30. Bergmann/Schäfer (1971), S. 90.

31. Wir sprechen hier im wesentlichen über die klassische und relativistische „Labor"physik. Inwiefern in jüngerer Zeit im Zusammenhang mit der Synergetik und der Beschäftigung mit sogenannten dissipativen Strukturen die Physik sich der Behandlung von Phänomenen zuwendet, für die bestimmte typische und vereinfachende Laborbedingungen (Abgeschlossenheit, thermodynamisches Gleichgewicht) gerade nicht erfüllt sind, können wir hier nicht erörtern.

32. Dingler (1938), S. 127, Hervorhebung im Original.

33. Hier ist vor allem Scheler mit seiner großen Studie „Erkenntnis und Arbeit" zu nennen. Hierin heißt es an einer Stelle (Scheler (1980), S. 241): „Die Wissenschaft führt „Natura" nach Möglichkeit auf einen Prototyp von formalem „*Mechanismus*" zurück – nicht weil Natura *an sich nur* ein Mechanismus wäre, sondern weil Natura an sich, nur *soweit* und *sofern* sie ein Mechanismus ist oder einen solchen weitgehend analog ist, *auch praktisch beherrschbar und lenkbar durch ein herrschaftswilliges Lebewesen* ist." (Hervorhebung im Original).

34. Dingler (1921), S. 50, Hervorhebung im Original.

35. Zu den Zwecksetzungen physikalischer Erkenntnis vgl. den instruktiven Vortrag von Janich „Zweck und Methode der Physik aus philosophischer Sicht" (Janich (1973)) und Tetens (1977).

36. Vgl. Kamlah/Lorenzen (1975).

37. Die „schwache Transitivität" der Passungsrelation (K_1 p K_2, in Worten: der Körper K_1 paßt zu dem Körper K_2) ist die folgende Eigenschaft:

$$\bigwedge_{K_1} \bigwedge_{K_2} \bigwedge_{K_3} \bigwedge_{K_4} K_1pK_2 \wedge K_2pK_3 \wedge K_3pK_4 \rightarrow K_1pK_4.$$

In Inhetveen (1979) wird die schwache Transitivität der Passungsrelation zum ersten Mal formuliert. Man kann nun einen Körper K', der zu einem Körper K paßt, einen *Abdruck* von K nennen und einen Abdruck von einem Abdruck eine *Kopie* zum ursprünglichen Körper. Die schwache Transitivität besagt dann, daß der Abdruck einer Kopie zum Original paßt und auch ein Abdruck des Originals ist. Deshalb wird die schwache Transitivität der Passungs-Relation auch begründet als eine technische Norm, die bei der Reproduktion von räumlichen Gestalten (z.B. bei Gußverfahren) befolgt wird. Als technikgeschichtliches Faktum darf unterstellt werden, daß die schwache Transitivität der Passung zwischen Abdrücken und Kopien hinreichend realisiert ist.

Ein Beweis für die Transitivität der Gestaltgleichheit mit Hilfe der schwachen Transitivität der Passungsrelation findet sich ebenfalls zuerst bei Inhetveen (1979); vgl. auch Inhetveen (1983) und Lorenzen (1984).

38. Vgl. Abschnitt 3.5.

39. In den Handbüchern und Lexika der Wissenschaftstheorie kommt das Stichwort „Apparat" nicht vor; eine rühmliche Ausnahme macht das wissenschaftstheoretische Lexikon von Braun/Radermacher (1978), für das Huning den Artikel „Apparatur" verfaßt hat. Allerdings fehlt auch bei Huning eine wissenschaftstheoretische Analyse der Apparaturen, wie sie in diesem Kapitel versucht wird.

40. Dingler (1932), S. 21.

41. Bei Böhme/van den Daele/Krohn (1978) findet sich eine mehr wissenschaftshistorische und wissenschaftssoziologische Untersuchung der Rolle von Apparaten. Die drei Autoren sprechen von „synthetischen" und „analytischen" Geräten und Verfahren. Meßgeräte wie eine Uhr, ein Thermometer, ein Barometer bezeichnen sie als analytische Geräte, als Beispiele für synthetische Geräte führen sie u.a. Vakuumpumpen, Elektrisiermaschinen, Elektromagneten an. „Allgemein kann jede experimentelle Anordnung, die der Darstellung eines Effektes oder einer Substanz dient, insoweit sie standardisiert ist, als ein solches synthetisches Gerät bzw. Verfahren gelten." (S. 354f.) Die Unterscheidung von synthetischen und analytischen Geräten kommt also unserer Unterscheidung der Experimentiergeräte in Meßinstrumente und Experimentierapparaturen sehr nahe.

Eine vorzügliche Geschichte der Experimentiergeräte und ihrer Entwicklung geben Gerland/Traumüller (1965).

42. Dingler (1921), S. 46.

43. Vgl. die Darstellung bei Ramsauer (1953).

44. Zur konstruktiven Geometrie vgl. Inhetveen (1983) und Lorenzen (1984); zu den Homogenitätseigenschaften räumlicher Figuren vgl. auch Lorenzen (1961) und Janich (1976); zur Rolle von Homogenitätsprinzipien für die Begründung der Geometrie vgl. Inhetveen (1985).

45. Dingler (1938), S. 127.

46. Reuleaux (1875), S. 38, Hervorhebung im Original.

2. Forschungsprogramme

1. Wir lassen hier unberücksichtigt, daß in der Grundgleichung (2-1) auch mehrere Beobachtungsgrößen vorkommen können, wie wir hier überhaupt mit vereinfachten Annahmen argumentieren, die allerdings die Allgemeinheit unserer Überlegungen nicht einschränken werden. So kann die Grundgleichung (2-1) mit mehr als nur einer theoretischen Funktion formuliert werden, wie das etwa bereits für die Grundgleichung der Newtonschen Mechanik der Fall ist. Daß dadurch keine grundsätzlich neuen Probleme ins Spiel kommen, werden wir im dritten Kapitel erörtern. Manchmal treten an die Stelle einer Grundgleichung zwei Gleichungen, eine Definitionsgleichung für theoretische Größen und dann eine Gleichung, in der selber schon Ableitungen der theoretischen Funktionen nach der Zeit, den Raumparametern und nach den räumlichen und zeitlichen Ableitungen der Beobachtungsgröße vorkommen, wie das etwa bei den Lagrange-Gleichungen der Analytischen Mechanik der Fall ist. Auch auf diese Modifikation werden wir erst im dritten Kapitel eingehen, da sie kein Gegenbeispiel für die hier vorgetragenen prinzipiellen Überlegungen sind.

2. Eine Differentialgleichung der Form (2-1′) enthält die Größen $b_1, \ldots, b_n$ ja als Konstanten, nicht als Funktionen, die als Lösungen der Gleichungen erst gesucht werden.

3. Unter einem physikalischen System verstehen wir zunächst einmal jede reproduzierbare Versuchsanordnung. Die Theoretiker bezeichnen allerdings oft nur die Teile einer Versuchsanordnung als System, die durch die Veränderung bestimmter Meßgrößen während des Versuchs beschreiben werden können, sie sehen also von den konstant gehaltenen Rahmen- und Anfangsbedingungen ab. Dieser Redeweise werden auch wir uns manchmal anschließen, etwa wenn wir sagen, es werde das Verhalten eines Systems unter bestimmten Versuchsbedingungen (Rahmen- und Anfangsbedingungen) untersucht. Wichtig ist nur, daß aus dem jeweiligen Kontext immer ersichtlich ist, was zu einem System dazugehört und was nicht.

4. Vgl. Feyerabend (1976).

5. Ein wesentlicher Unterschied zu Lakatos liegt darin, daß er für das Beispiel der Newtonschen Mechanik die drei Newtonschen Bewegungsgesetze und das Gravitationsgesetz zum „harten Kern" des Forschungsprogramms der klassichen Mechanik rechnet. Demgegenüber werden wir im dritten Kapitel dafür argumentieren, nur das zweite Bewegungsgesetz als Fundamentalgesetz aufzufassen, während das erste eine logische Folgerung aus dem zweiten und das Gravitationsgesetz bereits eine Anwendung des Forschungsprogramms auf bestimmte Phänomene darstellen. Das dritte Newtonsche Bewegungsgesetz ergibt sich, wenn die meta-theoretische Bedingung kausaler Abgeschlossenheit „causa aequat affirmat" in den Begriffen einer Mechanik reformuliert wird, in der nach dem theoretischen Ansatz des zweiten Newtonschen Gesetzes „Ursachen" als Kräfte quantifiziert werden. Vor allem aber kommt das Prinzip der linearen Superposition von Kräften bei Lakatos überhaupt nicht im „harten Kern" vor, während nach dem hier entwickelten Begriff eines Forschungsprogramms dieses Prinzip unverzichtbar zu den Fundamentalgesetzen der klassischen Physik zu rechnen ist.

6. Vgl. Carnap (1961).

7. Vgl. Stegmüller (1970/1973).

8. Zur „Zweistufentheorie" wissenschaftlicher Begriffsbildungen vgl. Carnap (1956) und Carnap (1969), Teil V, S. 225ff.; eine sehr ausführliche Darstellung der Zweistufentheorie und Erörterung der verschiedenen Einwände findet sich bei Stegmüller (1970), besonders Kapitel III. Kambartel (1968), 4. Kapitel, hat gezeigt, daß sowohl der frühen Carnapschen Position zur Einführung erfahrungswissenschaftlicher Begriffe, die er in „Der logische Aufbau der Welt" (vgl. Carnap (1961)) vertreten hat, als auch dem späteren „Zweistufenkonzept" der grundlegende „definitionstheoretische Irrtum" sogenannter „impliziter Definitionen" zugrundeliegt, ein Irrtum, der, wie Kambartel ebenfalls

gezeigt hat, auf ein schon von Frege aufgedecktes und kritisiertes Selbstmißverständnis Hilberts hinsichtlich des von ihm ausgearbeiteten formalen Axiomensystems der euklidischen Geometrie zurückgeht. Der „definitionstheoretische Irrtum" besteht darin, daß Begriffe „implizit" eine Bedeutung dadurch erhalten, daß sie in Sätzen („Axiomen" einer Theorie) vorkommen. Kambartel (1981), S. 17 kommentiert die Idee der „impliziten Definitionen" sehr witzig: „Offenbar kommt in dunkle Räume nicht dadurch Licht, daß wir Verbindungstüren zwischen ihnen einrichten".

9. Wir werden in dieser Arbeit die Frage,nach welchen Kriterien ein Forschungsprogramm als bewährt gilt oder zu gelten hat, ausklammern; vgl. auch den Schluß des Abschnitts 2.3. Nur soviel sei hier angemerkt: Ein Forschungsprogramm muß vor allem darin erfolgreich sein, daß sich aus den Grundvorgängen immer neue und immer kompliziertere Laborvorgänge nach den Fundamentalgesetzen theoretisch voraussagen und vorausberechnen lassen. *Prognostischer Gehalt,* die Möglichkeit, „neue Tatsachen zu entdecken" (Lakatos), ist ein wichtiges Kriterium für die Bewährung eines Forschungsprogramms.

10. Einwände gegen die Zweistufentheorie werden dargestellt in Stegmüller (1973), S. 27–34.

11. Stegmüller (1973), S. 30f., Hervorhebungen im Original.

12. Zum „non-statement point of view" von Stegmüller und Sneed vgl. Joseph D. Sneed (1979), Stegmüller (1973), Stegmüller (1979a), Stegmüller (1980); eine gute Darstellung findet sich z.B. auch in Diederich (1981).

13. Stegmüller (1973), S. 15, Hervorhebungen im Original.

14. A.a.O., S. 13, Hervorhebungen im Original.

15. Für präzise Formulierungen des Kriteriums der T-Theoretizität vgl. Sneed (1979), S. 33ff. und Stegmüller (1973), S. 45ff., aber auch Diederich (1981). Zur quantorenlogischen Eliminierung theoretischer Funktionen in Gestalt der Ramsey-Sätze vgl. Stegmüller (1970), Kap. VII; zur Modifikation der Ramsey-Sätze im strukturalistischen Ansatz von Sneed und Stegmüller vgl. Stegmüller (1973), Kap. VIII, 5., S. 75ff.

16. Das Forschungsprogramm führt z.B. schon dann auf verschiedene Theorien (Spezialisierungen der Grundgleichungen), wenn man unterschiedliche Laborversuche als Grundversuche wählt, mit der die Anwendung des Forschungsprogramms beginnt.

17. Wenn ein Apfel vom Baum fällt oder ein Stein einen Abhang herunterrollt, so sind dies qualitative Naturphänomene. Das Herunterrollen des Steines wird im Labor unter „idealisierenden" Bedingungen simuliert, läßt man geometrisch wohlgeformte Kugeln auf einer geometrisch wohlgeformten Ebene in einer geraden Fallrinne herunterrollen. Fallen in einer Vakuumröhre eine Eisenkugel und eine Vogelfeder gleich schnell, so ist das ein Laborphänomen, das man in dieser Weise „draußen" in der Natur nicht beobachten kann.

18. Der hier skizzierte Erklärungsbegriff genügt ansonsten dem berühmten Erklärungsschema von Hempel/Oppenheim und erfüllt auch die Adäquatheitsbedingungen die nach der Analytischen Wissenschaftstheorie an eine nomologische wissenschaftliche Erklärung zu stellen sind; vgl. Hempel (1977) und Stegmüller (1983a).

19. Es zeigt sich, daß das Verhältnis der Theorie zur Konstituierung ihres Gegenstandsbereichs einer historisch verlaufenden Dynamik unterliegt, in der die Technik und das technische Handeln eine viel größere Autonomie gegenüber der Theorie besitzen, als gemeinhin in den Darstellungen zum Verhältnis von Technik und Wissenschaft zugestanden wird. Üblich ist die Auffassung, daß das technische Handeln nur in dem Maße erfolgreich sein kann, wie es sich an dem in den Wissenschaften gebildeten Wissen über die Natur orientiert. Erst die Theorie, dann die Technik, so lautet die Reihenfolge. Unsere Überlegungen aber basieren darauf, daß wir technisch immer schon mehr beherrschen, als wir in der Theorie wissen und erklären können.

Hier liegt der Einwand nahe, es sei irreführend, davon zu reden, im Experiment würden Naturgesetze erzwungen oder realisiert, denn das experimentelle Handeln sei nur erfolgreich, insofern im Einklang mit den „objektiven Naturgesetzen" gehandelt werde, die in der Natur an sich vorlägen (aber nicht gemacht würden). Experimentelle Handlungen realisierten nicht Gesetze, sondern brächten sie nur zum Vorschein; an sich aber seien die Gesetze „objektiv in der Natur vorhanden".

Der Einwand tut so, als müsse und könne der Erfolg aller Handlungen nur erklärt werden, wenn auf handlungsunabhängige, „objektiv gegebene Gesetze" rekurriert werden könne. Es gibt aber eine Klasse von elementaren technischen Handlungen, bei denen eine solche Erklärung eine reine Scheinerklärung ist, nämlich die elementaren Verrichtungen der Experimentatoren. Fragen wir woher wir die angeblich „objektiv vorhandenen Naturgesetze" kennen, die den Erfolg des experimentellen Handelns erklären können, so kann wiederum nur auf die erfolgreich durchgeführten Experimente (zweckgerichtete Handlungen (!)) verwiesen werden. Es wird der Umstand, daß durch eine Experimentierhandlung h ein Zweck Z erreicht werden kann, damit erklärt, daß ein Naturgesetz N gilt. Aber daß N „gilt", wissen wir wiederum nur, weil wir u.a. mit h die bestimmte Wirkung Z erzielen. Der Erfolg der experimentellen Handlungen ist weder praktisch noch theoretisch durch den Rekurs auf Naturgesetze hintergehbar.

Die Experimentierhandlungen eröffnen einen Handlungsspielraum, der nicht erst durch theoretische Erklärungen bewiesen werden muß, sondern der ohne weiteres unmittelbar im Handeln selber erfahren wird. Wir können z.B. einen Apparat so oder anders aus seinen Komponenten zusammensetzen. Dieser Handlungsspielraum fällt zusammen mit der Möglichkeit, verschiedene Forschungsprogramme oder dasselbe Forschungsprogramm in Gestalt verschiedener Theorien experimentell zu „bewahrheiten". Man kann es in einem Bilde sagen: Durch das experimentelle Handeln können in das „Kontiuum der unberührten Natur" verschiedene Schnitte gelegt werden, die dieses Kontinuum in unterschiedliche „Bausteine" zerlegt, aus denen dann wiederum das Kontinuum zusammengesetzt werden muß. Die Art der Schnitte erfordert jeweils unterschiedliche Beschreibungsmittel und führt zu unterschiedlichen Gesetzen. Dies ist die operative Basis des konzeptionellen und kategorialen Rahmens verschiedener Forschungsprogramme.

Diese Überlegungen machen den historisch gut belegbaren relativen Vorlauf und die relative Unabhängigkeit der Technik gegenüber dem naturwissenschaftlichen Gesetzeswissen verständlich; zum Verhältnis von Wissenschaft und Technik vgl. den Überblicksartikel von Böhme/van den Daele/Krohn (1978). Bei Toulmin/Goodfield (1970), S. 17f. heißt es: „In der Wechselwirkung zwischen Theorie und Praxis war die Wissenschaft immer wieder in der Position des Schuldners, sie zog eher ihren Nutzen und Gewinn aus der Handwerkstradition und ihren Erfahrungen, als daß sie das Handwerk etwas Neues lehrte. Es wurde behauptet, daß 'Die Wissenschaft der Dampfmaschine mehr verdankt als die Dampfmaschine der Wissenschaft', und dasselbe gilt auch in mehr allgemeiner Hinsicht."

20. Diese Überlegungen möchte ich ausdrücklich auf den Typus experimenteller Erfahrung in der Physik einschränken. Hier wird also nicht beansprucht, eine allgemeine Erfahrungstheorie zu skizzieren.

21. Hierin stimmen unsere Überlegungen mit der Auffassung Hübners über den metatheoretischen Status der Erfahrungssätze überein; vgl. dazu die Einleitung.

22. So beruft sich etwa Mayer auf das Prinzip „causa aequat effectum" bei seiner Herleitung des Energieerhaltungssatzes: „Kräfte sind Ursachen; mithin findet auf dieselben volle Anwendung der Grundsatz *causa aequat effectum*. Hat die Ursache c die Wirkung e, so ist c = e; ist e wiederum die Ursache einer andern Wirkung f, so ist e = f, usw. c = e = f ... = c. In einer Kette von Ursachen und Wirkungen kann, wie aus der Natur einer Gleichung erhellt, nie ein Glied oder ein Theil eines Gliedes zu Null werden. Diese erste Eigenschaft aller Ursachen nennen wir ihre *Unzerstörlichkeit*." (Mayer (1982), S. 3, Hervorhebungen im Original).

Auch Helmholtz beginnt die Herleitung des Energieerhaltungssatzes mit einer Betrachtung des Kausalitätsprinzips, „daß jede Veränderung in der Natur eine zureichende Ursache haben müsse" (Helmholtz (1982), S. 4). Vom Kausalitätsprinzip kommt Helmholtz in zwei Schritten zum Energieerhaltungssatz: Zunächst schlägt Helmholtz vor, alle Naturerscheinungen im Sinne eines atomistischen Mechanismus auf die Bewegungen nicht weiter zerlegbarer Elementarteilchen zurückzuführen, und die Bewegungen dieser Teilchen durch Kräfte zu erklären. Für die Kräfte aber verlangt Helmholtz forschungsprogrammatisch deren konsequente „Geometrisierung": die Kräfte sollen selber nur abhängen von der räumlichen Konstellation der Teilchen; „...die äusseren Verhältnisse, durch welche die Wirkung der Kräfte modificiert wird, können nur noch räumliche sein, also die Kräfte nur Bewegungskräfte, abhängig in ihrer Wirkung nur von den räumlichen Verhältnissen" (a.a.O., S. 5). Insgesamt entwirft Helmholtz damit für den theoretischen Teil der Physik das methodologische Forschungsprogramm eines atomistischen Mechanismus, der alle Naturerscheinungen auf die Bewegungen von „Elementarteilchen" zurückführt, die Bewegungen dieser Teilchen aber durch *Zentralkräfte* erklären will. Aus diesem Programm folgert Helmholtz den Energieerhaltungssatz, denn aus der Konservativität der Zentralkräfte folgt der mechanische Energieerhaltungssatz, den er in der Formulierung, daß es „unmöglich sei, durch irgendeine Combination von Naturkörpern bewegende Kraft fortdauernd aus nichts zu erschaffen" (Satz von der Unmöglichkeit eines perpetuum mobiles der ersten Art), an den Anfang der Physik stellt.

Mach sagt von dem Satz von der Unmöglichkeit eines perpetuum mobiles, daß er „bloss eine besondere Form des Causalgesetzes ist, welche sich unmittelbar aus der jeder wissenschaftlichen Untersuchung vorausgehenden Annahme der Abhängigkeit der Erscheinungen voneinander ergibt" (Mach (1872), S. 46).

23. In der Newtonschen Mechanik sind z.B. Bewegungen als Ursache oder Wirkung anderer Bewegungen quantifiziert gerade Impulsänderungen; vgl. auch das 3. Kapitel.

24. Es handelt sich hierbei nur um eine verallgemeinerte und metatheoretisch formulierte Version des Satzes von der Unmöglichkeit eines Perpetuum mobiles, der wiederum auch oft gedeutet wird als Kausalsatz, daß aus Nichts nichts entstehen kann; vgl. auch Anmerkung 22.

25. Der Satz drückt somit zugleich aus, daß die strenge Reproduzierbarkeit von Systemzuständen auf eine hinreichende Abschließbarkeit hinausläuft. *Bedingungen der Reproduzierbarkeit von Experimenten müssen zugleich Bedingungen sein, unter denen nach dem Forschungsprogramm Erhaltungssätze gelten.* Nach dem Ansatz eines Forschungsprogramms wird ein experimenteller Verlauf durch eine entsprechende Differentialgleichung dargestellt. Bei einem streng reproduzierbaren Vorgang dürfen dann im theoretischen Term und in der darstellenden Differentialgleichung weder Raumstellen qua Raumstelle noch Zeitpunkte qua Zeitpunkt ausgezeichnet werden, Term und Differentialgleichung müssen also *invariant* sein gegenüber bestimmten Transformationen der Raum-Zeit-Koordinaten. Es sollte möglich sein, aus Invarianzbedingungen des Terms der theoretischen Funktion oder der darstellenden Differentialgleichung gegenüber bestimmten Transformationen der Raum-Zeit-Koordinaten Erhaltungssätze herzuleiten. Diese Bedingung ist zum Beispiel in Lagrange-Formalismen erfüllt; zum Zusammenhang von Symmetrien (Invarianzen) und Erhaltungssätzen in Lagrange-Formalismen, die Inhalt des bekannten Theorems von Noether sind, vgl. z.B. Kuypers (1983), Schmutzer (1972), Pässler (1968).

26. Die Erhaltungssätze eines Forschungsprogramms erhält man im allgemeinen über die Variationsrechnung: Bestimmte Lösungen von Variationsaufgaben liefern Erhaltungssätze. Indem man die Grundgleichung (2-1) eines Forschungsprogramms als Lösbarkeitsbedingung (Eulersche Gleichung) einer dazu passenden Variationsaufgabe auffaßt, erhält man aus bestimmten Lösungen dieser entsprechenden Variationsaufgabe die Erhaltungssätze, die systematisch zum theoretischen Ansatz des Forschungsprogramms gehören.

3. Das Forschungsprogramm der klassischen nicht-relativistischen Physik

1. Zur Terminologie vgl. Stegmüller (1970), S. 29ff.; Stegmüller verwendet den Ausdruck „Quasireihe" (a.a.O.).

2. Der Ausdruck „verschiedenfarbig" ist eingeklammert, weil diese Relation nicht anti-symmetrisch ist und daher die verschiedenen Farben noch gar keine Quasiordnung bilden; erst wenn die Farben durch Wellenlängen oder Frequenzen quantifiziert worden sind, lassen sie sich in eine Quasiordnung bringen.

3. Zur Theorie der Einführung metrischer Begriffe und zur Quantifizierung vgl. Stegmüller (1970), Kapitel 1, Carnap (1969), Krantz/Luce/Suppes Tversky (1971), Suppes (1980), Lothar Schäfer (1973).

4. Ich stütze mich im folgenden vor allem auf die im Rahmen der konstruktiven Wissenschaftstheorie („Erlanger Schule") ausgearbeitete „Protophysik", in der die geometrischen und kinematischen Grundgrößen rekonstruiert werden; zum Längenbegriff vgl. besonders Lorenzen (1980), Lorenzen (1984), Lorenzen (1985), Inhetveen (1983), Janich (1976); zum Zeitbegriff vgl. vor allem Janich (1980).

5. Diese Auffassung vertreten z.B. Dingler und Thüring, die beide den Begriff der trägen Masse durch Realisierungen des Newtonschen Gravitationsgesetzes operational definieren wollen (vgl. Abschnitt 3.t dieser Arbeit). Das Gravitationsgesetz fassen sie dabei auf als Realisierung der „Idee der physikalischen Abhängigkeit". In diesem Zusammenhang schreibt Thüring: „Eine physikalische Abhängigkeit hat zunächst stets das Vorhandensein „physikalischer Körper" zur Voraussetzung; dieser Satz ist tautologisch. Im Gegensatz zu einem geometrischen Körper soll einen physikalischen Körper neben seiner geometrischen Form eine bestimmte „Menge von Materie" (quantitas materiae) zugeschrieben werden. ... Nach dem Vorbild der Scholastik und auch der klassischen (Newtonschen) Physik werde im folgenden für „Menge von Materie" der Begriff „Masse" ... gebraucht und „Materie" allgemein als das Subjekt von Veränderungen (motus) angesehen; ein „physikalischer Körper" ist dann: räumlich abgegrenzte Materie (Masse)" (Thüring, (1967), S. 80).

Innerhalb der konstruktiven Wissenschaftstheorie ist inzwischen strittig, ob es neben der „Protophysik der Länge und Dauer" auch eine „Protophysik der Masse" geben kann. Dabei spielt m.E. das Problem eine entscheidende Rolle, ob der Massenbegriff rekonstruiert werden muß als Quantifizierung einer vor-metrischen Quasiordnung. Als eine solche Quasiordnung würde sich dann die „Materiemenge" (quantitas materiae) anbieten. Janich, der an einer Protophysik der Masse in strenger Analogie zur Geometrie und Chronometrie festhält, rekonstruiert den Massenbegriff als Quantifizierung von „homogenisierte Materiemenge"; vgl. Janich (1985). Ich selber habe in Tetens (1985) die These zu begründen versucht, daß es eine Protophysik der Masse nicht gibt und man den Gedanken fallen lassen soll, der Massenbegriff diene der Quantifizierung einer vor-metrischen Quasiordnung.

Gegen eine „Protophysik der Masse", die die „homogenisierte Materiemenge" streng operational quantifizieren will, spricht m.E. vor allem, daß aus der Definition keineswegs folgt, daß die so definierte Größe eine *experimentelle Invariante* in den verschiedenen *dynamischen* Versuchsklassen ist. Aufgrund der Definition der „Materiemenge" kann nicht ausgeschlossen werden, daß das Bewegungsverhalten zweier Körper in keinem theoretisch sinnvollen Zusammenhang mit ihrer jeweiligen „Materiemenge" steht. Was gebraucht wird, ist eine *dynamische Größe, die das unterschiedliche Bewegungsverhalten von Körpern quantifiziert*, das diese Körper unter wechselnden Rahmen- und Anfangsbedingungen zeigen. Der dynamische Begriff der trägen Masse sollte daher von vornherein als experimenteller Invariante kinematischer Größen definiert werden, mit denen die Bewegungen der Körper quantitativ beschrieben werden.

6. In den Bahnfunktionen stecken in Form von Stetigkeits- und Differenzierbarkeitsforderungen Idealisierungsbedingungen; wie sich diese Idealisierungsbedingungen aus dem technischen Fundament der Mechanik begründen lassen, habe ich ausführlich in meiner Dissertation (Tetens (1977)) behandelt.

7. Gegen eine Rekonstruktion der klassischen Mechanik als „irdische Laborphysik" wird immer wieder geltend gemacht, daß die Mechanik bei Newton als Himmelsmechanik begann und ihre ersten großartigen Erfolge auch als Himmelsmechanik zu verzeichnen hatte; diese historische Tatbestände sollen keineswegs geleugnet werden. Trotzdem ist in der Nachfolge Newtons die Mechanik vor allem als „irdische Laborphysik" technisch-experimentell wiederholbarer Vorgänge, die sie ganz wesentlich schon bei Galilei und Huygens gewesen ist, fortgeführt worden. Die Elektrodynamik ist überhaupt als reine Laborphysik entwickelt worden in enger Tuchfühlung zur außerwissenschaftlichen Technik.

8. Dieser methodologischen Feststellung korrespondiert der Inhalt des Ramsey-Satzes, daß nämlich die theoretischen Größen „Masse", „Kraft", „Impuls" usw. quantoren logisch eliminiert werden können und trotzdem die Experimente so beschrieben werden können, daß sie nach der Beschreibung reproduziert werden können.

9. Die Frage, warum in den Bewegungsgleichungen der Mechanik mindestens die zweiten zeitlichen Ableitungen der Bahnen auftreten, ist eine in Physik und Wissenschaftstheorie der Physik erstaunlicherweise selten behandelte Frage. Der hier gegebenen Begründung aus dem Konzept der experimentalistischen Kausalität tritt eine Begründung ergänzend zur Seite, die ich das erste Mal in meiner Dissertation (vgl. Tetens (1977)) ausgearbeitet habe. Dort habe ich aus dem Interesse an der technischen Beherrschung von Bewegungsabläufen zu begründen versucht, daß man in der Mechanik an Gesetzen über Beschleunigungen von Körpern interessiert ist. Wer durch technisch realisierbare Variation der Rahmen- und Anfangsbedingungen die *Veränderung* von Bewegungen beherrscht, der kann Bewegungen überhaupt erzeugen und „natürliche Bewegungen" auf technisch gewollte Zwecke hin umlenken. Diese Begründung für das Auftreten der zweiten zeitlichen Ableitungen der Bahnen in den differentiellen Bewegungsgleichungen widerspricht natürlich nicht der Begründung aus dem Konzept der experimentalistischen Kausalität; denn dieses Konzept expliziert den Begriff von Ursache und Wirkung, der technischen Interventionen in natürliche Abläufe zugrunde liegt.

10. Die schematischen Zeichnungen stehen hier für eine genaue Beschreibung der Atwoodschen Fallmaschine, die, würde sie ausformuliert, noch einmal die wichtige These bestätigen könnte, daß die Experimentieranordnungen in der Mechanik für ihre Reproduzierbarkeit stets so beschrieben werden können, daß in die Beschreibung theoretische Größen der Dynamik wie „Masse", „Kraft" usw. noch gar nicht eingehen.

11. Sneed schreibt über die Größe „Kraft": „All means of measuring forces, known to me, appear to rest, in a quite straight-forward way, on the assumption that Newton's second law is true in some physical system, and indeed also on the assumption that some particular force law holds." (Sneed 1979), S. 117). Stegmüller (1973), S. 110 bemerkt über den Massenbegriff, „daß die Verwendung einer Waage zur Ermittlung des Massenverhältnisses zweier – ... – Körper voraussetzt, *daß diese Waage mit den beiden Objekten auf den Waagschalen ein Modell der klassischen Partikelmechanik darstellt, in welchem die Kraftfunktion eine bestimmte Gestalt besitzt.*" (Hervorhebungen im Original); zur Anwendung des Begriffs der T-Theoretizität auf den Massenbegriff vgl. auch Gähde (1983), besonders das 2. und 3. Kapitel. – Die Unklarheit liegt natürlich letztlich darin, was mit den Wendungen „to rest on the assumption" bzw. „voraussetzen" in den beiden Zitaten gemeint ist; es gibt eine Beschreibung der Waage und der Massenbestimmung mit Waagen, die keineswegs die Gültigkeit des zweiten Newtonschen Gesetzes oder des Gesetzes in Gestalt einer bestimmten Kraftfunktion logisch impliziert. Trotzdem kann aufgrund der im wesentlichen geometrisch-kinematischen Beschreibung der Waage das Wä-

gen von Masse reproduziert werden. In diesem Sinne setzen Waagen oder auch z. B. Kraftfedern bei der Kraftmessung keineswegs die klassische Partikelmechanik logisch oder sonstwie voraus. Für jedes Massenmeßverfahren, mit dem die experimentelle Dynamik dann in Gang gesetzt wird, kann nur nachträglich immer auch ein Kraftgesetz von der im Forschungsprogramm normierten Newtonschen Form („zweites Newtonsches Gesetz") aufgestellt werden. Und von jedem anfänglichen Massenmeßverfahren wird *erwartet*, daß von ihm ausgehend das Forschungsprogramm der Newtonschen Physik auf neue Experimentiersituationen prognostisch erfolgreich angewendet werden kann, so daß diese Situationen an das anfängliche Massenmeßverfahren über den Massen- und Kraftbegriff, also über das zweite Newtonsche Gesetz methodisch angebunden sind. Die Newtonsche Partikelmechanik wird durch die ersten Massenmeßverfahren nicht vorausgesetzt, sondern die erfolgreiche Anwendung der Bestimmungen des Forschungsprogramms der klassischen Partikelmechanik setzt umgekehrt die geschickte Wahl eines ersten Massenmeßverfahrens voraus (was ja übrigens auch ganz dem historischen Gang der Physikgeschichte entspricht, denn schließlich waren Waagen schon vor der klassischen Physik im Gebrauch). Ob die Auswahl des ersten Massenmeßverfahrens geschickt war, stellt sich erst nachträglich heraus. Die Wahl steht für Revisionen offen. Aufgrund seiner methodologischen Stellung, das „erste" Verfahren zur Massenbestimmung zu sein, gilt dann von ihm per definitionem, daß dieselbe Kraft auf zwei Körper wirkt und dem zweiten Newtonschen Gesetz genügt.

12. Zur Geschichte des Massenbegriffs und der Massenmessung vgl. auch Jammer (1974) und Gerland/Traumüller (1965); viele informative Details finden sich auch in Mach (1976). Innerhalb der konstruktiven Wissenschaftstheorie schlägt vor allem Lorenzen im Anschluß an Weyl vor, Massen über inelastische Stöße operational zu definieren; vgl. Lorenzen/Schwemmer (1975), S. 234ff., und Lorenzen (1978a); Peter Mittelstaedt (1976) hat sich mit diesem Vorschlag eingehender auseinandergesetzt.

13. Wilhelm Westphal (1970), S. 22.

14. Friedhelm Kuypers (1983), S. 12.

15. Es ist eine häufiger in Lehrbüchern der theoretischen Physik zu findende Darstellung, daß die Zwangskräfte, da sie die Körper zwingen, sich auf bestimmten Führungsflächen zu bewegen, senkrecht zu den Führungsflächen und Bewegungsrichtungen stehen müssen, wobei dann insgeheim suggeriert wird, dies gelte für alle Zwangskräfte, oder es würde sogar aus dem Begriff der Zwangskraft im Rahmen der Newtonschen Mechanik folgen. Das ist natürlich falsch. Über die Zwangskräfte als Kräfte kann erst etwas ausgesagt werden, wenn die Wirkung der freien, äußeren Kräfte bekannt ist, z. B. daß sie auf die Schwerkraft zurückführbar sind und deshalb stets nach „unten" wirken. Darauf stützt sich Mach (1976), wenn er über das dem d'Alembertschen Prinzip zugrundeliegende Prinzip der virtuellen Verrückungen bemerkt: „Fassen wir alles zusammen, so sehen wir, daß in dem Prinzip der virtuellen Verschiebungen nur die Anerkennung einer Tatsache liegt, die uns längst instinktiv geläufig war, nur daß wir sie nicht so scharf und klar erfaßten. Die Tatsache besteht darin, daß schwere Körper sich von selbst nur abwärts bewegen." (S. 66).

16. Hund (1962), S. 158.

17. Immerhin schafft es die klassische Physik, im wesentlichen mit zwei Grundkräften auszukommen, nämlich der allgemeinen Gravitation und der Lorentz-Kraft. Dabei ist zu beachten, daß in vielen Fällen Bewegungsvorgänge ohne expliziten Kraftterm berechnet und vorausberechnet werden können; eines der wichtigsten Beispiele sind natürlich inelastische und elastische Stöße, wo die Größen „Impuls" und „Energie" ausreichen, um den Vorgang in seiner Gesetzmäßigkeit quantitativ zu beschreiben.

18. Vgl. Kuhn (1977): eine ausführliche Darstellung der Geschichte des Energieerhaltungssatzes geben Elkana (1974) und Breger (1982).

19. Kuhn (1977), S. 125.

20. Vgl. Fußnote 22. zu Abschnitt 2.4 dieser Arbeit.

21. Kuhn (1977), S. 140.

22. Mayer (1982), S. 5ff.

23. A.a.O., S. 8.

24. Zum Modellbegriff in den Naturwissenschaften vgl. Black (1962), Freudenthal (ed.) (1960), Jammer (1965), vor allem aber Hesse (1970).

25. Für die nachfolgenden Überlegungen stütze ich mich auf die Darstellung von Kambartel (1975), S. 81ff.

26. Zum Begriff der Analogie vgl. Hesse (1970), S. 57ff.

27. Der Physiker *deutet* dann die Experimente sofort im „Lichte" seines Modells. Der Physiker beschreibt nicht zunächst einmal das experimentelle Design und die im Experiment auftretenden Phänomene, um das Ganze anschließend noch einmal in der Terminologie des Modells zu reformulieren. Er beschreibt das, was er im Experiment tut, beobachtet und mißt, sofort in der Terminologie des Modells. Insofern die Wahrnehmung auch konstituiert ist durch die Art, wie das Wahrgenommene beschrieben wird, „sieht" der Physiker etwas anderes, als ein Laie sieht, der einem Experiment beiwohnt.

28. Duhem (1978), S. 192, Hervorhebung im Original, außerdem ist dort der ganze Text zusätzlich kursiv hervorgehoben.

29. Die unterschiedliche „Wahrnehmung" eines Experimentes durch einen Physiker und durch einen „Laien" hat Duhem (1978), S. 189 sehr anschaulich beschrieben. „Treten Sie in dieses Laboratorium ein. Gehen Sie an diesen Tisch heran, den eine Menge von Apparaten bedecken: eine galvanische Säule, mit Seide umsponnene Kupferdrähte, mit Quecksilber gefüllte Näpfe, ein Eisenstäbchen, das einen Spiegel trägt. Ein Beobachter steckt in kleine Löcher den metallischen Stiel eines Stöpsels, dessen Kopf aus Ebonit besteht. Das Eisen gerät in Schwingungen und vom Spiegel, der mit ihm verbunden ist, wird auf einen Maßstab aus Zelluloid ein leuchtender Streifen geworfen, dessen Bewegungen der Beobachter verfolgt. Das ist ohne Zweifel ein Experiment. Mit Hilfe des Hin- und Hergehens dieses leuchtenden Zeichens beobachtet der Physiker genau die Schwingungen des Eisenstückes. Wenn Sie nun fragen, was er tue, glauben Sie, daß er Ihnen dann antworten wird: „Ich studiere die Oszillationen des Eisenstabes?" Keineswegs. Er wird Ihnen antworten, daß er den elektrischen Widerstand einer Spule messe. Wenn Sie in Erstaunen geraten und ihn fragen, welchen Sinn diese Worte hätten und welche Beziehung zwischen ihnen und den Phänomenen, die er gleichzeitig mit Ihnen konstatiert hat, bestünde, würde er Ihnen antworten, daß Ihre Frage allzu langer Erklärungen bedürfe und Ihnen anraten, einen Kursus in der Elektrizitätslehre zu nehmen."

30. Dabei sind Objekte von vornherein als raum-zeitliche Gegenstände definiert, d.h. von einem Objekt gilt per definitionem, daß es sich zu jedem Zeitpunkt an einem bestimmten Ort befindet (auch wenn dieser Ort nicht immer genau experimentell bestimmt werden kann).

31. Drieschner (1979), S. 112, Hervorhebung im Original.

32. Der Abschnitt der Habilitationsschrift über die Elektrodynamik wurde aufgrund einer gründlichen Kritik von Inhetveen und Kötter (beide Erlangen) ganz neu geschrieben. Ich habe natürlich die neue Fassung und ihre Mängel selber zu verantworten.

33. Die methodologische Herleitung des Newtonschen Gesetzes findet sich in verschiedenen Schriften Dinglers zur Philosophie der Physik, so in Dingler (1928), III. Kapitel, in Dingler (1938), II. Kapitel, IV. Abschnitt, in Dingler (1964), 3. Teil; Thürings Herleitung des Gravitationsgesetzes findet sich in Thüring (1967), drittes Kapitel.

34. Vgl. Dingler (1938), S. 133; auf Seite 136f. spricht er auch von der „Elementargestalt der Dynamik".

35. Vgl. Dingler (1911), S. 61ff., wo Dingler an der kausalen Analyse eines Beleuchtungsvorgangs ein $1/r^2$-Gesetz durch rein methodologische Erwägungen herleitet.

36. Im folgenden stützen wir uns auf die in Dingler (1938), S. 133ff. vorgetragenen

Ableitung des Newtonschen Graviationsgesetzes. Eine erste Fassung der Kritik, die in dieser Arbeit an den Ableitungen des Gravitationsgesetzes von Dingler und Thüring geübt wird, findet sich in Tetens (1985a).

37. Dingler (1938), S. 137.

38. Zur Geschichte der Elektrodynamik, vor allem der Anfänge der experimentellen Beherrschung elektrischer Grundvorgänge vgl. Gerland/Traumüller (1965), besonders S. 330ff.; außerdem Fraunberger/Teichmann (1984).

4. Die relativistische Revision des Forschungsprogramms der klassischen Physik

1. Kuhn (1973), S. 141.

2. *Pragmatische Ordnung* betrifft den Umstand, daß eine Handlung h von einer anderen Handlung h' *pragmatisch abhängt*, h also nur erfolgreich ausgeführt werden kann, wenn zuvor h' ausgeführt worden ist; im Sinne dieser Definition ist das Messen im Experiment pragmatisch abhängig von der vorgängigen Herstellung ungestörter Meßinstrumente. Dingler (1931a) sagt: „Die Forderung bei einer Kette von Handlungen auf ihre Nichtvertauschbarkeit oder Vertauschbarkeit zu achten und sie bei Nichtvertauschbarkeit nach der Reihe ihrer notwendigen Aufeinanderfolge zu ordnen, nennen wir das *„Prinzip der pragmatischen Ordnung“* (...).“ (S. 108, Hervorhebung im Original). Unter dem *Prinzip der pragmatisch-methodischen Ordnung* ist die metatheoretische Norm zu verstehen, den Aufbau einer wissenschaftlichen Theorie im Einklang mit der pragmatischen Ordnung, also gemäß der pragmatischen Abhängigkeit der sie ermöglichenden Handlungen darzustellen. Dingler (1964), S. 26: „Die zu erreichende strenge Wissenschaft kommt durch eine geordnete Reihe von Handlungen zustande. Wenn ich also Überlegungen über diese Wissenschaft anstelle, so dürfen diese niemals so beschaffen sein, daß sie an einer bestimmten Stelle des Aufbaues Handlungen als geschehen voraussetzen, die erst an einer späteren Stelle des Aufbaus geschehen können“; zum Begriff der methodischen Ordnung vgl. auch Wohlrapp (1978), Janich (1979), May (1956).

3. Normalerweise wird zwischen der T-Invarianz einer physikalischen Größe oder Funktion und der T-Kovarianz eines physikalischen Gesetzes terminologisch unterschieden. Wir sprechen hier vereinfachend sowohl bei Größen wie bei Gesetzen von ihrer Invarianz bezüglich bestimmter Transformationen.

4. Die Bezugssysteme, in denen die Gesetze der Mechanik, insbesondere das Trägheitsprinzip gelten, werden gewöhnlich als *Inertialsysteme* bezeichnet. Leider sind die gängigen Definitionen des Inertialsystems in der Physik zirkulär, insbesondere die Definition, wonach ein Inertialsystem genau dann vorliegt, wenn relativ zu ihm das Trägheitsgesetz gilt. Da das Trägheitsprinzip methodisch die Möglichkeit voraussetzt, die Abwesenheit von Kräften festzustellen, Kräfte wiederum nur durch die Existenz von Beschleunigungen nachweisbar sind relativ zu einem geeigneten Bezugssystem, taugt das Trägheitsgesetz nicht zur Definition der Inertialsysteme. Allerdings ist auch eine nominatorenfreie Definition von Inertialsystem gar nicht nötig, wie die Geschichte der Physik selber zeigt. Systematisch verlangt das Forschungsprogramm der klassischen Physik nur, daß ein Bezugssystem die Wiederholbarkeit der Bewegungsexperimente bei gleichen Rahmen- und Anfangsbedingungen zulassen muß. Ansonsten hängt die Auswahl davon ab, von wo aus und mit welchem Ziel man experimentelle Dynamik betreiben will. Historisch hat man daher naheliegenderweise die Erde, die Sonne und das astronomische Fundamentalkoordinatensystem als Bezugssysteme benutzt. Der Übergang von einem Bezugssystem zu einem anderen ist methodisch dann gerechtfertigt, wenn der Ausgang von Experimenten im alten Bezugssystem nur dann nach den Anweisungen des Forschungsprogramms erklärt und vorausgesagt werden kann, wenn die Relativbewegung des „alten“ Bezugssystems zum „neuen“ berücksichtigt wird (historisch wichtiger Fall: Versuche

mit dem Foucault-Pendel müssen erklärt werden als Wirkungen der beschleunigten Relativbewegung der Erde zur Sonne). Für nähere Einzelheiten zum Problem der methodischen und zirkelfreien Auswahl geeigneter Bezugssysteme vgl. meine Überlegungen in Tetens (1977) und Tetens (1985).

5. Der Vorschlag, die Spezielle Relativitätstheorie als Revision der Dynamik und nicht als Revision der Kinematik zu rekonstruieren, ist das erste Mal von Lorenzen vorgetragen und begründet worden, vgl. Lorenzen (1977) bzw. (1977a). Die hier vorgetragenen Überlegungen zum Verhältnis von klassischer Mechanik und Spezieller Relativitätstheorie fußen zum Teil auf den Überlegungen Lorenzens; zur Diskussion dieser Interpretation vgl. auch den Beitrag von Mittelstaedt (1979).

6. Vgl. Gerald Holtons Aufsatz „Einstein, Michelson und das *experimentum* crucis", abgedruckt in: Holton (1981).

7. Für das Nachfolgende vgl. die Originalarbeit Einsteins „Zur Elektrodynamik bewegter Körper" aus dem Jahre 1905, wiederabgedruckt in: Lorentz/Einstein/Minkowski (1974), außerdem Einstein (1973) und Einstein (1973b).

8. Bemerkt worden ist diese Inkonsistenz z.B. von Stiegler (1974), in jüngster Zeit z.b. von Hoyer (1986), der die Frage stellt: „Wie ist es möglich, daß auf dem Wege der Begründung der Lorentztransformationen, die gemäß einer weitverbreiteten Ansicht den Galileitransformationen widersprechen, an *einer* Stelle, nämlich beim Nachweis der Relativität der Gleichzeitigkeit, die Gültigkeit der Galileitransformationen vorausgesetzt werden darf?" (S. 6, Hervorhebung im Original).

9. Ich möchte die Frage hier nicht erörtern, ob jede sinnvolle Gleichzeitigkeitsdefinition sich immer auf die Ausbreitung von Lichtsignalen stützen muß und wie das Additionstheorem der Geschwindigkeiten kinematisch begründet werden kann; hierzu hat in jüngster Zeit Janich (1987) neue Vorschläge vorgelegt.

10. Zum Michelson-Morley-Experiment vgl. z.B. Bergmann/Schäfer (1978), S. 923–928.

11. Vgl. zum π^0-Mesonen-Zerfall Sexl/Schmidt (1979), S. 103.

12. Das ist deshalb unwahrscheinlich, weil zur *Bedeutung* des Ausdrucks „derselbe physikalische Körper" bzw. „dasselbe physikalische Ereignis" gerade die Bezugnahme auf ein „Raum-Zeit-System" gehört: „Letztlich wird also durch einen singulären Terminus erst dann ein Gegenstand so identifiziert, daß eindeutig ein Einzelnes aus allen herausgegriffen wird, wenn die räumliche und zeitliche Lokalisierung des Gegenstandes in einem *festen Raum-Zeit-System* (Hervorhebung v. H.T.) angegeben wird. Kennzeichnungen, die nicht beschreibend sind, sondern eine Raum-Zeit-Stelle angeben, ..., spielen also eine fundamentale Rolle bei der Identifizierung konkreter Gegenstände" (Tugendhat/Wolf (1983), S. 156f.); vgl. zu dieser Problematik auch Tugendhat (1976), S. 326–440 und die Einleitung zu Wolf (Hrsg.) (1985).

13. Ein erneuter Versuch, die Galilei-Transformation aus Definitionen der Kinematik herzuleiten, findet sich bei Lorenzen (1984), S. 225–230.

14. Inhetveen (1986).

15. Wenn die Größe „träge Masse" bereits eingeführt ist nach dem Vorschlag aus 3.2, so kann natürlich „Dichte" definiert werden als Masse durch Volumen; bei Janich (1985) findet sich der Versuch, „Masse" von vornherein als „homogene Dichte" zu definieren und einzuführen.

16. Die Symmetrie basiert natürlich auf dem „Actio-Est-Reactio-Prinzip" für Käfte.

17. Zur Darstellung der Allgemeinen Relativitätstheorie vgl. Lorentz/Einstein/Minkowski (1974), Einstein (1973), Einstein (1973b) und Weinberg (1972).

18. Das Schema ist eine Abwandlung eines Schemas aus Kanitscheider (1971), S. 209.

19. Der berühmte und immer wieder zitierte Ausspruch von Minkowski, daß „Raum für sich und Zeit für sich völlig zu Schatten herabsinken und nur noch eine Art Union der beiden ... Selbständigkeit bewahren" soll (Lorentz/Einstein/Minkowski (1974),

S. 54), ändert gleichwohl nichts daran, daß im Experiment räumliche und zeitliche Bestimmungen (Messungen) weiterhin operativ voneinander unterschieden und getrennt sind, wie das in der klassischen Physik immer der Fall gewesen ist. Experimentell-operativ gibt es keine „Raumzeit", lediglich die lorentz-invarianten Bewegungsgleichungen der Form (4-6) lassen sich mathematisch besonders gut darstellen und handhaben, wenn man statt der in der klassischen Physik verwendeten Dreier-Vektoren (für „Kraft", „Impuls", „Beschleunigung" usw.) Vierer-Vektoren verwendet. Diese Eigenheit des mathematischen Formalismus der Speziellen Relativitätstheorie des mathematischen Formalismus der Speziellen Relativitätstheorie rechtfertigt aber keine Thesen über die „ontologische Verknüpftheit" von räumlichen und zeitlichen Bestimmungen zu einer neuen Entität, genannt „Raumzeit". Wir nehmen daher in dieser Arbeit die Rede von „Raumzeit" nicht physikalisch ernst, sondern sehen in ihr nur einen Bezug auf den mathematischen Apparat der Relativitätstheorie.

19. In (4-35) sind R_{ik} und R Ausdrücke aus dem Riemannschen Krümmungstensor, die durch g_{ik} eindeutig bestimmt sind, T_{ik} ist der Energie-Impuls-Tensor der Materie, Λ ist die „Vakuum Energie" und κ ist eine universelle Konstante.

20. Vgl. Lorenzen (1984), S. 193–232.

21. Hier geht es vor allem um die These, die zum ersten Mal von Dingler vertreten worden ist, nämlich daß nur über die euklidische Geometrie der quantitative Längenbegriff und der dazu gehörige Begriff des starren Körper zirkelfrei eingeführt werden können; vgl. dazu Inhetveen (1983) und Lorenzen (1984). Mir selber sind inzwischen Zweifel an der Richtigkeit dieser These gekommen, die ich an dieser Stelle jedoch nicht diskutieren kann.

22. Einstein (1984), S. 119f.

23. A.a.O., S. 122/123.

24. A.a.O., S. 120/121.

25. Einstein beruft sich in seinem Aufsatz „Geometrie und Erfahrung" ausdrücklich auf die Wissenschaftstheorie des Logischen Empirismus, wenn er schreibt: „Die Axiome definieren erst die Gegenstände, von denen die Geometrie handelt. Schlick hat die Axiome deshalb in seinem Buch über Erkenntnistheorie sehr treffend als „implizite Definitionen" bezeichnet" (Einstein (1984), S. 120). Zur Kritik dieser Auffassung vgl. Kambartel (1968), Kap. 4.

26. Zu Dinglers Begründung der Geometrie vgl. z.B. Dingler (1928) und Dingler (1933).

27. Zur konstruktiven Begründung der euklidischen Geometrie vgl. Inhetveen (1983) und Lorenzen (1984).

28. Das Formprinzip ist die metatheoretische Behauptung, daß konstruktionsgleiche Figuren, d.h. Figuren, die ausgehend jeweils von einem Paar von „Anfangspunkten" durch Anwendung derselben Grundkonstruktionen konstruiert werden, hinsichtlich ihrer geometrischen Eigenschaften ununterscheidbar sind; zur Begründung des Formprinzips und zum Beweis der Euklidizität der Geometrie mit Hilfe des Formprinzips vgl. Inhetveen (1983), S. 66–73 und Lorenzen (1984), S. 94–105.

29. Lorenzen (1985), S. 29.

30. Die Auffassung, daß die Allgemeine Relativitätstheorie interpretiert werden kann als Revision der Newtonschen Gravitationstheorie und nicht als Revision der klassischen Geometrie und Kinematik vertritt z.B. Lorenzen (1978b).

LITERATURVERZEICHNIS

Balzer, Wolfgang/Kamlah, Andreas (Hrsg.) (1979): Aspekte physikalischer Begriffsbildung – Theoretische Begriffe und operationale Definitionen. Braunschweig/Wiesbaden: Vieweg

Bayertz, Kurt (Hrsg.) (1981): Wissenschaftsgeschichte und wissenschaftliche Revolution. Köln: Pahl-Rugenstein

Bergmann, Ludwig/Schäfer, Clemens (1971): Lehrbuch der Experimentalphysik Band II: Elektrizität und Magnetismus (6. Auflage). Berlin/New York: Walter de Gruyter

– (1978): Lehrbuch der Experimentalphysik Band III: Optik (Hrsg. Heinrich Gobrecht). Berlin/New York: Walter de Gruyter

Black, M. (1962): Models und Metaphors – Studies in Language and Philosophy. Ithaca/New York

Böhme, Gernot (Hrsg.): Protophysik – Für und wider eine konstruktive Wissenschaftstheorie der Physik. Frankfurt/M.: Suhrkamp

– /van den Daele, Wolfgang/Krohn, Wolfgang (1977): Experimentelle Philosophie – Ursprung autonomer Wissenschaftsentwicklung. Frankfurt/M.: Suhrkamp

– /van den Daele, Wolfgang/Krohn, Wolfgang (1978): Die Verwissenschaftlichung von Technologie in: Starnberger Studien 1, Die gesellschaftliche Orientierung des wissenschaftlichen Fortschritts. Frankfurt/M.: Suhrkamp

Braun, Edmund/Radermacher, Hans (Hrsg.) (1978): Wissenschaftstheoretisches Lexikon. Graz/Wien/Köln: Styria

Breger, Herbert (1982): Die Natur als arbeitende Maschine. Zur Entstehung des Energiebegriffs in der Physik. Frankfurt/M./New York: Campus

Carnap, Rudolf (1956): The Methodological Character of Theoretical Concepts in: Minnesota Studies in the Philosophy of Science, Volume I, p. 38–76

– (1961): Der logische Aufbau der Welt. Hamburg: Felix Meiner

– (1969): Einführung in die Philosophie der Naturwissenschaft. München: Nymphenbuerger Verlagshandlung

Danto, Artur C. (1979): Analytische Handlungstheorie. Königstein (Taunus): Scriptor

Diederich, Werner (1981): Strukturalistische Rekonstruktionen. Braunschweig/Wiesbaden: Vieweg

Dijksterhuis, E.J. (1956): Die Mechanisierung des Weltbildes. Berlin/Göttingen/Heidelberg: Springer

Dingler, Hugo (1911): Die Grundlagen der angewandten Geometrie. Leipzig: Akademischer Verlagsgesellschaft

– (1919): Physik und Hypothese – Versuch einer induktiven Wissenschaftslehre nebst einer kritischen Analyse der Fundamente der Relativitätstheorie. Berlin/Leipzig: Walter de Gruyter

– (1922): Relativitätstheorie und Ökonomieprinzip. Leipzig: S. Hirzel

– (1928): Das Experiment – Sein Wesen und seine Geschichte. München: Ernst Reinhard

– (1931): Der Zusammenbruch der Wissenschaft und der Primat der Philosophie (2. verbesserte und durch einen Anhang vermehrte Auflage). München: Ernst Reinhard

– (1931a): Philosophie der Logik und Arithmetik. München: Ernst Reinhard

– (1932): Der Glaube an die Weltmaschine und seine Überwindung. Stuttgart: Ferdinand Enke
– (1933): Die Grundlagen der Geometrie – Ihre Bedeutung für Philospphie, Matheamtik, Physik und Technik. Stuttgart: Ferdinand Enke
– (1938): Die Methode der Physik. München: Ernst Reinhard
– (1951): Das physikalische Weltbild in: Beiheft zur Zeitschrift für philosphische Forschung 4. Meisenheim, Glan: Westkulturverlag Anton Hain
– (1964): Aufbau der exakten Fundamentalwissenschaft (hrsg. v. Paul Lorenzen). München: Eidos
– (1969): Die Ergreifung des Wirklichen Kapitel I–IV, mit einer Einleitung von Kuno Lorenz und Jürgen Mittelstrass. Frankfurt/M.: Suhrkamp

Drieschner, Michael (1979): Voraussage-Wahrscheinlichkeit-Objekt – Über die begrifflichen Grundlagen der Quantenmechanik. Berlin/Heidelberg/New York: Springer

Duhem, Pierre (1978): Ziel und Struktur der physikalischen Theorien. Nachdruck der deutschen Übersetzung aus dem Jahre 1908 der 1906 auf französisch erschienenen Originalarbeit „La Théorie Physique, son objet, sa structure". Hamburg: Felix Meiner

Einstein, Albert (1973): Grundzüge der Relativitätstheorie (5. Auflage). Braunschweig: Vieweg
– (1973b): Über die spezielle und die allgemeine Relativitätstheorie (21. Auflage). Braunschweig: Vieweg
– (1984): Geometrie und Erfahrung in: Mein Weltbild. Frankfurt/M./Berlin/Wien: Ullstein

Elkana, Yehuda (1974): The Discovery of the Conservation of Energy. Cambridge (Massachusetts): Harvard University Press

Fraunberger, Fritz/Teichmann, Jürgen (1984): Das Experiment in der Physik. Braunschweig/Wiesbaden: Vieweg

Feyerabend, Paul (1976): Wider den Methodenzwang – Skizze einer anarchistischen Erkenntnistheorie. Frankfurt/M.: Suhrkamp

Fölsing, Albrecht (1983): Galileo Galilei – Prozeß ohne Ende. München: Piper

Freudenthal (Editor) (1960): The Concept and the Role of the Model in Mathematics and Natural and Social Sciences. Proceedings of the colloquium at Utrecht, January 1960 in: Synthese 12 (1960)

Gerland, E./Traumüller, F. (1965): Geschichte der physikalischen Experimentierkunst. Reprografischer Nachdruck der Ausgabe Leipzig 1899. Hildesheim: Olms

Gähde, Ulrich (1983): T-Theoretizität und Holismus. Frankfurt/M./Bern: Peter Lang

Helmholtz, Hermann von (1982): Über die Erhaltung der Kraft. Reprint von: Ostwalds Klassiker der exakten Wissenschaften Nr. 1 (Leipzig 1889). Leipzig: Akademische Verlagsgesellschaft

Hempel, Carl G. (1977): Aspekte wissenschaftlicher Erklärung. Berlin/New York: Walter de Gruyter

Hesse, Mary (1970): Models and Analogies in Science. Notre Dame (Indiana): University of Notre Dame Press

Holton, Gerald (1981): Thematische Analyse der Wissenschaft – Die Physik Einsteins und seine Zeit. Frankfurt/M.: Suhrkamp

Hoyer, Ulrich (1986): Die Grundlagen der Relativitätstheorie. In: Zeitschrift für Allgemeine Wissenschaftstheorie, Band XVII, Heft 1

Hübner, Kurt (1978): Kritik der wissenschaftlichen Vernunft. Freiburg/München: Karl Alber

Hund, Friedrich (1962): Theoretische Physik 1. Band. Stuttgart: B.G. Teubner

Hunning, A. (1978): Stichwortartikel „Apparatur" in: Braun / Radermacher (1978)

Inhetveen, Rüdiger (1983): Konstruktive Geometrie – Eine formentheoretische Begründung der euklidischen Geometrie. Mannheim/Wien/Zürich: Bibliographisches Institut

– (1984): Die Rolle der Eindeutigkeit in der Philosophie Hugo Dinglers in: Janich (Hrsg.) (1984 a)

– (1985): Abschied von den Homogenitätsprinzipien? in: Philosophia Naturalis, Band 22, Heft 1

– (1986): Constructive General Relativity erscheint in: Cohen/Janich (eds.), Protophysics (Arbeitstitel) (= Boston Studies in the Philosophy of Science). Dordrecht, Boston and Lancaster: D. Reidel

Jammer, Max (1965): Die Entwicklung des Modellbegriffs in den physikalischen Wissenschaften in: Studium Generale, Jahrgang 18 Heft 3

– (1974): Der Begriff der Masse in der Physik. Darmstadt: Wissenschaftliche Buchgesellschaft

Janich, Peter (1973): Zweck und Methode der Physik aus philosophischer Sicht. Konstanz: Universitätsverlag Konstanz

– (1976): Zur Protophysik des Raumes in: Böhme (Hrsg.) (1976)

– (1979): Physikalische Begriffsbildungen gegen das „Prinzip der methodischen Ordnung"? in: Balzer / Kamlah (Hrsg.) (1979)

– (1980): Die Protophysik der Zeit – Konstruktive Begründung und Geschichte der Zeitmessung. Frankfurt/M.: Suhrkamp

– (1981): Natur und Handlung – Über die methodischen Grundlagen naturwissenschaftlicher Erfahrung in: O. Schwemmer (Hrsg.) (1981)

– (1984): Hugo Dingler, die Protophysik und die spezielle Relativitätstheorie in: Janich (Hrsg.) (1984 a)

– (Hrsg.) (1984 a): Methodische Philosophie – Beiträge zum Begründungsproblem der exakten Wissenschaften in Auseinandersetzung mit Hugo Dingler. Mannheim/Wien/Zürich: Bibliographisches Institut

– (1985): Die Eindeutigkeit der Massenmessung und die Definition der Trägheit in: Philosophia Naturalis, Band 22, Heft 1

– /Tetens, Holm (1985): Protophysik – Eine Einführung in: Philosophia Naturalis, Band 22, Heft 1

– (1987): Geschwindigkeit und Zeit – Anregungen bei Aristoteles und Agustinus zur Lösung eines modernen methodologischen Problems. Marburg: MS

Kambartel, Friedrich (1968): Erfahrung und Struktur – Bauseine einer Kritik des Empirismus und Formalismus. Frankfurt/M.: Suhrkamp

– (1975): Frege und die axiomatische Methode in: Thiel (Hrsg.) (1975)

– (1978): Symbolische Handlungen in: Mittelstrass / Riedel (Hrsg.) (1978)

– (1981): Rekonstruktion und Rationalität – Zur normativen Grundlage einer Theorie der Wissenschaft in: Schwemmer (Hrsg.) (1981)

Kamlah, Wilhelm (1972): Philosophische Anthropologie – Sprachkritische Grundlegung und Ethik. Mannheim/Wien/Zürich: Bibliographisches Institut

– /Lorenzen, Paul (1975): Logische Propädeutik (2. verbesserte und erweiterte Auflage). Mannheim/Wien/Zürich: Bibliographisches Institut

Kanitschneider, Bernulf (1971): Geometrie und Wirklichkeit. Berlin: Duncker & Humblot

Krafft, Fritz (1982): Das Selbstverständnis der Physik im Wandel der Zeit – Vorlesungen zum historischen Erfahrungsraum physikalischen Erkennens. Weinheim: Physik-Verlag

Kraft, Viktor (1968): Der Wiener Kreis – Der Ursprung des Neopositivismus – Ein Kapitel der jüngsten Philosophiegeschichte (zweite, erweitere und verbesserte Auflage). Wien/New York: Springer

Krampf, Wilhelm (Hrsg.) (1956): Hugo Dingler – Gedenkbuch zum 75. Geburtstag. München: Eidos

Krantz, D./Luce, R.D./Suppes, P./Tversky, A. (1971): Foundations of Measurement I. New York

Kraus, Oskar (1921): Die Verwechselung von „Beschreibungsmittel" und „Beschreibungsobjekt" in der Einsteinschen speziellen und allgemeinen Relativitätstheorie in: Kantstudien, Band 26

Krings/Baumgartner/Wild (Hrsg.) (1973): Handbuch Philosophischer Grundbegriffe. München: Kösel

Krohn, Wolfgang (1977): Die „Neue Wissenschaft der Renaissance" in: Böhme/van den Daele/Krohn (1977)

– (1981): „Wissen ist Macht" – Zur Soziogenese eines neuzeitlichen Geltungsanspruchs in: Bayertz (Hrsg.) (1981)

Kuhn, Thomas (1973): Die Struktur wissenschaftlicher Revolutionen. Frankfurt/M.: Suhrkamp

– (1977): Die Erhaltung der Energie als Beispiel gleichzeitiger Entdeckung in: Kuhn, Die Entdeckung des Neuen – Studien zur Struktur der Wissenschaftsgeschichte. Frankfurt/M.: Suhrkamp

Kuypers, Friedhelm (1983): Klassische Mechanik. Weinheim: Physik-Verlag

Lakatos, Imre/Musgrave, Alan (Hrsg.) (1974): Kritik und Erkenntnisfortschritt. Braunschweig: Vieweg

– (1974): Falsifikation und die Methodologie wissenschaftlicher Forschungsprogramme in: Lakatos/Musgrave (Hrsg.) (1974)

– 1974a): Die Geschichte der Wissenschaft und ihre rationale Rekonstruktion in: Lakatos/Musgrave (Hrsg.) (1974)

Lorentz, H.A./Einstein, A./Minkowski, H. (1974): Das Relativitätsprinzip (7. Auflage, unveränderter Nachdruck der fünften Auflage von 1923). Darmstadt: Wissenschaftliche Buchgesellschaft

Lorenz, Kuno (Hrsg.) (1979): Konstruktionen versus Positionen – Beiträge zur Diskussion um die Konstruktive Wissenschaftstheorie Band I: Spezielle Wissenschaftstheorie. Berlin/New York: Walter de Gruyter

Lorenzen, Paul (1961): Das Begründungsproblem der Geometrie als Wissenschaft der räumlichen Ordnung in: Philosophia Naturalis, Band 6

– (1968): Wie ist die Objektivität der Physik möglich? in: Paul Lorenzen, Methodisches Denken. Frankfurt/M.: Suhrkamp

– /Schwemmer, Oswald (1975): Konstruktive Logik, Ethik und Wissenschaftstheorie (2., verbesserte Auflage). Mannheim/Wien/Zürich: Bibliographisches Institut

– (1977): Relativistische Mechanik mit klassischer Geometrie und Kinematik in: Mathematische Zeitschrift, 155, wiederabgedruckt in: Pfarr (Hrsg.) (1981)

– (1977a): Eine Revision der Einsteinschen Revision in: Philosophia Naturalis, Band 16, wiederabgedruckt in: Pfarr (Hrsg.) (1981)

– (1978): Theorie der technischen und politischen Vernunft. Stuttgart: Reclam

– (1978a): Die drei mathematischen Grunddisziplinen der Physik in: Lorenzen (1978)

– (1978b): Die allgemeine Relativitätstheorie als eine Revision der Newtonschen Gra-

vitationstheorie in: Philosophia Naturalis, Band 17, wiederabgedruckt in: Pfarr (Hrsg.) (1981)
– (1981): Geometrie als meßtheoretisches Apriori der Physik in: Pfarr (Hrsg.) (1981)
– (1984): Elementargeometrie – Das Fundament der Analytischen Geometrie. Mannheim/Wien/Zürich: Bibliographisches Institut
– (1985): Das technische Fundament der Geometrie in: Philosophia Naturalis, Band 22
Losee, John (1977): Wissenschaftstheorie – Eine historische Einführung. München: C.H. Beck

Mach, Ernst (1872): Die Geschichte und Wurzel des Satzes von der Erhaltung der Arbeit. Prag
– (1976): Die Mechanik – Historisch-kritisch dargestellt. Reprografischer Nachdruck der 9. Auflage, Leipzig 1933. Darmstadt: Wissenschaftliche Buchgesellschaft
May, Eduard (1949): Kleiner Grundriß der Naturphilosophie. Meisenheim am Glan: Westuklturverlag Anton Hain
– (1949a): Induktion und Exhaustion in: Methodos (Milano), 1
– (1956): Über das Prinzip der pragmatischen Ordnung und seine generelle philosophische Bedeutung in: Krampf (Hrsg.) (1956)
Mayer, Robert (1982): Die Mechanik der Wärme – Zwei Abhandlungen. Reprint von: Ostwalds Klassiker der exakten Wissenschaften Nr. 180 (Leipzig 1911): Akademische Verlagsgesellschaft
Mill, John Stuart (1968): System der deduktiven und induktiven Logik, Band 2, in: Mill, Gesammelte Werke, Band 3 (Nachdruck der deutschen Ausgabe der gesammelten Werke, Leipzig 1885). Aalen: Scientia
Mittelstaedt, Peter (1976): Zur Protophysik der klasischen Mechanik, in: Böhme (Hrsg.) (1976)
– (1979): Protophysik und spezielle Relativitätstheorie, in: Kuno Lorenz (Hrsg.) (1979); wiederabgedruckt in: J. Pfarr (Hrsg.) (1981)
Mittelstrass, Jürgen (1974): Erfahrung und Begründung, in: Mittelstrass, Die Möglichkeit von Wissenschaft. Frankfurt/M.: Suhrkamp
– /Riedel, Manfred (Hrsg.) (1978): Vernünftiges Denken – Studien zur praktischen Philosophie und Wissenschaftstheorie. Berlin: Walter de Gruyter
Møller, C. (1976): Relativitätstheorie. Mannheim/Wien/Zürich: Bibliographisches Institut

Nyman, Alf (1956): Hugo Dingler – Die Exhaustionsmethode und das Prinzip der Einfachstheit, in: Krampf (Hrsg.) (1956)

Pässler, Max (1968): Prinzipe der Mechanik. Berlin: Walter de Gruyter
Pfarr, Joachim (Hrsg.) (1981): Protophysik und Relativitätstheorie – Beiträge zur Diskussion über eine konstruktive Wissenschaftstheorie der Physik. Mannheim/Wien/Zürich: Bibliographisches Institut
Popper, Karl R. (1984): Logik der Forschung (Achte, weiter vermehrte und verbesserte Auflage). Tübingen: J.C.B. Mohr (Paul Siebeck)

Quine, Willard Van Orman (1979): Von einem logischen Standpunkt – Neun logisch-philosophische Essays. Frankfurt/M./Berlin/Wien: Ullstein

Ramsauer, C. (1953): Grundversuche der Physik in historischer Darstellung, Band 1: Von den Fallgesetzen bis zu den elektrischen Wellen. Berlin/Heidelberg: Springer
Reuleaux, Franz (1875): Theoretische Kinematik – Grundzüge einer Theorie des Maschinenwesens. Braunschweig: Vieweg

Schäfer, Lothar (1973): Stichwortartikel „Quantität". In: Krings/Baumgartner/Wild (Hrsg.) (1973), S. 1146–1154

– (1974): Erfahrung und Konvention – Zum Theoriebegriff der empirischen Wissenschaften. Stuttgart: Frommann-Holzboog

Scheler, Max (1980): Erkenntnis und Arbeit – Eine Studie über Wert und Grenzen des pargmatischen Motivs in der Erkenntnis der Welt, in: Scheler, Gesammelte Werke, Band 8: Die Wissensformen und die Gesellschaft. Bern/München: Francke

Schleichert, Hubert (Hrsg.) (1975): Logischer Empirismus – Der Wiener Kreis (Ausgewählte Texte mit einer Einleitung). München: Wilhelm Fink

Schmutzer, Ernst (1972): Symmetrien und Erhaltungssätze in der Physik. Braunschweig: Vieweg

Schwemmer, Oswald (Hrsg.) (1981): Vernunft, Handlung und Erfahrung – Über die Grundlagen und Ziele der Wissenschaften. München: C.H. Beck

Sexl, Roman/Urbantke, Helmuth (1976): Relativität, Gruppen, Teilchen. Wien/New York: Springer

– /Schmidt, Herbert (1979): Raum-Zeit-Relativität (2. Auflage). Braunschweig/Wiesbaden: Vieweg

Sneed, Joseph D. (1979): The Logical Structure of Mathematical Physics. Second edition, revised. Boston/Dordrecht/London: D. Reidel

Speck, Josef (Hrsg.((1980): Handbuch wissenschaftstheoretischer Begriffe. Göttingen: Vandenhoeck und Rupprecht

Stegmüller, Wolfgang (1970): Probleme und Resultate der Wissenschaftstheorie und Analytischen Philosophie. Band II: Theorie und Erfahrung, 1. Halbband. Berlin/Heidelberg/New York: Springer

– (1973): Probleme und Resultate der Wissenschaftstheorie und Analytischen Philosophie. Band II, 2. Halbband: Theoriestrukturen und Theoriendynamik. Berlin/Heidelberg/New York: Springer

– (1979): Hauptströmungen der Gegenwartsphilosophie. Band II, 6. erweiterte Auflage. Stuttgart: Kröner

– (1979a): The Structuralist View of Theories. A possible Analogue of the Bourbaki Programme in Physical Science. Berlin/Heidelberg/New York: Springer

– (1980): Neue Wege der Wissenschaftsphilosophie. Berlin/Heidelberg/New York: Springer

– (1983): Vom dritten bis sechsten (siebten?) Dogma des Empirismus, in: Information Philosophie 4 (1983)

– (1983a): Probleme und Resultate der Wissenschaftstheorie und Analytischen Philosophie, Band 1: Erklärung, Begründung, Kausalität. Zweite verbesserte und erweiterte Auflage. Berlin/Heidelberg/New York: Springer

Stiegler, Karl (1974): On Errors and Inconsistencies contained in Einstein's Paper „Zur Elektrodynamik bewegter Körper". In: Beiträge zum XIII: Internationalen Kongreß für Geschichte der Wissenschaft, Sektion IV, Geschichte der Physik und Astronomie. Moskau

Ströker, Elisabeth (1968): Falsifizierbarkeit als Kennzeichen naturwissenschaftlicher Theorien, in: Kant-Studien 59 (1968)

– (1973): Einführung in die Wissenschaftstheorie. Darmstadt: Wissenschaftliche Buchgesellschaft

Suppes, Patrik (1980): Artikel „Messung", in: Speck (Hrsg.) (1980)

Tetens, Holm (1977): Bewegungsformen und ihre Realisierungen – Wissenschaftstheoretische Untersuchungen zu einer technikorientierten Rekonstruktion der klassischen Mechanik. Dissertation Erlangen

– (1979): Der Status des Massen- und Kraftbegriffs in einer technik-orientierten Interpretation der klassischen Mechanik, in: Balzer / Kamlah (Hrsg.) (1979)

– (1982): Was ist ein Naturgesetz? in: Zeitschrift für allgemeine Wissenschaftstheorie, XIII/1 (1982)

– (1984): Physik am normativen Gängelband? Über das Verhältnis der Protophysik zur empirischen Physik, in: Zeitschrift für Allgemeine Wissenschaftstheorie XV (1984)

– (1984a): „Der Glaube an die Weltmaschine“ – Zur Aktualität der Kritik Hugo Dinglers am physikalischen Weltbild, in: Janich (Hrsg.) (1984a)

– (1985): Rationale Dynamik, in: Philosophia Naturalis, Band 22, Heft 1 (1985)

– (1985a): Das Coulombsche Gesetz als methodischer Anfang der Elektrodynamik in: Philosophia Naturalis, Band 22 (1985)

– (1985b): Was „revolutioniert“ die Relativitätstheorie? – Wissenschaftstheoretische Überlegungen zur speziellen Relativitätstheorie, in: Relativitätstheorie und Philosophie, Akademievorträge 19, Veröffentlichungen der Kath. Akademie Schwerte (Hrsg. Gerhard Krems)

Thiel, Christian (Hrsg.) (1975): Frege und die moderen Grundlagenforschung. Studien zur Wissenschaftstheorie (Herausgeg. von A. Diemer), Band 9. Meisenheim am Glan: Anton Hain

Thüring, Bruno (1967): Die Gravitation und die philosophischen Grundlagen der Physik. Berlin: Duncker & Humblot

– (1978): Einführung in die Protophysik der Welle. Berlin: Duncker & Humblot

Tugendhat, Ernst (1976): Vorlesungen zur Einführung in die sprachanalytische Philosophie. Frankfurt/M.: Suhrkamp

– / Wolf, Ursula (1983): Logisch-semantische Propädeutik. Stuttgart: Reclam

Toulmin, Stephen / Goodfield, June (1970): Materie und Leben. München: Goldmann

– (1978): Kritik der kollektiven Vernunft, Bd. I. Frankfurt/M.: Suhrkamp

Westphal, Wilhelm (1970): Physik – Ein Lehrbuch. Berlin/Heidelberg/New York: Springer

Weinberg, Stephen (1972): Gravitation und Cosmology-Principles and Applications of the General Theory of Relativity. New York/London/Sydney/Toronto: John Wiley & Sons

Wittgenstein, Ludwig (1974): Bemerkungen über die Grundlagen der Mathematik. Schriften 6. Frankfurt/M.: Suhrkamp

Wohlrapp, Harald (1978): Was ist ein methodischer Zirkel? in: Mittelstrass / Riedel (Hrsg.) (1978)

Wolf, Ursula (Hrsg.) (1985): Eigennamen Dokumentation einer Kontroverse. Frankfurt/M.: Suhrkamp

Wright, Georg Henrik von (1974): Erklären und Verstehen. Frankfurt/M.: Athenäum

PERSONENREGISTER

SACHREGISTER

PARADEIGMATA
Innovative Beiträge zur philosophischen Forschung

Die Reihe *Paradeigmata* präsentiert historisch-systematisch fundierte Abhandlungen, Studien und Werke, die auf besonders signifikante und fruchtbare Weise belegen, daß sich aus der strengen, geschichtsbewußten Anknüpfung an die philosophische Tradition innovative Modelle philosophischer Erkenntnis gewinnen lassen. In ihr werden methodisch wegweisende Beiträge zur Neuinterpretation, zur systematischen Rezeption oder zur Disputation zentraler Themen- und Problemstellungen unter einem Titel versammelt, der deren ausdrückliche Intention, Neuansätze in den wissenschaftlichen Diskurs über die tradierten Modelle philosophischer Erkenntnis einzubringen, deutlich hervorhebt.

Wilhelm Schmidt-Biggemann: Topica Universalis
Eine Modellgeschichte humanistischer und barocker Wissenschaft
Paradeigmata 1. 1983. XXIV, 328 S. Geb. 86,–

Claus Baldus: Partitives und Distriktives Setzen
Eine symbolische Konstruktion der apriorischen Synthetik des Bewußtseins in Fichtes Wissenschaftslehre von 1794/95
Paradeigmata 2. 1982. VIII, 96 S. Geb. 36,–

Albert Grote: Anzahl, Zahl und Menge
Die phänomenologischen Grundlagen der Arithmetik
Paradeigmata 3. 1983. VII, 140 S. Geb. 44,–

John Sallis: Die Krisis der Vernunft
Metaphysik und das Spiel der Einbildungskraft. Aus dem Englischen von Gisela Shaw.
Paradeigmata 4. 1983. XIII, 169 S. Geb. 48,–

Bruno Baron von Freytag Löringhoff: Neues System der Logik
Symbolisch-symmetrische Rekonstruktion und operative Anwendung des aristotelischen Ansatzes
Paradeigmata 5. 1985. XVII, 108 S. Geb. 36,–

Bernd-Ulrich Hergemöller: Weder-Noch
Traktat über die Sinnfrage. Mit einem Vorwort von Heinz Robert Schlette.
Paradeigmata 6. 1985. XIII, 210 S. Geb. 36,–

Rainer Hegselmann: Formale Dialektik
Ein Beitrag zu einer Theorie des rationalen Argumentierens
Paradeigmata 7. 1985. XVIII, 178 S. Geb. 68,–

Holm Tetens: Experimentelle Erfahrung
Eine wissenschaftstheoretische Studie über die Rolle des Experiments in der Begriffs- und Theoriebildung der Physik
Paradeigmata 8. 1987. X, 166 S. Geb. 58,–

Ludger Honnefelder: Scientia transcendens
Die formale Bestimmung der Seiendheit und Realität in der Metaphysik des Mittelalters und der Neuzeit (Duns Scotus - Suárez - Wolff - Kant - Peirce)
Paradeigmata 9. 1988. Ca. 592 S. Geb. ca. 164,–

FELIX MEINER VERLAG · RICHARDSTR. 47 · 2000 HAMBURG 76